Projektierung und Rationalisierung von Kohlenbergwerken

Von

Dipl.-Ing. Dr. mont. **Alois Říman**, D. Sc.
Professor an der Montanistischen Hochschule Ostrava
Korr. Mitglied der Tschechoslowakischen Akademie der Wissenschaften

Unter Mitarbeit von

Bergdirektor Bergrat h. c.
Dipl.-Ing. Dr. mont. **Friedrich Locker**
Trimmelkam, O.-Ö. / Salzburg

Mit 51 Textabbildungen und 5 Nomogrammen

Springer-Verlag Wien GmbH

1962

Ursprünglich erschienen bei Springer-Verlag in Vienna 1962
Softcover reprint of the hardcover 1st edition 1962

ISBN 978-3-7091-7912-3 ISBN 978-3-7091-7911-6 (eBook)
DOI 10.1007/ 978-3-7091-7911-6

Vorwort

In einer Zeit ständig steigenden Energie- und Rohstoffbedarfes hat die Kohle trotz der Erschließung anderer Quellen ihre Bedeutung als Energieträger und Grundstoff für die Industrie behalten. Mehr denn je ist es aber angesichts der Konkurrenz notwendig, die rationellsten Methoden in der Gewinnung der Kohle anzuwenden, bestehende Bergbaue zu rationalisieren und zu mechanisieren und durch Konzentration optimale Bedingungen für höchste Arbeitsproduktivität und niedrigste Kosten zu schaffen.

Ob es sich um die Projektierung neuer Gruben oder Horizonte handelt oder viel häufiger um die Rationalisierung bestehender Betriebe: der Erfolg des Unternehmens in allen seinen technischen, wirtschaftlichen und sozialen Auswirkungen während der ganzen Betriebszeit hängt von der Vollkommenheit des zugrunde liegenden Projektes und damit von den Kenntnissen und Fähigkeiten des projektierenden Technikers ab. Er wird neben der gründlichen Erfahrung in allen bergmännischen Arbeiten, besonders der Gewinnung, auch Kenntnisse der Rationalisierungsmethoden und darüber hinaus Verständnis für die wirtschaftlichen Zusammenhänge im großen besitzen müssen. Beides, Methoden und wirtschaftliche Zusammenhänge, habe ich in dem vorliegenden Buch darzustellen versucht. Ich stütze mich dabei auf die Ergebnisse einer durch Jahrzehnte fortgeführten wissenschaftlichen Untersuchung der technischen und wirtschaftlichen Grundlagen der Projektierung und Rationalisierung und auf deren Auswertung in der Praxis des Ostrau-Karwiner Reviers. Gewiß sind gerade im Bergbau lokale und nationale Gegebenheiten stark differenziert. Ich habe mich bemüht, die allgemein gültigen Richtlinien zu geben, die nach den speziellen Erfordernissen der einzelnen Projekte ohne Schwierigkeiten variiert werden können.

Die deutsche Ausgabe dieses Buches erscheint auf Anregung deutscher Bergingenieure, besonders des Herrn Bergdirektors Bergrat h. c. Dipl.-Ing. Dr. mont. F. Locker, der seine Studie über das Projektieren von Braunkohlentiefbaugruben dem Buch einverleibt hat und bei der mit der Übersetzung verbundenen Bearbeitung behilflich war, wofür ich ihm an dieser Stelle danke. Der Leser möge in diesem Buche die Grundlage für eine zielbewußte Praxis finden!

Ostrava, im Oktober 1961. **A. Říman**

Inhaltsverzeichnis

Zweiter Teil

Wirtschaftliche Erwägungen beim Projektieren und Rationalisieren

Anhang

Verzeichnis der Abkürzungen in den Formeln

Erster Teil

A äquivalente Grubenweite.
D Schramlänge.
d Durchmesser eines kreisrunden Querschlages oder einer Strecke.
E_{th} theoretische Ventilatorarbeit in PSh oder kWh.
E_e effektive Ventilatorarbeit in PSh oder kWh.
e_g Grubenleistung je Mann und Schicht auf Abbau- und Vorrichtungskohle bezogen.
e_g' Grubenleistung je Mann und Schicht, nur auf Abbaukohle bezogen.
e_s Werksleistung.
e_u Leistung in der Gewinnung je Mann und Schicht.
F Ausdehnung des Grubenfeldes.
F_r Fläche des kreisrunden Wetterquerschnittes.
F_w Fläche des Wetterbereiches.
f Schutzpfeilerfläche.
H Tiefe in Meter.
h Depression.
k Reibungskoeffizient der Wetter bzw. Dämpfungskoeffizient des Jahresmittels der Temperatur für die betreffende Tiefe = 0,6.
L Wetterweglänge.
l Nutzlänge des Seiles auf der Winde.
Mrd Milliarden.
Mio Millionen.
P_s Gesamtförderung.
P_t Tagesförderung.
P_u Förderung (Produktion) aus dem Abbau.
P_v Förderung (Produktion) aus der Vorrichtung.
p Gasbildung auf 1 t Tagesförderung.
p_u Prozente der Belegschaft im Abbau, bezogen auf die gesamte Grubenbelegschaft.
Q Wettermenge.
R Widerstandsgröße für den Wetterweg.
r konvektiver Gradient in Grad.
s_g sämtliche Schichten in der Grube.
s_u Schichten in der Gewinnung.
T Temperatur vor Ort.
T_g Gebirgstemperatur.
T_{jo} Jahresmittel der Temperatur obertags.
T_{ju} Jahresmittel der Temperatur im Füllort.
T_{mu} Monatsmittel der Temperatur im Füllort.
ΔT Temperaturzuwachs in %.

t_s reine Schrämzeit.
U Umfang des kreisrunden Streckenquerschnittes.
v Wettergeschwindigkeit, Schrämgeschwindigkeit.
WS Wassersäule.
w Summe der Schrämgeschwindigkeiten.

Zweiter Teil

a jährliche Annuität.
C Prosperitätsgrenze.
c Durchschnittspreis der Kohle.
K_k Kapital samt Interkalarzinsen in nach kapitalistischer Ordnung geführten Betrieben.
K_s Kapital (ohne Interkalarzinsen) in nach sozialistischer Ordnung geführten Betrieben.
m Amortisation in % der Jahresförderung aus t oder WE.
n Jahre, Lebensdauer des Horizontes.
P_j Jahresförderung.
p Zinsfuß.
s durchschnittlich verfahrene Schichten je Drittel.
$U_n = \frac{1}{R_n}$ = Amortisationskoeffizient.
WE Wärmeeinheiten.
We Währungseinheiten.
SKE Steinkohleneinheiten.

Einleitung

Es ist bekannt, daß die Steinkohle ein Mineral der höchsten Massenproduktion ist. Die Weltförderung an Steinkohle betrug im Jahre 1950 etwa 1,6 Mrd t, d. s. mehr als 1,33 Mrd m^3 gewachsener oder mehr als 2,5 Mrd m^3 gelöster Kohle. Die Kohle ist zugleich das Massenmineral mit dem kleinsten spezifischen Gewicht (1,25 bis 1,4 t/m^3) und dem niedrigsten Preis, das im festen Zustand bergmännisch gewonnen wird.

Der Höchststand der Kohlenförderung ist noch nicht erreicht und die Zukunft wird hier noch weitere Aufgaben bringen. In der UdSSR soll am Ende des sechsten Nachkriegs-Fünfjahresplanes die Steinkohlenförderung eine halbe Milliarde Tonnen, d. i. etwa ein Viertel der Weltproduktion — wahrscheinlich sogar 660 bis 700 Mio t — erreichen; in China wurde mit der Industrialisierung überhaupt erst begonnen. Mit fortschreitender Industrialisierung wird die Steinkohle in vielen Ländern auch als Rohstoff für die Erzeugung synthetischer Kohlenwasserstoffe für die zunehmende Motorisierung dienen müssen. Die Zunahme des Verbrauches an Ölkraftstoffen ist größer als die Zunahme neu entdeckter Öllagerstätten und die Vervollkommnung bei der Verarbeitung dieser flüssigen Rohstoffe. Die Erzeugung synthetischer Treibstoffe verlangt jedoch eine Steinkohlengewinnung auf breiter Basis, auf der sich auf lange Sicht planen läßt. Überlegen wir einmal, daß der Jahresbedarf an Öltreibstoffen im Jahre 1947 etwa 410 Mio t, im Jahre 1952 schon 621,3 Mio t, im Jahre 1953 655,7 Mio t, im Jahre 1954 bereits 681,5 Mio t und im Jahre 1955 770 Mio t betrug und daß derzeit 4 bis 5 kg Kohle für die Erzeugung von 1 kg Treibstoff benötigt werden. Jede Erhöhung des Öltreibstoffverbrauches ist ein Kennzeichen steigender Kohlenverwendung und in absehbarer Zeit wird die jährliche Steinkohlenförderung die 2-Milliarden-Tonnen-Grenze erreicht haben müssen. (Im Jahre 1959 wurden 2,1 Mrd t Steinkohle verbraucht, bei einem Weltverbrauch von 4,2 Mrd t aller Energieträger in SKE.)

Die ständige Zunahme der Förderung hat bei der Steinkohlengewinnung zur weitgehenden Rationalisierung, Mechanisierung und gründlichen Organisation, zu produktionsfördernden Maßnahmen wie bei keinem anderen Material geführt, aber auch zur Gründung von Einheiten größter Förderkapazität mit den größten Grubenfeldern (bis 133 km^2), den größten Schachtdurchmessern (bis 9,4 m und mehr), den größten Füllörtern und Förderanlagen mit den höchsten Fördergeschwindigkeiten, der größten Schachtförderung, der größtmöglichen Wetterzufuhr usw. Mit der Ausdehnung in breitere Flächen und dem Vordringen in größere Tiefen wächst auch die Problematik der Steinkohlengewinnung; auf den Gebieten Grubengas, Kohlen- und Gesteinsstaub, der hohen Temperaturen, der relativen Luftfeuchtigkeit, der Grubenatmosphäre überhaupt, der Grubenwässer, des Gebirgsdruckes, der Gebirgsschläge und der obertägigen Absenkungen usw. erheben sich immer neue Fragen. *Technische* Fragen bedürfen der Lösung, wie z. B. wann Preßluft und wann elektrischer Strom anzuwenden ist, und unter welchen Bedingungen, damit die Betriebssicherheit gewährleistet ist. Ebenso dringlich erweisen sich *wirtschaftliche* Probleme, wie z. B. die Höhe der Gestehungskosten von 1000 kcal bei der Dampferzeugung, die Kosten für 1 t Hüttenkoks, für 1 m^3 Gas usw. oder der Einfluß des Kohlenpreises auf den Wert von 1 kWh oder 1 PSh oder 1 m^3 Gas und schließlich auf den Wert eines jeden Produktes, was immer es sei. Der Kohlenpreis ist in dem Preis anderer Erzeugnisse als Energie- oder Rohstoffkomponente fast immer mitinbegriffen und deshalb der Gradmesser des Lebensstandards der Bevölkerung, wenn auch der einzelne sich dessen gewöhnlich nicht bewußt ist.

Aus all dem ergibt sich die Wichtigkeit der Kohle für die Wirtschaft jedes Staates. Es ist daher oberstes Gebot für die verantwortliche Führung im Kohlenbergbau, die Kohle mit den geringsten Verlusten an Substanz bei größtmöglicher Sicherheit für Menschen und Eigentum in der Grube, bei höchstmöglicher Arbeitsleistung und geringsten Gestehungkosten zu gewinnen.

Erste Voraussetzung für die Erfüllung dieser Aufgaben ist das richtige Projektieren der Bergwerke, weil bereits damit die Grundlagen für eine zufriedenstellende Planerfüllung in allen angewandten Kennziffern gegeben werden, also weit früher als bei der eigentlichen Inbetriebsetzung.

Erster Teil

Technische Erwägungen beim Projektieren und Rationalisieren

A. Die technische Seite des Projektierens und Rationalisierens

Die geschichtliche Entwicklung zeigt, daß die Ausdehnung und die Kapazität einer Grube eine Funktion des technischen Standes einer gewissen Zeitperiode ist. Zur Zeit der Handförderung betrug die Ausdehnung 30 bis 40 ha mit einer maximalen Kapazität von 300 t/Tag. Bei der Pferdeförderung dehnte sich das Grubenfeld auf 100 bis 200 ha aus und nach Einführung der Lokomotivförderung erhöhte sich die Ausdehnung auf 250 bis 300 ha bei einer Jahresförderung von 400000 bis 500000 t.

Neben der Förderung haben auch die Wetterführung, die Wasserhaltung, die Einführung brisanter Sprengstoffe, die Preßluft sowie die Mechanisierung in der Vorrichtung und im Abbau, die Erstellung leistungsfähiger Fördermaschinen mit höheren Geschwindigkeiten in den Förderschächten usw. Einfluß auf die Ausdehnung und Kapazität eines Betriebes.

Bei einer ausführlichen Untersuchung der Faktoren, die einen Einfluß auf die Ausdehnung und Kapazität einer Grube ausüben, können diese eingeteilt werden in:

a) Faktoren, die eine Ausdehnung des Grubenfeldes ermöglichen oder direkt verlangen, wie z. B.: Hochdruckkompressoren, d. h. die Erhöhung des Luftdruckes und dadurch auch des Aktionsradius der Druckluftlokomotiven in der Grube, die Einführung von Akkumulator- und Fahrdrahtlokomotiven, die Erhöhung der Löhne, d. h. der Lohnkomponente in den Erzeugungskosten u. ä.

b) Faktoren, die ein Grubenfeld einzuschränken raten, wie das Auftreten von Gas und Kohlenstaub, die Selbstentzündungsgefahr in mächtigen und bankigen Flözen, da mit der Ausdehnung des Grubenfeldes besonders in den tiefen Gruben die Schwierigkeiten bei der Verteilung des Wetterstromes (Wetterkurzschlüsse, Entgasung der Flöze) wachsen. Dadurch können Entzündungen von Schlagwettern und

Kohlenstaub entstehen, die einen übergroßen Förderausfall hervorrufen können, wodurch auch der Betriebsplan von Abnehmerbetrieben, die auf die Kohle angewiesen sind, gestört wird. Übergroße Fördereinheiten sind mit Rücksicht auf die Sicherheit der Versorgung unerwünscht; ihre Nachteile haben sich besonders bei der langwierigen und schwierigen Wiederinstandsetzung kriegszerstörter (ersoffener) Betriebe gezeigt.

Einer der wichtigsten Gründe für die *Vergrößerung* von Grubenfeldern ist, daß tieferen und kostspieligen Gruben ausgedehntere Grubenfelder zugeteilt werden müssen, weil solche Gruben einige kleinere ersetzen. Die Erhaltungskosten einer großen Grube sind geringer als die mehrerer kleiner Gruben von zusammen gleicher Kapazität. Die Anschaffung der Fördermaschinen, Schachttürme usw. ist rationeller, besonders aber die Instandhaltung obertägiger Einrichtungen, wie z. B. der Aufbereitung, Schleppgeleise, Kompressoren usw. In ansehnlichem Maße ermäßigt sich auch die gesamte obertägige Bedienung und Dienstleistung, wie: Expedition, Lampenwirtschaft, Bäder, dann die Überwachung der Maschinen und der administrative Dienst, der Stand der Werkstätten usw. (In einem kleinen Betrieb entfallen 7 bis 8 t Kohle auf eine Obertagsschicht, in einem großen 12 t.) Vor allem vermindert aber ein ausgedehntes Grubenfeld den Verlust an Schacht-Schutzpfeilern und deren Kohlenvorrat, welcher bei zerstreuten Gruben einen großen, sonst einen recht ansehnlichen Teil des Grubenfeldes ausmachen kann. Einen einzigen, aber großen Betrieb können wir mit vollkommeneren Einrichtungen versehen als eine Anzahl kleiner Betriebe.

Es sind somit vor allem *wirtschaftliche* Gründe, die für die *technische* Arbeit entscheidend sind. Ebenso besteht aber auch eine umgekehrte Beziehung: Dadurch, daß wir uns nach den Grundsätzen technischer Richtigkeit, Zweckmäßigkeit, Vollkommenheit und Wirtschaftlichkeit richten, erreichen wir auch die besten Voraussetzungen für gute wirtschaftliche Betriebserfolge, außerdem eine hohe Produktivität, und senken dadurch die Gestehungskosten. Letztere Bedingung ist grundsätzlich, denn wenn wir uns überlegen, daß als Basis einer wirtschaftlichen Erwägung die Einheit der Währung dienen sollte, dann kommen wir zu dem Schluß, daß diese Voraussetzung oft nicht erfüllt wurde. Nehmen wir an, daß die Lebensdauer eines Horizontes 20 bis 30 Jahre sein soll, damit alle Investitionen zweckmäßig amortisiert werden können — dies ist auch der Zeitraum, in dem die technischen Einrichtungen auf natürliche Weise und durch die technische Entwicklung veralten —, so kommen wir zu der Erkenntnis, daß z. B. *in Mitteleuropa im Laufe dieses Zeitabschnittes*, der etwa der Lebensdauer eines Horizontes entspricht, *der Geldwert einige Male geändert wurde*, so daß die erste ursprünglich geplante Abrechnung der Investitionen bzw. deren Amortisation in erheblichem Maße von der nicht erwarteten Wirklichkeit abgewichen ist. In keiner anderen Erzeugungssparte besteht eine so lange Periode, wie sie für den Bergbau und besonders für den Kohlenbergbau charakteristisch ist; die Arbeitszyklen in anderen Sparten sind rascher, so daß sie die zeitweise Stabilität der Währung ausnützen können, besonders aber die stabilisierten Relationen zwischen den ausgetauschten und erzeugten Gütern.

Es ist daher im Interesse der Unternehmungen, daß der Grundsatz der technischen Richtigkeit, Zweckmäßigkeit und Wirtschaftlichkeit besonders im Kohlenbergbaubetrieb, bei der Massenproduktion eines allgemein so notwendigen Minerals, die die Investition größter Geldmittel, zugleich aber auch eine lange Planungszeit erfordert, strenge eingehalten werden. Einzig dieser Grundsatz führt auch in erschwerten politischen und wirtschaftlichen Zeitläufen (Vorkriegszeit, Kriegs- und Nachkriegszeit) zum soliden und wirtschaftlichen Betrieb.

Beim Projektieren neuer oder bei der Zusammenlegung kleinerer alter Gruben oder endlich beim Projektieren neuer Horizonte haben wir folgende Ziele:

1. Bei den *Investitionen:* Optimale Kapazität des Betriebes mit den geringsten notwendigen Mitteln;

2. *betrieblich:* Optimale Kapazität bei Einhaltung der größten Sicherheit für Mensch und Eigentum und Schonung der Kohlensubstanz, letzteres, weil der Bergbau ein ausbeutender Wirtschaftszweig[1] ist und jeder ungerechtfertigte Verlust an Substanz einen Schaden für die Volkswirtschaft bedeutet.

B. Die Bestimmung der optimalen Größe und der Kapazität von Gruben

Das hier Ausgeführte gilt ebenso für das Projektieren neuer Gruben wie auch für die Zusammenlegung kleiner alter Betriebe, d. h. nicht nur die *Fläche* der zu projektierenden Gruben ist zu bestimmen, sondern auch *die optimale Leistungsfähigkeit,* welche bei festgestellten oder gegebenen Verhältnissen den günstigsten technischen und wirtschaftlichsten Bedingungen entspricht, die im ganzen den bergtechnischen Einrichtungen angepaßt sein sollen.

Die Bestimmung optimaler Grubengrößen (Produktion und Flächenausdehnung von Grubenfeldern) ist das Zentralproblem der Projektanten, dessen Lösung viel Mühe und Aufwand erfordert.

---

[1] Zum Unterschied von der regenerativen Wirtschaft, welche sich in gewisser Zeit periodisch erneuert, z. B. Feldfrüchte, Haustiere, Fische, Holz usw. Bei Mineralien gibt es keine Erneuerung, und die bergmännische Tätigkeit führt zur dauernden Schmälerung der nutzbaren Mineralien in der Erdkruste.

Diese Ermittlungen wurden in der UdSSR z. B. nach der Variationsmethode[1] von einer Ingenieurgruppe unter der Leitung von W. W. Wladimirski aufgestellt. Die Berechnungen wurden für Gruben mit einer Jahresförderung von 100000 bis 2 Mio t, mit einer Lebensdauer von 15 bis 30 Jahren, mit einer Fördertiefe von 200 bis 1000 m, bei einer Flözneigung von 5 bis 30° usw. durchgeführt. Die Anzahl der Variationen betrug mehr als 50000. In den Tabellen sind die Elemente zunächst in 16000 Variationen eingeteilt, in denen sich die verschiedensten Bedingungen der Praxis abspiegeln, denen wir in den Steinkohlenlagerstätten des Donezbeckens begegnen können.

Die Ergebnisse der Berechnungen dieser Variationen und die Endresultate können in bezug auf ihre Besonderheit und ihre Gültigkeit für die Steinkohlenlager des Donezbeckens nur in beschränktem Maße auf andere Verhältnisse angewendet werden.

Die Polen, die „unbeschränkte" Kohlenvorräte besitzen, haben eine Kommission ausgesuchter Fachleute für die Bestimmung der optimalen Größen von Steinkohlengruben gebildet, da sie sich der bedeutenden technischen und wirtschaftlichen Notwendigkeiten dieses Problems bewußt waren. Ihr Weg war ein anderer als der der UdSSR.

Der Engländer W. L. G. Muire, der auf Grund statistischen Materials aus England, Deutschland und Amerika ein Verhältnis zwischen englischen, deutschen und amerikanischen Gruben sucht, äußert sich bei der Bestimmung der optimalen Größen folgendermaßen: Er gibt als Anteil der Löhne an den Betriebskosten an:

Deutschland 1948 ...... 50%
England 1948 .... 69%
Amerika 1946 .... 60%

und analysiert wie folgt: In Deutschland ist die „Arbeit" billiger und ihr Anteil an den Betriebskosten geringer, weil die Löhne niedrig waren, aber nicht, weil die Mechanisierung hoch war; in englischen Gruben ist die „Arbeit" teuer als Folge hoher Löhne und geringer Leistung. In Amerika haben sich die guten Erfolge der Mechanisierung in Form hoher Bergmannslöhne ausgewirkt. Die Gestehungskosten können durch ein besseres Verhältnis zwischen produktiver und unproduktiver Arbeit gesenkt werden.

Eine genaue Bestimmung des Einflusses großer Einheiten auf die Gestehungskosten ist nicht leicht. In Deutschland wurde im Jahre 1930 ausgerechnet, daß eine Steigerung der Förderung von 1 auf 3 Mio t die Gestehungskosten um 20% ermäßigen würde. Muire führt weiter in der Tabelle die Aufteilung der Gruben in Deutschland der Größe nach an:

---

[1] M. I. Agoschkow: Die Bestimmung der Leistung von Gruben.

Jahresförderung t	Anzahl der Betriebe			Gesamtförderung t			% aus der Gesamtförderung		
	1913	1929	1938	1913	1929	1938	1913	1929	1938
1—9999	8	7	5	24640	15404	25078	0,02	0,01	0,02
10000 bis 99999	9	8	7	526740	375436	200169	0,46	0,30	0,16
100000 bis 499999	121	50	26	41572460	17630263	9983157	36,40	14,28	7,84
500000 bis 999999	83	97	63	56834927	70700900	47763041	49,75	57,21	37,52
1000000 und mehr	13	28	51	15266882	34857689	69311257	13,37	28,20	54,46
	234	190	152	114225649	123579692	127282702	100,00	100,00	100,00

	Jahr		
	1913	1929	1938
Durchschnittsgröße	488000 t 100%	651000 t 127,8%	827000 t 169%

Die vorerwähnte Tabelle zeigt, wie in Deutschland die Anzahl der Gruben sinkt, aber die Förderung steigt und mit ihr die durchschnittliche Größe der Betriebseinheit. Aus der Tabelle ist auch zu erkennen, daß der größte Teil der Förderung auf die großen Einheiten fällt, oder wie Grubenbetriebe zu größeren Typen mit höherer optimaler Größe übergehen. Desgleichen ist folgende Vergleichstabelle interessant:

	USA	Deutschland	England
Durchschnittsgröße der Einheiten[1]..	82700 t (1947)	575000 t (1948)	200000 t (1948)
Durchschnittszahl der Arbeitstage..	249	300	245
Durchschnittstiefe der Gruben in Fuß	190	2400	1254

Aus dieser Tabelle ersehen wir, daß Deutschland unter den angeführten Staaten die Gruben mit der größten Kapazität hat, aber auch mit der größten Teufe (2400 Fuß ≙ 720 m). England besitzt Gruben mit verhältnismäßig kleiner Kapazität und mäßiger Teufe, etwa der Hälfte der deutschen Gruben, so daß es sich hier um die Zusammenlegung

[1] Mit Ausnahme der Kleingruben.

kleinerer Gruben in größere Einheiten handelt, d. h. England sucht für seine Gruben ebenfalls die optimale Größe. Amerika hat Gruben von geringer Teufe und sehr kleinen Kapazitäten, so daß es die Lösung dieses Problems in Zukunft gleichfalls nicht umgehen kann.

Muire erwähnt den Deutschen Roelen aus dem Jahre 1930, der sagt, daß eine Tagesförderung von 3000 bis 4000 t unwirtschaftlich sei, ferner einen anderen Autor aus dem Jahre 1938, der die untere Grenze der Wirtschaftlichkeit bei einer Tagesförderung von 3300 t (d. i. eine Jahresförderung von 1 Mio t) und die Höchstgrenze bei 13200 t im Tag (jährlich 4 Mio t Verkaufskohle) angibt. Schließlich bestätigt Vogel im Jahre 1942, daß die günstigste Art eine Grube mit einer Tagesförderung von 10000 bis 12000 t ist. Weiters führt Muire an, daß

1. die Durchschnittsgröße einer Grube in England bedeutend kleiner ist als in Deutschland, aber auch die durchschnittliche Teufe der Gruben in England nur etwas größer ist als die halbe Teufe der deutschen Gruben,

2. der Stand der Mechanisierung in England und Deutschland gleich und

3. die optimale Größe der Gruben in England kleiner ist als an der Ruhr.

Durch diese Anführung wollen wir nur andeuten, wie die einzelnen Autoren bei der Bestimmung der optimalen Größe vorgegangen sind, was für Unterlagen sie hatten, welche interessanten Beziehungen sie zur Verfügung hatten, zu welchen verschiedenen und oft gegenteiligen Schlüssen sie gelangten und daß die Festlegung der optimalen Größen von Steinkohlengruben ein Weltproblem von ungeheurer wirtschaftlicher Bedeutung ist.

Nach Grenfell hat England im Jahre 1945 in 20 Revieren auf 1738 Gruben 194,5 Mio t gefördert. Auf jeden Grubenbetrieb entfielen durchschnittlich 112000 t Jahresförderung. Die UdSSR mit einer um 50% höheren Förderung als England hat nur ein Viertel der Anzahl englischer Grubenbetriebe.

Eine Übersicht über Grubenkapazitäten aus neuerer Zeit gibt uns folgende Zusammenstellung (S. 9).

Unsere Art der Bestimmung der optimalen Größe ist eine andere, mehr technische, auf Grund konkreter Daten, technischer Möglichkeiten, auf Grund gefundener gegenseitiger Beziehungen und wirtschaftlicher Überlegungen.

Zusammenstellung der Kapazitäten von Steinkohlengruben nach WL. GÓRKA

Großbritannien: Förderung in 1000 t/Jahr	Großbritannien: % 1955	Großbritannien: % 1960	Frankreich: Revier	Frankreich: Jahresförd. in Mio t pro Grube 1955	Frankreich: Jahresförd. in Mio t pro Grube 1960	Deutsche Bundesrepublik: Jahresförderung pro Grube in Mio t	Deutsche Bundesrepublik: Jahresförderung pro Grube % 1955	Deutsche Bundesrepublik: Jahresförderung pro Grube % 1957	Holland: Anzahl der Gruben	Holland: %	Holland: Mio t 1955	Polen: Jahresförderung in Mio t	Polen: Anzahl der Gruben 1950	Polen: Anzahl der Gruben 1958	Polen: % 1950	Polen: % 1958
bis 50	1,9	3,0	Lothringen	1,2	—	über 2	—	9,3	2	40	2,4—2,5	über 2,4	1	3	3,34	8,28
50—100	4,9	3,9	Pas de Calais	0,45	0,75	über 1	66	66	2	20	1,1—1,5	1,2—2,4	13	28	27,77	49,57
100—250	21,9	19,7	Centre Midi	0,375	—	0,5—1	20	19,7	8	40	0,4—0,8	0,9—1,2	23	17	32,23	19,66
250—500	36,5	38,0										unter 0,9	47	36	36,66	22,78
500—700	21,5	23,0														
750—1000	10,0	10,2														
über 1000	3,3	3,2														

Durchschnittliche Tagesförderung in **t** pro Grube im Jahre 1958:

Belgien	4100
Polen	3900
Holland	3800
Deutsche Bundesrepublik	3500
Frankreich	1860
ČSR	1830
Großbritannien	985
UdSSR	958, darin Kuzbas 2354 t
	Karaganda 1506 t

C. Erwägungen allgemeiner Art zur Bestimmung der optimalen Größe und Kapazität von Gruben

1. Lebensdauer eines Horizontes bzw. einer Grube

Die Ermittlung der Lebensdauer eines Horizontes ist sehr wichtig. Nach Ansicht des Verfassers ist es eine Zeit von 20 bis 30 Jahren, innerhalb welcher Investitionen, namentlich die der Maschinen, vernünftig amortisiert werden können, denn im Laufe dieser Zeit läuft auch der technische Entwicklungszyklus ab, in dem der technische Maschinenpark noch annehmbar wirtschaftlich arbeitet und unter der Voraussetzung gewissenhafter Erhaltung sich auf natürliche Weise abnützt. In einer kürzeren Zeit, z. B. 15 Jahren, würde man gezwungen sein, nicht ausgenützte Investitionen vorzeitig abzulegen, nach einer längeren Zeit, z. B. 40 bis 50 Jahren, müßte man sie erneuern und nach der Erneuerung als noch nicht ausgenützt ablegen.

Viele Bergwirtschaftler sind mit diesen Terminen einverstanden, manche wieder beachten sie nicht, so daß wir in Bergbaubetrieben Horizonte mit einer Lebensdauer von 15, 18, aber auch 12 Jahren, und auch solche von über 40 Jahren finden. AGOSCHKOW führt die Lebensdauer von Horizonten mit 15, 20 bis 30 Jahren an.

ZWORIKIN-KIRŽNER-KUNDIN führen folgende Betriebszeiten der Gruben an:

bei	einer	Tagesförderung	von	1000 t	mindestens	20	Jahre,
,,	,,	,,	,,	1500 t	,,	25	,, ,
,,	,,	,,	,,	2000 t	,,	30	,, ,
,,	,,	,,	,,	3000 t	,,	40	,, ,
,,	,,	,,	,,	4000 t	,,	45	,, ,
,,	,,	,,	über	4000 t	,,	50	,,

und stellen fest, daß für Gruben kleiner Kapazitäten kleinere, einfachere Konstruktionen von Grubeneinrichtungen und zerlegbare Gebäude projektiert werden müssen.

Die Betriebsdauer eines Horizontes ist deswegen so wichtig, weil die Lebensdauer die Höhe der Amortisation der Investitionen für diesen Horizont entscheidet. Aus der verlangten (möglichen, geplanten) Förderkapazität einer Grube und dem gegebenen (festgestellten, abbaufähigen) reinen relativen Kohlenvermögen ergibt sich die Belastung eines Hektars des Grubenfeldes durch die Tagesförderung in Tonnen; es ist dies die sogenannte Kennziffer Tonnenhektar t/ha. Bereits aus dieser Beziehung ergibt sich die Größe eines Grubenfeldes, wie folgendes Beispiel zeigt:

Der Jahresförderung einer Grube von 1,2 Mio t (Tagesförderung 4000 t) bei einem Mindestgewicht von 1,25 t/m^3 entsprechen 960000 m^3 gewachsene (anstehende) Kohle. Die Größe eines Grubenfeldes ergibt sich aus dem Anteil des reinen relativen Kohlenvermögens und der Lebensdauer des Horizontes, wie nachfolgende Zusammenstellung zeigt:

Lebensdauer in Jahren	Notwendige Kohlensubstanz (reines relatives Kohlenvermögen)		Reine relative Kohlenhältigkeit[1]			
			1%		2%	
	in Mio t	in Mio m³	Fläche in ha	Belastung t/ha	Fläche in ha	Belastung t/ha
10	12	9,6	960	4,17	480	8,35
20	24	19,2	1920	2,08	960	4,17
30	36	28,8	2880	1,39	1440	2,78
40	48	38,4	3840	1,04	1920	2,09

Mit dieser Durchrechnung soll nicht nur die gegenseitige Abhängigkeit und der Zusammenhang zwischen der Kapazität des Betriebes, der Lebensdauer, dem reinen relativen Kohlenvermögen, der t/ha-Belastung durch die Tagesförderung und der Grubenausdehnung nachgewiesen werden, sondern es wird auch der Einfluß auf die Lebensdauer eines Horizontes gezeigt. Diese Beziehung ist im Nomogramm Nr. 1 (s. Anlage) dargestellt, das später noch erläutert wird.

2. Die Förderkapazität eines Schachtes

Die Förderleistung der Schächte hängt von der Schachttiefe ab (je tiefer ein Schacht, desto kleiner ist die Kapazität), von der Fördergeschwindigkeit — die wieder davon abhängt, ob der Schacht lotrecht ist, bzw. von seinem mehr oder weniger guten Erhaltungszustand —, aber auch von den Flözmächtigkeiten, besonders vom Anteil an niedrigen und mittleren Flözen, d. h. von der Gesteinsmenge aus dem Streckennachriß, falls die Berge nach obertags gefördert werden müssen. Die Förderleistung eines Schachtes muß so beschaffen sein,

1. daß dieser leicht die geplante Kohlenförderung gemeinsam mit den Bergen innerhalb zweier Schichten bewältigt,

2. daß außerdem das notwendige Material, wie Holz, Maschinen und Versatzmaterial, eingefördert werden kann, und

3. daß er die Mannsfahrt in einer Gesamtzeit von 30 Minuten je Schicht ermöglicht.

Diese Förderleistung stellen wir sicher oder erhöhen wir

1. durch Verkürzung der Pausen zwischen den Aufzügen, wie durch mechanisches Anschlagen (Ein- und Ausstoßen), gleichzeitiges Anschlagen in zwei Etagen des Förderkorbes, durch besondere Arretierung der Wagen im Förderkorb,

[1] Reine relative Kohlenhältigkeit ist der *Prozentsatz* gewinnbarer Kohle auf das Kohlengebirge.

2. durch Einschränkung der Bergeförderung dadurch, daß wir die Berge in der Grube brechen oder die Versatzberge von obertags in Fallrohren herablassen, und

3. zumindest dadurch, daß die Mannschaft bei der Ein- und Ausfahrt gleichzeitig in alle Etagen des Förderkorbes ein- und aussteigen kann, damit sich die unproduktive Arbeitszeit auf das unausweichlich notwendige Maß verkürzt (wobei die Besetzung eines Förderkorbes oder bei doppelter Fördereinrichtung die Besetzung zweier Förderkörbe einen Lokzug für den Mannschaftstransport auf den Arbeitsplatz ergibt).

Bei der Rekonstruktion alter Gruben soll die jährliche Förderung nicht unter 600000 bis 750000 t absinken, d. h. daß sich die Tagesförderung wenigstens zwischen 2000 bis 2500 t bewegen soll. Es wäre gut, wenn solche Betriebe mit einer Haupt- und einer Hilfsfördereinrichtung ausgestattet wären. Die Hilfsfördereinrichtung dient für den Fall einer Störung, aber auch zum Abteufen eines neuen Horizontes, für dessen Aufschluß und Vorrichtung. Sie hilft auch der Hauptförderanlage bei der Förderung des tauben Materials aus der Grube und bei der Materialförderung von obertags in die Grube und wird auch zu außerordentlichen Fahrten während der Schicht benützt. Diesen Typus würden wir als Notlösung für ein kleineres relatives Kohlenvermögen dort wählen, wo die Ausdehnung des Betriebes genügend groß ist, jedoch ohne eine Möglichkeit weiterer Ausdehnung, und wo die tägliche Bergeförderung aus dem Nachriß des Aufschlusses und der Vorrichtung sowie aus den Erhaltungsarbeiten derselben gewichtsmäßig 70%, ja bis 100% der Kohlenförderung erreicht. Hier handelt es sich größtenteils um Fettkohle aus niedrigen Flözen.

Bei Anlegen neuer oder Zusammenlegung alter Gruben, wo dies mit Rücksicht auf das Kohlenvermögen überhaupt möglich ist, finden wir, daß eine Tagesförderung von 6000 bis 7000 t, d. i. eine Jahresförderung von etwa 2 Mio t, jene angemessene Förderung ist, die nicht mehr überschritten werden sollte. Hier verlangt man bereits wenigstens zwei leistungsfähige Förderanlagen außer den notwendigen Förderreserven bei einem zweiten Förderschacht für den Fall von Förderstörungen bzw. für ein künftiges Weiterteufen. Eine Erhöhung der Förderung, die eine neue Fördereinrichtung notwendig machen würde, bzw. einen neuen Schacht und dadurch weitere hohe Investitionen, wäre nicht mehr wirtschaftlich. Eine Vergrößerung der Ausdehnung der Grubenfelder würde besonders bei einem kleineren relativen Kohlenvermögen die optimale Größe überschreiten und als Folge eine starke Erhöhung der Förderkosten durch Verluste an produktiver Arbeit der Belegschaft, ein Sinken der Grubenleistung, eine Erschwerung der Förderleistung sowie Schwierigkeiten bei der Wetterführung u. a. hervorrufen.

Wenn die Förderleistung eines Grubenbetriebes irgendwo 10000 t Tagesförderung erreicht — d. s. 3 Mio t jährlich —, werden dies sicher im Rahmen der optimalen Ausdehnung nur außerordentlich günstige natürliche Verhältnisse, ein angemessen großes relatives Kohlenvermögen, geeignete Flözmächtigkeiten, eine günstige Verteilung der Flöze im Profil des Kohlengebirges, eine günstige Ablagerung, wenig tektonische Störungen, günstige Teufe usw. ermöglichen. Wenn auch Gruben mit einer täglichen Kapazität von 10000 t und mehr — im Rahmen der optimalen Größen — möglich sind und ausgeführt werden, gibt es doch auch Umstände, die uns von deren Errichtung abraten.

In kohlearmen Staaten kann man sich manchmal nicht erlauben, Gruben in optimaler Ausdehnung auszuführen, wenn z. B. von dieser Kohle wichtige Stahlindustrien abhängig sind, da bei einem größeren Grubenunglück (Gas-, Kohlenstaubexplosion, Gaseruption, Wassereinbruch) oder sonstigen Störungen eine Unterbrechung der Kohlenlieferungen eintreten und zur eventuellen Stillegung der Stahlindustrie führen würde. Hier ist es ratsam, die Kohlenvorräte wenigstens auf zwei bis drei Gruben aufzuteilen.

3. Reine (produktive) Arbeitszeit der Belegschaft

Wenn die Tageskapazität eines Grubenbetriebes durch zunehmende Ausdehnung des Grubenfeldes vergrößert wird, wächst auch die Zahl der Belegschaft, die auf dem Zentralschacht anfährt. Es wächst dadurch auch die Zeit der Ein- und Ausfahrt (unproduktive Zeit). Es empfiehlt sich jedoch nicht, die Mannsfahrt auf mehrere Schächte zu verteilen — dies vielleicht nur ausnahmsweise —, denn dabei müßte man die Zahl der Bäder, Lampenkammern, Werkstätten, Kanzleien vergrößern oder die instand gesetzten Maschinen und das Gezähe weiter transportieren, wodurch sich Investitionen und Regien erhöhen würden. Auch der Anmarschweg zum Arbeitsort dauert bei einer höheren Belegschaft länger und geht auf Kosten der produktiven Arbeit.

Während sich z. B. die durchschnittliche produktive Schicht nach den Normen des Ostrau-Karwiner-Reviers auf 330 Minuten stellt, fallen auf die unausgenützte Zeit 150 Minuten. Mit dieser durchschnittlichen produktiven Zeit wird man in der Zukunft sicher nicht mehr rechnen — einzig *als Minimum* bei weit entfernten Orten —; es wird notwendig sein, die Mannsfahrtzeit so einzuteilen, daß die durchschnittliche produktive Arbeitszeit 390 Minuten beträgt und daß 90 Minuten für den Weg von und zur Arbeitsstätte genügen. In der UdSSR erreicht die produktive Arbeitszeit bis 400 Minuten und mehr, in den USA beträgt die Arbeitszeit von der Anfahrt des ersten Mannes bis zur Ausfahrt des letzten Mannes 9 Stunden, wovon 8 Stunden, d. s. 480 Minuten, auf die reine Arbeitszeit entfallen (kleinere Betriebe und geringe Teufe). Das alles setzt eine

Mannsfahrt von und zum Ort und im Schacht nach einem Fahrplan voraus, damit aus der gesamten Arbeitszeit das Maximum an nutzbarer Zeit für die effektive Arbeit gewonnen werden kann.

Nehmen wir folgende zwei Größen von Grubenbetrieben an:

a) mit einer Kapazität von 4000 t und zwei Fördermaschinen,

b) mit einer Kapazität von 6000 t und zwei Fördermaschinen,

so ist der unter b angeführte Typus ungünstiger und daher wollen wir ihn analysieren.

Auf eine Fördermaschine entfallen 6000 : 2 = 3000 t, auf die Belegschaft in der Grube bei folgender Grubenleistung und einer Schichteinteilung von 40 + 40 + 20 = 100%

	Schicht I II III
1,5 t 3000 : 1,5 = 2000 Mann, eingeteilt auf	800 + 800 + 400
2,0 t 3000 : 2,0 = 1500 „ , „ „	600 + 600 + 300
2,5 t 3000 : 2,5 = 1200 „ , „ „	480 + 480 + 240
3,0 t 3000 : 3,0 = 1000 „ , „ „	400 + 400 + 200

Bei der Anfahrt von 800 Mann in einer Schicht bei Benützung einer einzigen Fördermaschine ergibt sich:

α) Bei einer Teufe von 450 m, einer durchschnittlichen Fahrgeschwindigkeit des Förderkorbes von 8 m/sek und bei einer Besetzung in vier Etagen mit je 16 Mann, d. s. *64 Mann:*

Ein Aufzug (die Fahrt eines Förderkorbes) braucht 450 : 8 ...	56 sek
Ein- und Aussteigen aus dem Korb	60 „
ein Mannschaftsaufzug braucht daher zusammen............	116 sek

Zahl der Aufzüge 800 : 64 = 12,5 ≐ 13 Aufzüge. Notwendige Mannsfahrtzeit 116 · 13 = 1508 sek ≐ 25 min, d. i. unannehmbar lang.

Rechnen wir aber für die Mannsfahrt nur 15 Minuten, d. s. 900 sek, und dauert ein Aufzug 116 sek, dann ist die Zahl der Aufzüge 900 : 116 = 7,7 ≐ 8. Damit bringt man 8 · 64 = 512 Mann in die Grube zur Schicht; in drei Schichten sind das 512 + 512 + 256 = 1280 Mann, welche eine Leistung von 3000 : 1280 = 2,35 t pro Kopf *erreichen müssen*, damit sich bei zwei Fördereinrichtungen in 24 Stunden eine Kapazität von 6000 t ergibt.

Eine übersichtliche Durchrechnung der Förderung[1] ist folgende: Auf eine Fördermaschine entfallen auf zwei Schichten 3000 t, d. s. auf eine Schicht 1500 t. Angenommen, daß 6 Stunden gefördert wird, fallen auf 1 Stunde 250 t. Bei einer vieretagigen Förderschale mit 8 Wagen (Hunten) zu 0,8 t Ladegewicht entfallen auf einen Aufzug

[1] Bei Produktenförderung max. Geschwindigkeit 10 m/sek.

$8 \cdot 0{,}8 = 6{,}4$ t; hiemit ist die Zahl der Aufzüge in der Stunde $250 : 6{,}4 = 39$. Die Zeit eines Aufzuges, das Anschlagen und Ausstoßen inbegriffen, ist $3600 : 39 = 92{,}3$ sek. Dauert das Anschlagen bei einer Etage 10 sek, so braucht man für jeden Korb $4 \cdot 10 = 40$ sek, so daß für die Fahrt 92,3 — 40 sek, d. s. 52,3 sek übrigbleiben. Die durchschnittliche Geschwindigkeit im Schacht ist $450 : 52{,}3 = 8{,}6$ m/sek. Wir sehen also, daß hier eine genügende Zeitreserve für eine garantierte geplante Förderung vorhanden ist. Das wäre der Typus mit einer reinen relativen Kohlenhältigkeit von 2 bis 4%, wo wir eine Grubenkopfleistung von 2,35 t annehmen können.

β) Bei einer Teufe von 900 m und einer durchschnittlichen Geschwindigkeit von 10 m/sek mit der gleichen Besetzung des Förderkorbes wie im vorhergehenden Falle:

Jeder Aufzug braucht $900 : 10 = 90$ sek
Ein- und Aussteigen .... 60 „

zusammen .... 150 sek und 15 min Mannsfahrt, d. s. 900 sek; die Aufzugzahl ist dann $900 : 150 = 6$, und die Zahl der Leute, welche zur Arbeit in die Grube anfuhren, ist $6 \cdot 64 = 384$. Die gesamte Belegschaft für die halbe Grube pro Tag beträgt: $384 + 384 + 192 = 960$, welche zur Förderung (die eine Hälfte) von 2000 t mit einer Grubenleistung von $2000 : 960 = 2{,}08$ t beitragen müssen.

Es ist dies der Typus für eine kleinere relative Kohlenhältigkeit um 1% mit bedeutender Teufe.

Wir führen dies als *informatives* Beispiel an; sonst muß jeder Fall sorgfältig auf die mögliche Grubenleistung, Anzahl der Mannschaft, Schachtteufe, aber auch auf die Größe der Bodenfläche in den Etagen des Förderkorbes usw. durchgerechnet werden.

Die Möglichkeit der Steigerung der durchschnittlichen Geschwindigkeit von 12 auf 15 m/sek und die Möglichkeit der Besetzung einer Etage mit 20 Mann, d. h. in jedem Förderkorb bis zu 80 Mann, ergibt eine beträchtliche Zeitreserve zur tatsächlichen Einhaltung der geplanten Mannsfahrt bzw. die Möglichkeit einer Erhöhung der anfahrenden Belegschaft bei niedrigerer Grubenleistung.

Wir vermerken dazu, daß bei der Mannsfahrt 0,18 m² Bodenfläche pro Mann auf einer Etage vorgeschrieben ist, so daß beim Ausmaß einer Etage von $3{,}4\ \text{m} \cdot 1{,}1\ \text{m} = 3{,}74\ \text{m}^2$, je Etage $374 : 18 = 20$ Mann und bei einem vieretagigen Förderkorb 80 Mann untergebracht werden können. Aus dem eben Gesagten ist zu ersehen, wie *sorgfältig* die Mannsfahrt überlegt werden muß, damit die unproduktive Zeit nicht anwächst und die Grubenleistung nicht sinkt, die für die Prosperität des Betriebes so grundlegend ist. Aus diesen kurzen Überlegungen über die produktive Arbeitszeit geht hervor, daß *bei kleinerer* oder *mittlerer reiner relativer*

Kohlenhältigkeit (um 2,5% und mehr) in *Gruben mit geringer Teufe* und höherer Grubenleistung nur *eine* leistungsfähige Fördermaschine für eine Förderung von 3000 bis 3500 t in Betracht kommt.

Zur Ergänzung wird noch vermerkt:

a) Die Leistung, die auf *eine Fördermaschine* entfällt, d. s. *2000 t täglich* oder 1000 t pro Schicht, bedeutet bei einer siebenstündigen Förderzeit 1000 : 7 = 143 t pro Stunde. Beim kleinsten Inhalt eines Skips für große Teufen mit 8 t oder bei einer Beschickung des Förderkorbes mit 8 Wagen von je 1 t, d. s. 8 t bei jedem Aufzug, erhalten wir 143 : 8 = 18 Aufzüge pro Stunde. Auf jeden Aufzug entfallen 3600 : 18 = 200 sek, was eine geräumige Zeitreserve für Spitzenleistungen oder bei Korbförderung für die Bergeförderung bietet.

b) Einer Tagesförderung von 3500 t oder 1750 t in einer Schicht entsprechen bei einer siebenstündigen Schicht 1750 : 7 = 250 t/h. Bei gleicher Nutzlast eines Skips oder 8 t Nutzlast eines Förderkorbes pro Aufzug erhalten wir 250 : 8 = 32 Aufzüge in einer Stunde, auf einen Aufzug entfallen 3600 : 32 = 113 sek.

Die Zeitanalyse eines Aufzuges für Kohle und Mannschaft bei einer Teufe von 500 m und 1000 m gibt Anhang I.

Unter der Annahme, daß dieser Betriebstypus (mit höherem reinem relativem Kohlenvermögen, wahrscheinlich auch mit mächtigeren Flözen) wenig an Bergen bzw. überhaupt keine Taubmittel fördert, erhalten wir hier eine bis 60%ige Reserve für Spitzenleistungen, ohne daß wir dabei die Möglichkeit ausnützen, daß bei dieser Teufe der Hunteinhalt mehr als 1 t oder der Skipinhalt bis 12,5 t betragen kann.

Beim Transport der Mannschaft zu den Arbeitsplätzen nehmen wir die Geschwindigkeit des Lokzuges mit 5 m/sek (18 km/h) an, und zwar so, daß die Besetzung eines Förderkorbes (64 oder 80 Mann) oder bei zwei Fördereinrichtungen die Besetzung zweier Förderkörbe (126 oder 160 Mann) der Besetzung des Zuges entspricht. Die Abfahrt zum Arbeitsort und zurück richtet sich nach einem Fahrplan.

Unter der Voraussetzung, daß der Förderschacht inmitten eines Grubenfeldes liegt und daß der Förderweg zur Grenze des Grubenfeldes 2 km ist, wäre dann seine Ausdehnung $(2 + 2) \cdot (2 + 2) = 16\ \text{km}^2 = 1600$ ha und die Zeit des Transportes 2000 : 5 = 400 sek = 7 min. Bei einer Weglänge von 3 km hat das Grubenfeld $(3 + 3) \cdot (3 + 3) = 36\ \text{km}^2 = 3600$ ha und die Anfahrzeit ist dann 3000 : 5 = 600 sek = 10 min.

Wenn auf dem Wege zur Arbeitsstätte eine Revierbelegschaft das Fördergesenke mit halber Horizonthöhe, etwa 50 m Teufe, benützt, so muß dasselbe mit Fördereinrichtung für die Mannsfahrt ausgestattet sein. Die maximale Belegung eines solchen Reviers nach den Vorschriften ist 110 Mann.

Bei der durchschnittlichen Geschwindigkeit eines solchen Förderkorbes von 2,5 m/sek dauert ein Aufzug 50 : 2,5 = 20 sek, das ergibt insgesamt 35 sek/Aufzug, wenn wir 15 sek für das Einsteigen der Mannschaft in den Förderkorb rechnen. Bei der Besetzung des Förderkorbes mit 8 Mann brauchen wir dann 110 : 8 = 14 Aufzüge in der Gesamtzeit 35 · 14 = 490 sek = 8 min 10 sek. (Die Förderkörbe in Stapelschächten fassen bis zu 13 Mann.)

Nehmen wir an, daß der anschließende Weg bis vor Ort ungefähr 500 m beträgt, dann dauert der Anmarsch dorthin 7 min 30 sek. Die gesamte unproduktive Zeit bei einer Erstreckung des Grubenfeldes von 2 und 3 km stellt sich folgendermaßen zusammen:

	2 km		3 km	
	min	sek	min	sek
Mannsfahrt im Schacht	15		15	
Fahrt in den Querschlägen	7		10	
Mannsfahrt im Gesenke	8	10	8	10
Fußmarsch vor Ort	7	30	7	30
Insgesamt	37	40	40	40
Rückweg	37	40	40	40
Unproduktive Zeit zusammen	75	20	81	20
Zeitreserve	14	40	8	40
Insgesamt	90	00	90	00

Es kann daher bei der Mannsfahrt in den Querschlägen mit Lokzügen und bei der Mannsfahrt am Seil in Stapelschächten die Ausdehnung des Grubenfeldes mit 16 km² bis 36 km² — d. s. *im Durchschnitt 25 km² = 2500 ha — so beherrscht werden, daß die produktive Arbeitszeit von 390 Minuten eingehalten werden kann.* Das setzt selbstverständlich eine gute Disziplin, gute Organisation, einen guten Zustand des Fahrweges sowie der Schächte und Gesenke voraus. Es ist unausweichlich notwendig, daß *von der gesamten Arbeitszeit ein Maximum an produktiver Arbeitszeit für die effektive Arbeit erhalten bleibt* und so günstige Arbeitszyklen zur Erreichung einer guten Grubenleistung erzielt werden.

4. Aktionsradius der Untertagsförderung

Bei der Förderung mit Hochdrucklokomotiven unter der Annahme, daß der Förderschacht mitten im Grubenfeld liegt, kann eine Entfernung von 1500 bis 1700 m ohne Schwierigkeiten bewältigt werden, d. h. das Grubenfeld kann eine Ausdehnung von (1,5 + 1,5) · (1,5 + 1,5) = = 9 km² = 900 ha oder auch von (1,7 + 1,7) · (1,7 + 1,7) = 11,56 km² = = 1156 ha haben, d. s. durchschnittlich *etwa 1000 ha.*

Diese Lokomotiven, welche in Gruben der höheren Gefahrenklasse (mit erhöhtem CH_4-Gehalt) im Betrieb sind, können durch Akku-Lokomotiven ersetzt werden, wenn die Wetterführung in den Förderstrecken einwandfrei ist. Der Aktionsradius der Akku-Loks ist bedeutend höher. Wir bemerken jedoch dazu, daß die Förderung mit Akku-Loks sich nach besonderen Vorschriften richtet, daß sie im Betriebe verhältnismäßig teuer sind und daß die Lieferanten nur für 300 Aufladungen garantieren, die nur für etwa 150 Betriebstage ausreichen.

In der niedrigeren Gefahrenklasse (bei kleinerem CH_4-Gehalt) sollen, wenn es die Sicherheitsverhältnisse zulassen, die bisherigen Lokomotiven mit Verbrennungsmotoren durch Fahrdrahtlokomotiven mit praktisch unbeschränktem Aktionsradius ersetzt werden (Sicherheitsgrad „Null" im Sinne der E. S. Č.-Vorschriften, d. i. CH_4-Gehalt unter 0,25%). In diesem Falle würde die *optimale Ausdehnung* eingehalten werden, wie sie mit Rücksicht auf die Einhaltung der produktiven Arbeitszeit von 390 min und einer Ausdehnung von 2500 ha errechnet wurde, was einem Aktionsradius von 2500 m entspricht.

5. Belastung des Grubenfeldes mit den Kennziffern t/ha täglicher Förderung

Die Kennziffer t/ha täglicher Förderung ist die Tagesförderung oder die Kapazität des Betriebes, dividiert durch die Ausdehnung des Betriebes. Diese Kennziffer hängt ab

a) von der Betriebskapazität,

b) vom reinen relativen Kohlenvermögen oder von den abbauwürdigen Tonnen, die auf 1 m^2 Fläche entfallen, und

c) von der Lebensdauer eines Horizontes.

Bevor wir dies erklären, wird es notwendig sein, die Erstellung des Horizontabstandes mit Rücksicht auf die Prosperität des Betriebes zu untersuchen.

a) Horizontabstand

Den Horizontabstand in einem Steinkohlenbergwerk pflegt man derzeit etwa mit 100 m anzugeben. Das ist nur eine *annähernde* Zahl, obzwar wir dieser sehr oft begegnen. *Sie soll so sein*, daß *die Lebensdauer des Horizontes 20 bis 30 Jahre beträgt*, d. h. das abbaufähige Kohlenvermögen über dem neuen Horizont *soll gleich sein der Lebensdauer mal Betriebskapazität.*

Zu dem *abbauwürdigen* Kohlenvermögen im Horizontabstand rechnen wir das Kohlenvermögen nach Abzug verschiedener Verluste an Kohlensubstanz in Schutzpfeilern (der Schächte, Querschläge und Demarkations-Schutzpfeiler), in Störungszonen, in abbauunwürdigen Flözstreifen oder auch die Verluste nach der Liquidierung von Grubenbränden usw.

Das abbaufähige Kohlenvermögen *ist das allein wirtschaftlich nutzbare*, für das die Investitionen getätigt werden und durch dessen Gewinnung alle Betriebskosten sowie die Amortisation der Investitionen gedeckt werden müssen.

Als *Betriebskapazität* bezeichnen wir jene regelmäßige tatsächliche Tages- oder Jahresförderung, ob reine (nach der Aufbereitung) oder Rohförderung (vor der Aufbereitung), welche während der ganzen Lebenszeit des Horizontes erreicht und gehalten und welche aus dem abbauwürdigen Kohlenvermögen des Horizontes gewonnen wird. Wenn die Rohförderung z. B. einen Aschengehalt von 24% hat, welchen wir durch einen Aufbereitungsprozeß auf 8% senken können, so ist die reine Förderung $\frac{100 - 16}{100}$, d. s. *0,84% der Rohförderung*.

Dieser Kapazität müssen die Investitionseinrichtungen angepaßt sein (d. h. sie sollen weder überdimensioniert noch unterdimensioniert sein) und diese Kapazität muß technisch vollkommen, wirtschaftlich und sicher — mit Rücksicht auf das Leben, die Gesundheit des Menschen und das Nationalvermögen — gewonnen werden.

Deswegen ist bei einem kleinen relativen reinen Kohlenvermögen ein Horizontabstand von manchmal beträchtlich über 100 m (150, 170 und mehr, d. i. ein sog. „*überhöhter Horizont*") am Platze, damit die notwendigen abbauwürdigen Kohlenmengen erreicht werden. Bei einem bedeutenden reinen relativen Kohlenvermögen geht man nicht gerne unter einen Horizontabstand von 100 m herab, denn ein Horizont um 100 m wird derzeit *allgemein technisch erfolgreich verwendet*. Wenn die Lebensdauer eines Horizontes bei festgestellten Kohlenvorräten und gegebener Kapazität 40 bis 60 Jahre betragen würde, d. i. doppelt so viel als üblich, so müßte nach 20 bis 30 Jahren eine Erneuerung mancher Maschineneinrichtungen vorgenommen werden (Ventilatoren, Kompressoren, Fördermaschinen, Wäsche, Werkstätten usw.), was amortisationsmäßig wieder vorteilhafter ist als das Anlegen eines neuen Horizontes.

Deswegen ist es beim Projektieren eines neuen Horizontes notwendig, auch *die Kohlenvorräte unter dem projektierten Horizont festzustellen*, damit man weiß, ob die Kapazität und Lebensdauer des weiteren Horizontes größer oder kleiner sein wird, und damit man im vorhinein die Größenbestimmung z. B. der Schächte, Geleise u. a. erwägen kann; besonders ist festzustellen, ob die Lebensdauer beider Horizonte so ausgeglichen ist, daß nicht der eine eine viel zu lange und der andere wieder eine viel zu kurze Lebensdauer erhält.

Bei einer ungleichen Lebensdauer zweier Horizonte spielt sich die Amortisation der Investitionen ungünstig ab, weil bei einer zu kurzen Lebensdauer die Zinsen und die Tilgung zu groß sind, während sie bei einer langen Lebensdauer klein werden.

Wenn z. B. die Kapazität eines gegebenen Horizontes groß und die des nachfolgenden Horizontes bedeutend kleiner wäre, so müßte man neben den technischen Investitionen auch die sozialen erwägen (Erstellung von Siedlungen mit allen dazugehörigen kulturellen und zivilisatorischen Einrichtungen), welche sich bei der Inbetriebnahme eines neuen Horizontes mit kleiner Kapazität als übermäßig und möglicherweise auch als sozialpolitisch schwierig erweisen würden.

b) Bewertung des Kohlenvorrates eines Horizontabstandes

Im Steinkohlenbergbau ist schon längst der Begriff des relativen spezifischen Kohlenvermögens bekannt, d. i. die Kohlenmächtigkeit in Meter auf 100 m Kohlengebirge, und der Begriff des *reinen* relativen spezifischen Kohlenvermögens, bezogen auf das Grubenfeld, d. i. die Kohlenmächtigkeit in Meter auf 100 m Kohlengebirge nach Abrechnung verschiedener Abzüge und Verluste an Kohlensubstanzen; es ist dies das abbauwürdige Kohlenvermögen, wie schon einmal erwähnt wurde.

Haben wir also eine 100-m-Horizonthöhe, so stellt das reine relative spezifische Kohlenvermögen das abbauwürdige Vorkommen vor, welches auf 1 m² des Grubenfeldes anfällt. Nach diesem und nach der Lebensdauer des Horizontes können wir die Belastung t/ha ermitteln, z. B.: die reine relative Kohlenhältigkeit ist 2%, d. i. 2 m Kohle auf 1 m² = 2,5 t/m², d. s. 25000 t/ha = 2500000 t/km². Bei einer Lebensdauer eines Horizontes von 20 Jahren, d. s. 20 · 300 = 6000 Fördertage, belastet eine Tagesförderung den Hektar mit 25000 t : 6000 = 4,16 t/ha, bei einer 25jährigen Lebenszeit, d. s. 7500 Fördertage, mit 25000 : 7500 = 3,33 t/ha = 333 t/km² und bei einer 30jährigen Lebensdauer, d. s. 9000 Fördertage, mit 25000 : 9000 = 2,78 t/ha = 278 t/km².

Bei einem anderen Horizontabstand als 100 m ergibt der Anteil $\frac{\text{abbauwürdige Kohle}}{\text{Flächenausdehnung des Horizontes}}$ eine andere Kennziffer für das reine relative Kohlenvermögen dieses Horizontes, obzwar diese Kennziffer des reinen relativen Kohlenvermögens für die Belastung t/ha oder t/km² ebenso wichtig ist wie das reine relative spezifische Kohlenvermögen für einen Horizontabstand von 100 m; z. B.:

Für einen gegebenen Horizontabstand (z. B. 150, 170 m usw.) fällt auf 1 m² Fläche 1,5 m abbauwürdiger Kohle, d. i. 1,875 t/m², d. s. auf 1 ha 18750 t. Bei einer Lebensdauer des Horizontes von 20 Jahren, d. s. 6000 Fördertage, kommt auf 1 ha eine Belastung durch die Tagesförderung von 18750 : 6000 = 3,126 t/ha, bei einer Lebensdauer von 30 Jahren, d. s. 9000 Fördertage, 18750 : 9000 = 2,083 t/ha. Es ist selbstverständlich, daß, je größer das reine relative spezifische Kohlenvermögen eines Horizontes ist, die Kennziffer t/ha um so größer sein kann und dementsprechend kleiner die Ausdehnung des Grubenfeldes.

Je kleiner das Kohlenvermögen, um so kleiner ist auch die Kennziffer. Eine hohe Kennziffer t/ha bei einem kleinen reinen relativen Kohlenvermögen erschöpft das Grubenfeld rasch bzw. verkürzt die Lebensdauer des Horizontes. Eine niedrige Kennziffer t/ha bei großem reinem relativem Kohlenvermögen verlängert die Lebensdauer des Horizontes übermäßig, wodurch es notwendig werden wird, die Einrichtungen (Investitionen) zu erneuern, da diese Einrichtungen abgenützt bzw. im Sinne der Technik überholt und unwirtschaftlich geworden sind. So wie die Verkürzung ist auch eine übermäßige Verlängerung der Lebensdauer eines Horizontes unzweckmäßig.

Das Nomogramm Nr. 1 (unterer rechter Quadrant) zeigt deutlich, wie groß die Kennziffer t/ha bei gegebenem reinem relativem Kohlenvermögen eines Horizontes bei einer verlangten, natürlichen und zweckmäßigen Lebensdauer eines Horizontes ist und welche Größe eines Grubenfeldes bei einer gegebenen Tagesförderung sich daraus ergibt (oberer rechter Quadrant). Folgende fünf Faktoren beeinflussen einander gegenseitig: Lebensdauer eines Horizontes, reines relatives Kohlenvermögen eines Horizontes, die Belastung t/ha, die Tagesförderung, die Ausdehnung des Grubenfeldes. Die Änderung eines dieser Faktoren beeinflußt die verbleibenden anderen drei. Aus diesem Diagramm sehen wir, daß die Belastung t/ha durch die Tagesförderung ist:

Reines relatives Kohlenvermögen eines Horizontes		Lebensdauer des Horizontes		
m Kohle/m²	t/m²	20 Jahre t/ha	25 Jahre t/ha	30 Jahre t/ha
0,5	0,625	1,041	0,836	0,694
0,75	0,9375	1,562	1,249	1,042
1,00	1,25	2,063	1,666	1,39
2,00	2,50	4,166	3,333	2,78
usw.	usw.	usw.	usw.	usw.

Weitere Werte unter 20 und über 30 Jahren können aus dem Nomogramm 1 abgelesen oder verlangte Werte eingezeichnet bzw. interpoliert werden.

Damit sich die Lebensdauer eines Horizontes zwischen 20 und 30 Jahren bewegt, muß das Grubenfeld um so größer sein,

je kleiner die Belastung t/ha,

je größer die geplante (geforderte) Tagesförderung

und je kleiner das reine relative Kohlenvermögen eines Horizontes ist.

Wenn wir diese Unterlagen auswerten, erhalten wir folgende optimale Betriebsgrößen:

A. Für *ein kleines relatives Kohlenvermögen und tiefere Gruben:*

1. *Eine leistungsfähige Fördereinrichtung* für eine Tageskapazität von 2000 bis 2500 t und eine Grubenfeldausdehnung von 1000 bis 2000 ha;

2. *zwei leistungsfähige Fördereinrichtungen* für eine Tageskapazität von 4000 bis 5000 t und eine Grubenfeldfläche von 1000 bis 2500 ha.

In beiden Fällen handelt es sich nur um *einen* Förderschacht.

B. Für *ein größeres reines relatives Kohlenvermögen und seichtere Gruben:*

1. *Zwei leistungsfähige Fördereinrichtungen* für eine Tageskapazität von 4000, 6000 bis 7000 t und eine Grubenfeldausdehnung von 500 bis 1000 ha (ein Förderschacht);

2. *drei leistungsfähige Fördereinrichtungen* für eine Tageskapazität von 7000 bis 10000 t und eine Grubenfeldausdehnung von 500, 1200 bis 1300 ha (zwei Förderschächte).

Zusammenfassend kann man nun sagen, daß der Typus eines Betriebes A-1 mit einer Tagesförderung von 2000 bis 2500 t und mit *einer* Fördereinrichtung dort am Platze sein wird, wo es sich um die Zusammenlegung einiger kleiner Gruben mit kleinem reinem relativem Kohlenvermögen zur Rettung einer Qualitäts-Kohlensubstanz handelt, wobei einer von den bisherigen Schächten als einziger Förderschacht adaptiert wird. Es wäre dies ein *Not-Betriebstypus.*

Der Typus des Betriebes A-2 mit einer Tagesförderung von 4000 bis 5000 t für *zwei* leistungsfähige Fördereinrichtungen in einem Schacht ist der optimale Typus für ein kleines reines relatives Kohlenvermögen mit einer maximalen Grubenfeldausdehnung bis 2500 ha. Eine größere Ausdehnung als diese liegt nicht mehr in den Grenzen der optimalen Größe, obwohl es manchmal notwendig sein wird, einen gewissen Teil eines Grubenfeldes einem projektierten Betrieb noch zuzuteilen, damit eine abbaufähige Kohlensubstanz auf diese Art gerettet werden kann (z. B. Ausbißpartien oder Störungszonen, die von der Nachbargrube unzugänglich sind). Das bezeichnet man als sog. „*überoptimale*" Größe.

Der Typus eines Betriebes B-1 mit einer Tagesförderung von 4000, 6000 bis 7000 t für *zwei* leistungsfähige Fördereinrichtungen in einem Schacht ist der erste Typus für ein größeres reines relatives Kohlenvermögen mit einer Grubenfeldausdehnung von 500 bis 1000 ha.

Der Betriebstypus B-2 mit einer Tagesförderung von 6000, 7000 bis 10000 t für *drei* leistungsfähige Fördermaschinen in zwei Schächten ist der zweite Typus für ein noch größeres reines relatives Kohlenvermögen mit einer Grubenfeldausdehnung von 500, 1200 bis 1300 ha.

Der Betriebstypus mit einer Tagesförderung über 8000, 10000 t und mehr für drei oder vier leistungsfähige Fördereinrichtungen in zwei Förderschächten wird zwar im Rahmen der optimalen Grubengrößen technisch auch durchgeführt, aber andere Gründe, insbesondere bei den auf Gaskohlen aufgebauten Betrieben mit größerer Gasentwicklung bei einem größeren reinen Kohlenvermögen und mit der Neigung zu Brühungen, sprechen gegen solche Ausführungen. Solche Betriebstypen bestehen in Holland, einzelne in Deutschland und in Polen. In der UdSSR sind sie bis zum zweiten Weltkrieg gebaut worden, wurden aber später als „Gigantomanie" abgelehnt. Wahrscheinlich sprechen dagegen auch strategische Ursachen, denn Gruben mit großer Ausdehnung und großer Kapazität verlangen, wenn sie durch Kriegsereignisse zerstört werden, übermenschliche Anstrengung und eine sehr lange Zeit, bis sie wieder zu produzieren imstande sind.

Bei günstiger Lagerung und günstiger Form des Grubenfeldes wird manchmal der Betriebstypus für 8000 bis 10000 t mit zwei Förderschächten so durchgeführt, daß man diese einschließlich der Wetterschächte auf einem gemeinsamen Schutzpfeiler anordnet. Das Grubenfeld eines jeden Förderschachtes mit halber Kapazität

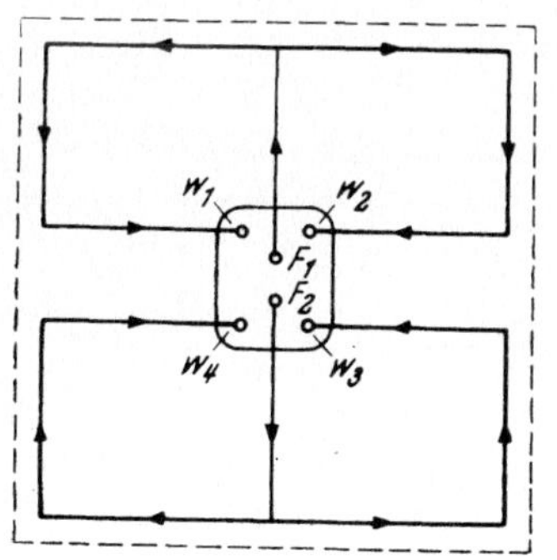

Abb. 1. Zentrale Lage der Schächte zum Grubenfeld

F = Förderschacht, W = Wetterschacht

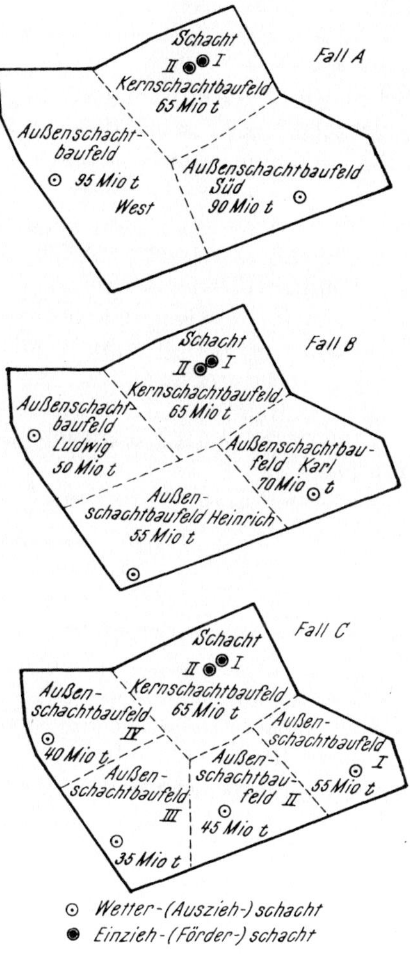

Abb. 2. Gruppenschächte nach Benthaus

(d. s. 4000 bis 5000 t) wird streng von dem anderen isoliert, damit, falls notwendig (z. B. bei Grubenbränden, Wassereinbrüchen u. a.), das gefährdete Gebiet des einen Förderschachtes abgesichert werden kann. Die Vorteile dieser Anordnung sind: Verkleinerung der Fläche des Schachtschutzpfeilers, Längenverkürzung der aufzufahrenden Querschläge bis zu 40%, eine gemeinsame Kohlenwäsche, gemeinsame Schleppbahn, Holzplätze, Bäder, Verwaltungsgebäude usw. Außer der Einsparung an Kohlensubstanz erhalten wir hier Einsparungen an Investitionen. Es handelt sich im Grunde genommen um zwei selbständige Betriebe, nebeneinander angeordnet, mit Schächten, die auf einem gemeinsamen Schutzpfeiler situiert sind (s. Abb. 1).

Weiters gehören hieher die sog. Gruppenschächte nach Benthaus, die aus einem Kernschacht und den um den Kernschacht gruppierten Schächten bestehen. Ähnliche Anordnungen haben die Russen entworfen („Schächte von neuem Typus“). Wir kennen sie als Übergangstypus beim Zusammenlegen von alten kleinen Schächten (s. Abb. 2).

Bei den angeführten Betriebstypen *ist die optimale Ausdehnung zirka 2500 ha*, welche sich transportmäßig und mit Einhaltung von 390 min pro Schicht an effektiver Arbeitszeit noch beherrschen läßt.

Damit auf dieser Fläche eine Tagesförderung von 4000 t durch 20 Jahre sichergestellt wird, benötigt man einen Kohlenvorrat von $4000 \cdot 300 \cdot 20 = 24$ Mio t, d. h. es müßte eine reine relative Kohlenhältigkeit von 0,768% vorhanden sein.

Für die gleiche Förderung in 30 Jahren braucht man eine abbauwürdige Kohlenmenge von 36 Mio t, d. h. eine reine relative Kohlenhältigkeit von *1,152%*.

So wie die Ausdehnung über diese Fläche nicht mehr optimal ist, denn sie geht auf Kosten der *effektiven Arbeitszeit* und bringt dadurch Leistungsminderung und damit eine Erhöhung der Gestehungskosten, so wird andererseits eine kleinere reine relative Kohlenhältigkeit als 0,768% auf Kosten der Amortisation gehen, d. h. eine Nichtausnützung der Investition bedeuten, denn sie verkürzt die Lebensdauer des Horizontes. In einem solchen Falle erhöhen wir die Höhe des Horizontes um jenes Maß, in welchem sich dann die notwendige abbauwürdige Kohle befindet, die verläßlich für die Tageskapazität des Betriebes während der ganzen Lebensdauer des Horizontes, d. h. auf 20 bis 30 Jahre ausreicht.

Weil ein kleines reines relatives Kohlenvermögen in vielen Revieren das älteste produktive Karbon mit Fettkohlen, Kokskohlen, Magerkohlen oder Anthrazit betrifft, ist aus wirtschaftlichen Gründen festzustellen, ob es sich hier um Fett- oder Magerkohlen handelt, wobei letztere nur einen kalorischen Wert haben, d. h. es besteht zwischen beiden ein großer technologischer Unterschied, welcher nicht ohne Einfluß auf den Betriebserfolg bleibt.

c) Belastung des Betriebs- (produktiven) Abbaufeldes mit m²/ha täglicher Förderung

Außer der Kennziffer t/ha, welche bei der festgelegten Betriebskapazität sehr wichtig und verbindlich ist, ist es auch notwendig, die Kennziffer für die Tagesförderung in m²/ha der Betriebsfläche (Abbaufläche) zu untersuchen, damit sie zumindest bei großem reinem relativem Kohlenvermögen und kleinem Grubenfeld nicht übermäßig groß wird. Es ist das die sog. Flächenbelastung, ausgedrückt in m^2/ha. Die Flächenbelastung der Grube ist die täglich ausgekohlte Fläche in m^2, bezogen auf die *ganze abbauwürdige Fläche* (Betriebsfläche, produktive Fläche) des Grubenfeldes in ha (d. h. ohne die Schutzpfeiler für Schächte, Querschläge, ohne Störungszonen usw.). Weil hier Fläche gegen Fläche gestellt wird, ist es eine unbenannte Verhältniszahl, die zeigt, der wievielte Anteil der abbaufähigen Fläche durch die tägliche Förderung abgebaut wird. Sie ist für die Beurteilung der betrieblich wichtigen Beziehungen nützlich, wie folgende Daten zeigen: Die täglich abgebaute Fläche, die Frontlänge der Strebbaue (bei gegebener Flözmächtigkeit), die Anzahl der Abbaue, unter anderem besonders dann, wenn sich die Frage erhebt, ob der Betrieb aus dem zur Verfügung stehenden Feld für einen ruhigen und regelmäßigen Ablauf oder für einen unregelmäßigen Ablauf Voraussetzungen hat, weil im letzteren Falle die Abbaufläche überlastet ist. Das Hangende über der abgebauten Fläche des Flözes muß sich bis zu einem gewissen Maße vorerst beruhigen (konsolidieren), bevor man mit dem Abbau im Liegendflöz beginnen kann. Wenn also eine Grube auf einem einzigen Flöz mit seiner Flözmächtigkeit allein (z. B. bis 3 m) aufgebaut ist, so braucht man sich um diese Verhältniszahl nicht zu kümmern. Handelt es sich aber um mehrere Flöze mit verschiedenen Mächtigkeiten, dann ist es geboten, den zeitlichen Vorgang der Abbaufolge der einzelnen Flöze durchzurechnen, damit sie einander nicht durch die Abbauerscheinungen gegenseitig beeinflussen.

Damit wir uns dies vorstellen können, nehmen wir ein Grubenfeld wie folgt an:

Gesamte Ausdehnung .... 960 ha

auf Schutzpfeiler u. a. entfällt ein Drittel.... 320 ha

abbaufähige Fläche .... 640 ha

Durch das Grubenfeld streicht:

a) ein einziges Flöz mit 3 m Mächtigkeit, d. h. 3,75 t/m^2,

b) zwei Flöze mit 1,5 m, d. h. zweimal 1,875 t/m^2,

c) drei Flöze mit 1,0 m, d. h. dreimal 1,25 t/m^2,

d) vier Flöze mit 0,75 m, d. h. viermal 0,9375 t/m^2,

d. h. in allen vier Fällen kommen je 3 m Kohle/m^2, d. s. 3,75 t/m^2 des Grubenfeldes.

Die abbauwürdigen Vorräte im Horizont sind 6400000 $m^2 \cdot 3{,}75$ t/m^2 = = 24 Mio t, was bei einer Kapazität von 4000 t pro Tag 1,2 Mio t jährlich bedeutet. Die Lebensdauer des Horizontes ist daher 24 : 1,2 = 20 Jahre = = 6000 Fördertage. Das reine relative Kohlenvermögen =

$$= \frac{\text{abbauwürdige Vorräte}}{\text{ganze Ausdehnung des Grubenfeldes}} = \frac{24 \text{ Mio t}}{960 \text{ ha}} = 2{,}5 \text{ t/m}^2,$$

d. s. 2 m Kohle/m².

Vorausgesetzt, daß die Tagesförderung .... 4000 t beträgt, wobei auf die Vorrichtung 10% .... 400 t entfallen und für den Abbau 90% verbleiben, d. s. .... 3600 t, bekommt man bei einem 3 m mächtigen Flöz, d. s. 3,75 t/m², eine täglich abgebaute Fläche von $\frac{3600}{3{,}75} = 960 \text{ m}^2$,

bei zwei Flözen mit je 1,5 m, d. s. 1,875 t/m², $\frac{3600}{1{,}875} = 1920 \text{ m}^2$,

bei drei Flözen mit je 1,0 m, d. s. 1,25 t/m², $\frac{3600}{1{,}25} = 2880 \text{ m}^2$,

bei vier Flözen mit 0,75 m, d. s. 0,9375 t/m², $\frac{3600}{0{,}9375} = 3840 \text{ m}^2$.

Die Belastung m²/ha durch die Tagesförderung ist dann:

bei einem 3-m-Flöz .... $\frac{960}{640} = 1{,}5 \text{ m}^2/\text{ha}$

bei zwei 1,5-m-Flözen....... $\frac{1920}{640} = 3{,}0 \text{ m}^2/\text{ha}$

bei drei 1-m-Flözen......... $\frac{2880}{640} = 4{,}5 \text{ m}^2/\text{ha}$

bei vier 0,75-m-Flözen ...... $\frac{3840}{640} = 6{,}0 \text{ m}^2/\text{ha}$

Wir sehen, daß *bei gleichem reinem relativem Kohlenvermögen* eines Horizontes, bei *gleicher* Tageskapazität und bei *gleicher* Belastung t/ha des Grubenfeldes die Belastung m²/ha *der Abbaufläche verschieden* ist.

Wir können sagen, daß bei kleinem reinem relativem Kohlenvermögen diese Verhältniszahl günstig ist, bei größerem reinem relativem Kohlenvermögen ist sie ungünstiger und bei noch größeren soll sie den Wert von 5 bis 8 m²/ha nicht überschreiten. Es ist notwendig, diese Kennziffern von Fall zu Fall zu überprüfen, denn bei höheren Werten würde sich das Grubenfeld als überbelastet (überzogen) erweisen, auch wenn sich die Kennziffer t/ha als günstig und angemessen zeigen sollte. Das gilt besonders für mächtige, bankige Flöze und Flözgruppen, bei denen eine Überforderung zu Brühungen und Flözbränden führen könnte.

6. Anzahl, Querschnitt, Teufe und Lage von Förderschächten

Soweit Förderschächte für Neuanlagen abgeteuft werden, gibt man ihnen den standardisierten lichten Durchmesser von 7,10 m oder 7,50 m, welcher für zwei leistungsfähige Fördereinrichtungen geeignet ist (vieretagige Förderschalen mit einer Nutzlast bis 8 t Kohle für einen Aufzug und eine Mannschaftsbesetzung von 52 bis 80 Mann), so daß ein Förderschacht eine tägliche Kapazität bis 5000 t bei einem kleinen und bis 7000 t bei einem großen reinen relativen Kohlenvermögen erreicht. Es ist also bei einer größeren Tagesförderung als 5000 bzw. 7000 t ein zweiter Förderschacht notwendig.

Bei der Adaptierung eines alten Schachtes zu einem Förderschacht wählen wir den Durchmesser nach der verlangten Kapazität, d. i. bei einer Notlösung zirka 6 m für eine Tagesförderung bis 2000 t; andernfalls wählen wir den üblichen Standarddurchmesser wie bei einem neuen Schacht, wenn es sich um eine Kapazität von 4000 bis 5000 t handelt.

Diese Schachtdurchmesser sollen mit Rücksicht auf die Menge der Einziehwetter überprüft werden, damit deren Geschwindigkeit angemessen bleibt. Nach den Sicherheitsvorschriften ist es zulässig, daß die maximale Geschwindigkeit in einem Fördereinziehschacht 6 m und in einem Wetterschacht 10 m/sek beträgt, es ist jedoch vorteilhaft, mit einer kleineren Wettergeschwindigkeit mit Rücksicht auf die Depression und Leistung der Ventilatoren auszukommen. Es ist aber nicht gesagt, daß die angeführte Geschwindigkeit von 6 bis 10 m/sek — falls notwendig — nicht überschritten werden darf.

Bei Schachtdurchmessern um 7 m kostet 1 m² lichten Querschnittes bis zu einer Teufe von 400 m zirka 200000 Kčs (1954). Deshalb verlangen große Schachttiefen bei einem hohen Grad der Mechanisierung Kapazitätseinheiten von optimaler Lebensdauer und mit einer maximalen, noch zu beherrschenden Ausdehnung, denn der Faktor Teufe und Mechanisierung erhöht die Investitionsanforderungen auf 1 t geförderter Kohle, womit sich auch die Amortisationskosten erhöhen. Die Teufe des Schachtes verkleinert die Kapazität durch die Erhöhung der Förderzeit und die Senkung des Verhältnisses der Nutzlast zum Gesamtgewicht an der Fördermaschine (das Seilgewicht wächst z. B. für je 100 m, d. h. für die beiläufige Höhe eines Horizontes, um zirka 600 bis 800 kg), so daß die hauptsächlichste Folge größerer Tiefen das Anwachsen der Kosten für die Schächte: Fördertürme, Fördermaschinen, aber auch für die Wetterführung, Wasserhaltung und für den Spülversatz ist. Weiters macht sie untertage größere Schutzpfeiler notwendig und bringt größeren Gebirgsdruck mit sich.

Mit der Möglichkeit der Erhöhung der Fördergeschwindigkeit bei Skips auf bis zu 20 m/sek, bei der Mannsfahrt auf 12 bis 14 m/sek, durch die Besetzung eines Förderkorbes mit $4 \cdot 20 = 80$ Mann — unter der Voraussetzung einer sorgfältigen Schachterhaltung — verkleinern wir andererseits die Schmälerung der Kapazität infolge großer Teufen. Das ist wichtig, denn Gruben mit kleinem relativem Kohlenvermögen schreiten gegen die Tiefe rascher vor als Gruben mit größerem reinem relativem Kohlenvermögen.

Deswegen sind Gruben *in alten Revieren* tiefer und brauchen als solche größere Investitionen, deren Amortisation eine genügende Produktion und günstige Lebensdauer verlangt, d. h. einen genügenden Vorrat abbauwürdiger Kohle oder eine angemessene Ausdehnung.

Von der Förderseite aus gesehen, haben wir eine Schachtteufe bis 900 m bei kleinem und 400 bis 500 m bei größerem reinem relativem Kohlenvermögen zu erwägen. Wie wir gesehen haben, ist die Kapazität der Fördereinrichtungen zwar ausgenützt, aber nicht überspannt worden.

Im Nomogramm Nr. 1 ist die Anzahl der Förder- und Wetterschächte entlang der horizontalen oberen Achse im rechten unteren Quadranten informativ eingezeichnet, die Anzahl der Fördereinrichtungen im selben Quadranten auf der unteren Seite.

Wir bemerken noch, daß sich die Anzahl der Fördereinrichtungen mit den Förderkörben nach der Anzahl der anfahrenden Mannschaft richtet, die innerhalb von 15 Minuten — wie bereits gesagt — in die Grube eingelassen werden muß, damit die höchste produktive Arbeitszeit erreicht wird. Die Skipförderung läßt sich nur dann anwenden, wenn die Mannsfahrt mit Förderkörben verläßlich — im Hinblick auf die produktive Arbeitszeit — sichergestellt ist.

Es wird daher empfohlen, die Kohlenförderung ganz selbständig durch eine Skipförderung in einem neutralen Schacht mit einem Durchmesser von ungefähr 4 m zu sichern und die Mannsfahrt, außerordentliche Fahrten, die Bergeförderung, Materialförderung und das Einlassen von Versatzbergen mit Förderkörben zu besorgen. Mit einer Skipförderung lassen sich hohe Förderleistungen bei kleinen Füllörtern in der Grube erzielen, und zwar mit einfachen Einrichtungen obertags und raschem Wagenumlauf. Deshalb empfiehlt es sich, einen Skipförderschacht sofort einzurichten oder für diesen einen Platz zu reservieren, damit bei größer werdenden Teufen die Grubenkapazität nicht Schaden leidet und die Mannsfahrt sich nicht auf Kosten der produktiven Arbeitszeit verlängert.

Die Förderschächte sollten theoretisch mit Rücksicht auf den wirtschaftlichsten Transport in den Schwerpunkt der Kohlenvorräte gelegt werden. Dieser Grundsatz kann nicht immer folgerichtig eingehalten werden, da man sich verschiedenen gewichtigen Umständen anpassen muß, welche zu einer abweichenden Lage des Förderschachtes zwingen, wie:

1. Ein günstiger Anschluß mit einer Schleppbahn an die Eisenbahnlinie,

2. eine genügend große Fläche um den Förderschacht für die Obertagsbauten einschließlich der Bergehalden,

3. Ausweichen vor einem Inundationsgebiet, ebenso vor festgestellten mächtigen Schwimmsandschichten, die die Obertagseinrichtungen bei

Abwandern in das Senkungsgebiet außerhalb des Schutzpfeilers gefährden würden; Umgehung von Rutschgebieten u. a. (Abb. 3),

4. Rücksichtnahme beim Schachtabteufen auf mächtige oder wasserhaltige Ablagerungen von Karbonschutt (Abb. 4),

5. Rücksichtnahme auf Lagerungsverhältnisse (Sattel oder Mulde), auf ruhige, d. i. günstige Lagerung, deren Kohlenvorräte in den Schutzpfeilern „tot" bleiben würden, d. h. nicht abgebaut werden könnten, was zu einer Verkleinerung des reinen relativen Kohlenvermögens führen würde,

6. Rücksichtnahme auf einen günstigen künftigen Betrieb, insbesondere was den Transport großer, umfangreicher Massen, wie Versatzberge, betrifft, ob sie nun mit Wasser (Spülversatz) oder mit Zügen oder Bandförderung (bei Blasversatz, Schleuderversatz) transportiert werden.

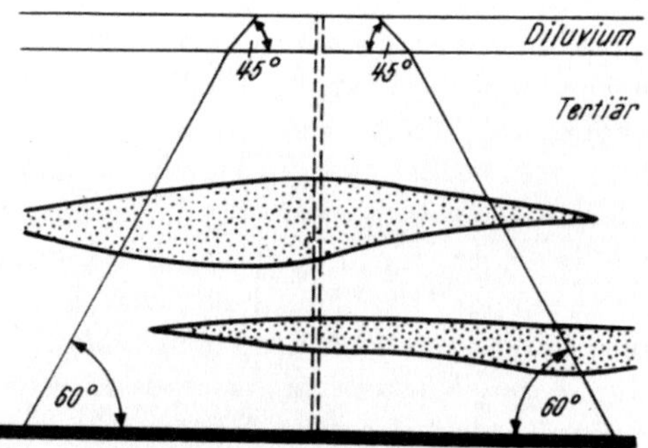

Abb. 3. Ungünstige Lage eines Förderschachtes in einer mächtigen Schwimmsandschicht

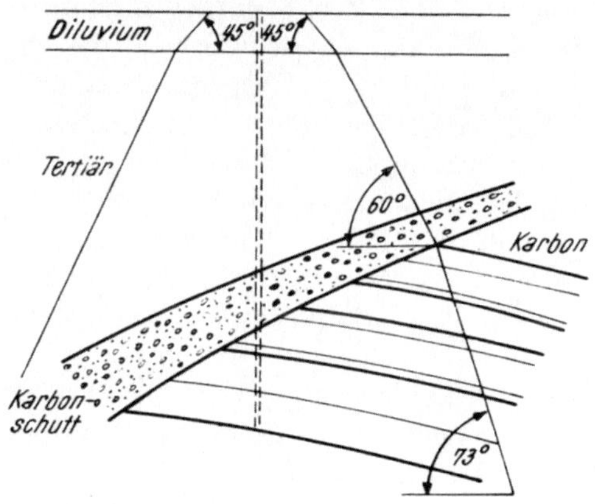

Abb. 4. Ungünstige Lage eines Förderschachtes in einer mächtigen Einlagerung von Karbonschutt

Schließlich sollte man noch berücksichtigen, daß die Ortswahl für den Förderschacht das Optimum im Hinblick auf die Investitionen wie auch auf die künftige Förderung sein soll.

7. Planung der Wetterführung

Beim Projektieren neuer Gruben oder bei der Zusammenlegung kleiner Betriebe oder beim Projektieren neuer Horizonte müssen wir beim Entwerfen der Wetterführung beachten:

a) die Sicherheit,

b) die Wirtschaftlichkeit des Betriebes.

Es ist notwendig, beides abzustimmen, um nach den gegebenen Verhältnissen das Wetternetz so zu berechnen, daß folgende Größen feststehen: Die Wettermenge je Minute (Q), die Depression (h) und damit die äquivalente Grubenweite (A), welche zusammen die größte Sicherheit in der Grube in bezug auf Gase, Kohlenstaub und Wetterkurzschlüsse — die zu vermeiden sind, da sie zu Brühungen führen —, gewährleisten.

Weiters sind klimatische und damit auch Arbeitsbedingungen und die höchstmögliche Wirtschaftlichkeit des Betriebes zu überlegen (Rücksichtnahme auf höhere Temperaturen und erhöhte relative Grubenfeuchtigkeit, wie sie bei tiefen Gruben vorkommen).

Soweit Gruben *nicht oder nur wenig gasbringend sind,* ist es verhältnismäßig leicht, die notwendige Wettermenge Q zu bestimmen, entweder nur nach der Anzahl der Belegschaft in der am stärksten belegten Schicht, oder auch manchmal nach dem Bedarf der Abkühlung der Grubenräume durch den Wetterstrom, wie es in tiefen Gruben notwendig ist. Die Führung der einzelnen Wetterströme soll so projektiert werden, daß kein Wetterdurchzug durch zerdrückte Pfeiler oder den „Alten Mann" erfolgt und daß der Wetterstrom sich nicht zersplittert und gewaltsam über zerdrückte Kohlenpfeiler durchdringt, um Brühungen zu vermeiden. Dann wird es nicht schwer sein, die Querschnitte der Querschläge und Strecken mit Rücksicht auf die Wettermenge zu bestimmen, da diese kaum wesentlich größer sein dürften, als ein leistungsfähiges Doppelgeleise verlangt.

Viel schwieriger ist diese Aufgabe *in einem Grubenfeld mit Gasentwicklung,* gleichgültig ob es sich um das Projektieren eines neuen Schachtes oder um Zusammenlegung kleiner Betriebe oder schließlich um das Projektieren eines neuen Horizontes handelt. Wir denken dabei gar nicht so sehr an die Grubengase, welche im Bereich des Karbonschuttes in der diskordanten Fuge zwischen Karbon und der tertiären Überlagerung unter einem Druck bis zu 40 Atmosphären eingeschlossen sein können und welche das Abteufen beim Übergang über diese Störungszone erschweren, jedoch nach einer verhältnismäßig kurzen Zeit von einigen Tagen, Wochen oder Monaten in ihrer Intensität nachlassen, sondern an jene Grubengase, die aus der Lagerstätte durch die Grubenarbeit frei werden und die Grubenräume füllen. Diese Gase müssen durch den Wetterstrom, und zwar durch eine angemessene Wettermenge, auf ein unschädliches Maß verdünnt und abgeführt werden.

Zur Feststellung dieser Gasmenge, nach welcher sich dann die notwendige Wettermenge festsetzen läßt, sucht man verschiedene Kennziffern, wie die geläufigsten: Menge an CH_4 m^3 auf 1 t Tagesförderung (m^3 CH_4/t), die CH_4-Menge in m^3 auf 1 ha (m^3 CH_4/ha) und Tag, die CH_4-Menge in m^3 auf 1000 m^3 Gestein und Tag, m^3 CH_4 auf einen laufenden Meter Strecke u. a. Die Gesetzmäßigkeit des CH_4-Austrittes in die Grubenräume wird gesucht. Nach dieser wird dann die notwendige Wettermenge bestimmt und nach Durchrechnung des Wetternetzes des zu bewetternden Bereiches der dazu geeignete Ventilator ausgewählt.

Beim Projektieren von Gruben und Horizonten ist dies außerordentlich wichtig, denn große Wettermengen bedingen ein großes Profil der Querschläge (damit wieder erhöhte Investitionen, verkleinerte Auffahrungsleistung, schwierige Erhaltung im Laufe der weiteren Lebenszeit); die Geschwindigkeit der Einziehwetter darf aber auch nicht übermäßig werden (wegen der erforderlichen Depression, die mit dem Quadrat der Geschwindigkeit wächst, wegen des Mitreißens von Kohlenstaub, des Durchziehens von Teilwetterströmen, die Ursache von Brühungen sind). Große Wettermengen bedingen auch hohe Depression und würden zu große Ventilatoren verlangen. Bei einem zu hoch geschätzten Anfall von CH_4 ist der zu bewetternde Bereich kleiner, die Grube braucht daher eine größere Zahl von Wetterschächten und damit höhere Investitionen. Dadurch wird eine höhere Anzahl von Schachtschutzpfeilern notwendig, es sinkt die produktive Fläche und damit auch eventuell die abbauwürdige Kohlenmenge. Bei zu niedrig gegriffener Schätzung von CH_4 ist wieder die Sicherheit des Betriebes gefährdet.

Wir wissen, daß die *primäre Lagerstätte der Grubengase* die Kohlensubstanz (bzw. das Kohlenflöz) ist, in welcher sich die Gase bei der Inkohlung bilden. In dieser haben sich die Gase entweder erhalten (okkludierte Gase, die in den Kohlen eingeschlossenen Gase) oder sie sind aus ihr ausgetreten, um alle Schlechten, Spalten, Risse sowohl in der Kohle als auch im Nebengestein auszufüllen (sekundäre Lagerstätte), wo sie als freie Gase immer unter Überdruck abgelagert sind und in die Grubenräume ausströmen.

Im wesentlichen sind für das Projektieren zwei von den drei Arten des Gasaustrittes aus den Lagerstätten wichtig:

a) *Die Exhalation*, der gewaltlose Austritt der Gase aus der ganzen entblößten und freigelegten Fläche in die Grubenatmosphäre, d. i. bei Querschlägen und Strecken aus deren Umfang, im „Alten Mann" hauptsächlich aus dem zerstörten Hangenden, aber auch aus den Stößen (Ulmen), wenn der „Alte Mann" z. B. an einem unverritzten Nachbarfeld liegt.

Die Exhalation ist anfangs stärker, später schwächer. Sie stellt den spezifisch harmlosesten Grad des Gasaustrittes aus der Lagerstätte dar, obwohl ihr Anteil an der gesamten Gasmenge im Ausziehwetterstrom am größten ist. Am stärksten ist die Exhalation beim Aufschluß oder bei der Vorrichtung eines unverritzten (jungfräulichen) Feldes oder Flözes, am schwächsten beim Heimwärtsbau. Der Versatz senkt die Exhalation um den Grad der Zusammendrückbarkeit, d. i. um 30 bis 40%, also auf 60 bis 70%.

b) *Bläser* sind an tektonische Störungen sowie an Schlechten und Sprünge gebunden. Sie umfassen gewöhnlich einen ausgedehnten Raum, von dem sie mit Gasen getränkt werden. Die Menge und die Zeitdauer des Gasaustrittes hängt davon ab, wie weit, in welche Tiefen und Breiten, zu welchen und wie entwickelten Störungszonen, zu welchen Kohlenarten und zu welchen mächtigen Flözen die Verflechtung der Zufuhrkanäle reicht.

In den Abbauen bzw. auch in den Vorrichtungsstrecken entziehen sich die aktiven Bläser gewöhnlich der Beobachtung, da sie durch die Grubenbaue bereits einige Male durchfahren wurden. Ihre Wirkung ist dadurch bereits ansehnlich geschwächt und sie scheinen so als Exhalationsgase auf. Deshalb sind Bläser einzig dort von Bedeutung, wo es sich um die Auffahrung ausgedehnter und weiter Grubenbaue handelt (wie Füllörter, Pumpenstationen, Querschläge, Strecken, besonders solche mit Nachriß). Sie werden gewöhnlich durch Absaugen mit Sauglutten oder Rohrleitungen direkt in die Ausziehwetterstrecke unschädlich gemacht. Nichtsdestoweniger muß deren Menge (CH_4) im Ventilatorhals verdünnt werden, und es empfiehlt sich bei großen Bläsern, ihre Ableitung mittels einer Separatleitung bis in die Obertagsatmosphäre durchzuführen.

c) *Bei Gaseruptionen*, als der dritten Art von Gasaustritten, trifft man andere Sicherheitsvorkehrungen (eine eigene Art der Vorrichtung und des Abbaues und noch andere besondere Vorkehrungen), so daß beim Projektieren der Wetterführung solcher Betriebe die Möglichkeit gegeben ist, die notwendige Wettermenge durch den Ventilator vorübergehend erhöhen zu können.

Die Menge der Grubengase hängt nicht nur von dem relativen Kohlenvermögen des zu bewetternden Bereiches ab, d. h. von der *Kohlenmenge und ihrem Inkohlungsgrad* — die Entstehung von Grubengas geht auf Kosten der Kohlensubstanz —, sondern auch von Bedingungen, die einen Einfluß auf ihre Zurückhaltung im Kohlengebirge haben, wie Mächtigkeit und Durchlässigkeitsgrad des Karbons, besonders aber die Gasundurchlässigkeit des tertiären Deckgebirges, des sog. Tegels. Wenn also die Grubenbaue im Karbongebirge umgehen, durchziehen sie gewissermaßen einen „röhrenförmigen Gasbehälter“, bestehend aus Sprüngen und Spaltflächen, die untereinander durch tektonische Störungen verbunden und mit Gasen angefüllt sind. Durch Überdruck strömen diese Gase in die offenen Grubenbaue aus, wo sie dann durch den Wetterstrom verdünnt und schließlich in die Atmosphäre obertags abgeführt werden.

Mit diesem fortdauernden Gasaustritt aus Sprüngen und Rissen des Kohlengebirges ändert sich der Gleichgewichtszustand des Gases und dadurch sinkt zwar langsam, aber ständig, auch die Menge der auftretenden freien Gase. Diese Menge ist bei der Beendigung eines Horizontes am kleinsten. Beim Aufschluß eines weiteren neuen Horizontes, d. i. beim Fortschreiten in größere Tiefen, ist der bisherige Gleichgewichtszustand wieder gestört und der Gasaustritt wird durch die neuen Aufschlüsse erhöht. Nach Erreichen des maximalen Gasaustrittes sinkt die Menge der Gase bei weiter fortschreitendem Sinken des Gleichgewichtszustandes.

Daraus ergeben sich zwei Folgerungen:

1. Das Ideal für den Bergbautechniker und damit auch für den Projektanten wäre, den Betrieb so zu gestalten, daß bei Einhaltung der gleichen (geplanten) Kapazität ein gleichmäßiger Gasaustritt während der ganzen Lebensdauer des Horizontes erreicht würde und weder die Wettermenge noch die Depression des Wettersystems geändert werden müßte. Das ist kaum zu erreichen, denn dann müßte auch die äquivalente Grubenweite *im Laufe der gesamten Lebensdauer die gleiche bleiben*, was kaum möglich ist, denn beim Fortschreiten des Abbaues der Flöze gibt es verschiedene Flözmächtigkeiten, ohne Rücksicht darauf, daß bei Beginn des neuen Horizontes die Exhalation am höchsten ist. Es kommt also darauf an, daß durch die bergmännischen Arbeiten aus dem Gebirge und den Flözen so wenig Gas als möglich frei wird, um so die Exhalation zu verzögern.

Dies wird erreicht durch:

a) Den Vortrieb der Querschläge mit dem geringsten Umfang. Den kleinsten Umfang liefert ein Kreis, von dem aber aus anderen Gründen nicht allgemein Gebrauch gemacht wird; man verwendet einen halbelliptischen Querschnitt, der auch deswegen vorteilhaft ist, weil er einen spannungslosen Bereich über der Strecke sichert und dadurch das Loslösen des Gebirges von den Stößen verhindert und so die Voraussetzung für einen geringen Gasaustritt schafft. Der Vortrieb von Querschlägen im definitiven großen Profil hat den Nachteil, daß die Wettergeschwindigkeit in diesen klein ist, und bei der Bewetterung der Querschläge mit Lutten können sich unterhalb der Firste Gase ansammeln und so gefährliche explosive Gemische bilden. Deshalb empfiehlt es sich, die Querschläge zunächst in einem kleinen Profil bis zum Wetterdurchschlag vorzutreiben und dann erst auf das definitive Profil nachzureißen.

b) Die Folge der bergmännischen Arbeiten in den Flözen „*von oben nach unten*“; die im Abbau stehenden Liegendflöze sind dann schon von den vorhergehenden Hangendflözen bzw. Horizonten etwas entgast worden und befinden sich bereits unter dem Einfluß des Gleichgewichtszustandes des vorherigen Horizontes.

c) Den Abbau von der Feldesgrenze zum Querschlag. Die Vorrichtungsstrecken für solche Abbaue ermöglichen in der Zeit von einigen Monaten die Entgasung solcher vorgerichteter Flöze aus beiden Stößen (Ulmen) jeder Strecke auf eine bedeutende Tiefe. Beim Abbau von der Feldgrenze selbst wird der Wetterstrom in seiner ganzen Länge mit einer bestimmten Geschwindigkeit längs des festen Stoßes geführt, so daß er mit seiner gesamten Menge den Abbau bewettert und Wetterverluste nicht entstehen.

d) Den Abbau mit Versatz, der die Gasentwicklung bis um 60% senkt, da er die Firste vor dem Zubruchegehen — d. h. vor dem Brechen nach Schicht- oder Druckflächen, wodurch Gase frei werden —, aber auch vor der Auflockerung der Gebirgsschichten schützt. Die Gasentwicklung beim Abbau mit Versatz ist annähernd gleich dem Prozentsatz der Zusammendrückbarkeit des eingebrachten Versatzes. Ist die Zusammendrückbarkeit des Versatzes z. B. 33%, dann ist die Gasentwicklung 33%, d. h. um 67% weniger, als wenn das Flöz mit Bruchbau gebaut würde.

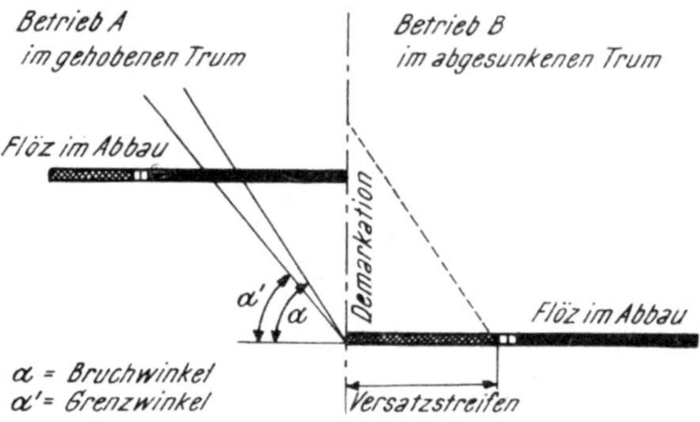

Abb. 5. Schema des „Alten Mannes" im Brunnen an der Demarkation zweier Betriebe

e) Die Gasabsaugung (Degasation) des gebauten Flözes; dabei werden die Gase mit Rohrleitungen aus dem Hangenden und Liegenden und selbst aus dem Flöz abgefangen und bis obertags geleitet, wo sie verwertet werden. Die abgeleiteten Gase müssen so durch den Wetterstrom nicht verdünnt werden.

2. Folgendes ist zu vermeiden:

a) Das Unterbauen eines Flözes.

b) Der Abbau feldwärts, besonders mit gelenktem Bruchbau, denn einerseits hat der Kohlenpfeiler weder Gelegenheit noch Zeit, sich zu entgasen, andererseits bricht das Hangende und lockert sich und es strömen von dort Gase aus. Weiters wird der Wetterstrom geschwächt, weil Teile, sog. „verlorene Wetter", durch den „Alten Mann" zur Ausziehwetterstrecke strömen, wodurch die eigentliche Abbaufront schwach bewettert wird. Das ist besonders bei tiefen Gruben zu beachten.

c) Sollte die Bruchkante des „Alten Mannes" an ein unverritztes (jungfräuliches) Feld angrenzen (d. h. der „Alte Mann" wäre im abgesunkenen Trum), empfiehlt es sich, zwischen dem „Alten Mann" und dem unverritzten Nachbarfeld einen breiten Streifen Versatz zur Verminderung der Absenkung und Vermeidung der Störung des Hangenden einzubringen (Abb. 5).

Wenn wir die Kennziffer m^3 CH_4 auf 1 t Förderung und Tag näher untersuchen, so zeigt sie sich nicht als stabil und eindeutig charakteristisch, denn sie hängt nicht nur von dem relativen Kohlenvermögen, sondern auch von der Lebensdauer des Horizontes und von der Belastung durch die Kennziffer t/ha und Tag ab; das Nomogramm Nr. 4 zeigt in den Quadranten II, III, IV diese Beziehung.

Wie wir später sehen werden, zeigt die Kennziffer m^3 CH_4 auf 1 ha die Gesetzmäßigkeit der Gasentwicklung viel regelmäßiger und charakteristischer, denn wenn die Gasbildung auf 1 t täglicher Förderung p ist, die Tagesförderung P_t und die Ausdehnung des Grubenfeldes F, dann ist die Hektarbelastung $= P_t/F$ und der Gasaustritt pro Hektar und Tag $= \frac{P_t \cdot p}{F}$.

Die täglich abgebaute Fläche oder der Tonnenanfall auf 1 m^2 abgebaute Fläche t/m^2 genügen noch nicht zur Feststellung einer brauchbaren Kennziffer für die Gasentwicklung, denn diese Angaben zeigen nicht die verschiedenen Ursachen größerer oder kleinerer Gasbildung im Grubenfeld, wie z. B., ob das Grubenfeld an der Demarkation liegt (im abgesunkenen Trum gegenüber dem Nachbar), ob das Liegende an Kohle reich oder arm, für Gas leicht oder schwer durchlässig ist, ob die Kohle im Liegenden mehr inkohlt ist, ob der Flözabbau heimwärts oder feldwärts, ob der Abbau mit gelenktem Bruchbau oder mit Versatz geführt wird. Deshalb wird es notwendig sein, einige Kennziffern zu überprüfen, damit wir uns der wirklichen Gasentwicklung am meisten nähern.

Wenn man beim Projektieren in einem bestimmten Fall 20 m^3 CH_4 Gasbildung auf 1 t Förderung und Tag und eine Tageskapazität von 4000 t annimmt, dann ist:

Belastung des Grubenfeldes t/ha	Menge CH_4 m^3/ha	Grubenfeldausdehnung	Gasmenge aus dem ganzen Grubenfeld
1	$1 \cdot 20 = 20\,m^3$	$\frac{4000}{1} = 4000$ ha	(überoptimale Größe)
2	$2 \cdot 20 = 40\,m^3$	$\frac{4000}{2} = 2000$ ha	80000 m^3
3	$3 \cdot 20 = 60\,m^3$	$\frac{4000}{3} = 1333$ ha	80000 m^3
4	$4 \cdot 20 = 80\,m^3$	$\frac{4000}{4} = 1000$ ha	80000 m^3
5	$5 \cdot 20 = 100\,m^3$	$\frac{4000}{5} = 800$ ha	80000 m^3
6	$6 \cdot 20 = 120\,m^3$	$\frac{4000}{6} = 666$ ha	80000 m^3
10	$10 \cdot 20 = 200\,m^3$	$\frac{4000}{10} = 400$ ha	80000 m^3

welche unter allen Umständen täglich 80000 m³ CH_4 ergeben, d. i. in einer Stunde 3333 m³ CH_4 oder in der Minute 55,55 m³ CH_4.

Zur Verdünnung sind je Minute folgende Wettermengen notwendig:

auf 1%........ $\frac{55,55}{1} \cdot 100 = 5555$ m³ Wetter pro Minute,
„ 0,75%..... $\frac{55,55}{0,75} \cdot 100 = 7407$ m³ „ „ „ ,
„ 0,5%...... $\frac{55,55}{0,5} \cdot 100 = 11111$ m³ „ „ „ .

Daraus folgt:

1. Eine Grubenausdehnung von 2000 ha erfordert vier bis sechs, also durchschnittlich fünf Wetterschächte, so daß auf einen Wetterschacht bei einer Verdünnung auf:

1%........ 5555 : 5 = 1111 m³ Wetter pro Minute,
0,75%..... 7407 : 5 = 1481 m³ „ „ „ ,
0,5%...... 11111 : 5 = 2222 m³ „ „ „ ,

entfallen. Die auf den Bereich eines Wetterschachtes kommende Förderung beträgt 4000 : 5 = 800 t.

2. Eine Grubenausdehnung von 1000 ha erfordert drei Wetterschächte und auf einen Wetterschacht entfallen bei Verdünnung auf:

1%........ 5555 : 3 = 1852 m³ Wetter pro Minute,
0,75%..... 7407 : 3 = 2469 m³ „ „ „ ,
0,5%...... 11111 : 3 = 3704 m³ „ „ „ .

Die auf einen Wetterschacht anfallende Fördermenge ist 4000 : 3 = = 1333 t.

3. Eine Grubenausdehnung von 666 ha erfordert zwei Wetterschächte und auf einen Wetterschacht entfallen bei Verdünnung auf:

1%........ 5555 : 2 = 2777 m³ Wetter pro Minute,
0,75%..... 7407 : 2 = 3704 m³ „ „ „ ,
0,5%...... 11111 : 2 = 5555 m³ „ „ „ .

Die auf einen Wetterschacht anfallende Förderung beträgt 4000 : 2 = = 2000 t.

4. Bei einer Ausdehnung der Grube von 400 ha mit einem Wetterschacht kommen bei Verdünnung auf:

1%........ 5555 m³ Wetter pro Minute,
0,75%..... 7407 m³ „ „ „ ,
0,5%...... 11111 m³ „ „ „ .

Die auf diesen Wetterschacht anfallende Förderung beträgt 4000 t. Die Größe des auf einen Wetterschacht entfallenden Grubenfeldes ergibt sich mit

$$2000 : 5 = 400 \text{ ha},$$
$$1000 : 3 = 333 \text{ ha},$$
$$666 : 2 = 333 \text{ ha},$$
$$400 : 1 = 400 \text{ ha}.$$

Alle Angaben enthält die folgende Übersichtstabelle:

Größe des Grubenfeldes in ha	Anzahl der Wetterschächte	Bereich eines Wetterschachtes in ha	Belastung t/ha	Förderung aus dem Bereiche eines Wetterschachtes	CH_4 je ha	Gas aus einem Wetterschacht	Wettermenge in m^3 bei Verdünnung auf		m^3 CH_4 je t
					in m^3/24 Std.		0,75%	0,5%	
2000	5	400	2	800	40	16000	1481	2222	20
1000	3	333	4	1333	80	26700	2469	3704	20
666	2	333	6	2000	120	40000	3704	5555	20
400	1	400	10	4000	200	80000	7407	11111	20

Wir sehen, daß bei gleicher Kennziffer m^3 CH_4/t Förderung in den vier angeführten Beispielen die Lösung der Bewetterung in jedem Fall eine andere ist. Diese Kennziffer muß deshalb vorerst einwandfrei festgestellt werden, damit ihre Position unter den anderen Angaben, von denen einige voneinander abhängig sind, als Grundlage für das Projekt der Wetterführung bestimmt werden kann. Diese Beziehungen und Abhängigkeiten zeigt das Nomogramm Nr. 4, welches eine rasche Orientierung zum gegebenen Problem und zur richtigen Lösung ermöglicht.

Der Quadrant I zeigt die Beziehung zwischen Förderung, Grubenleistung, Zahl der Belegschaft und dem minimalen Bedarf an Wettern (vorausgesetzt 7 m^3/min und Mann). Eine Förderung von 2500 bis 3000 t können wir auch als Förderung aus einem Wetterbereich betrachten.

Quadrant II zeigt die Beziehung zwischen Förderung, CH_4-Exhalation in 24 Stunden, Wetterbedarf bei Verdünnung auf 0,5%, Anzahl der Wetterschächte und Belastung CH_4 m^3/t. In diesem Quadranten sehen wir, daß als Höchstgrenze eines Wetterbereiches die tägliche Exhalation etwa 50000 m^3 betragen kann, d. s. 34,72 m^3 pro Minute, wozu etwa 7000 m^3/min Wetter zur Verdünnung auf 0,5% CH_4 gebraucht werden. Diese Wettermenge sollte bei hoher Depression nicht mehr überschritten werden.

Quadrant III zeigt die Beziehung zwischen der Lebensdauer eines Horizontes, dem Kohlenvermögen des Horizontes und der Belastung des Grubenfeldes mit der Förderung in t/ha. Wir sehen daraus klar:

Je kleiner die Lebensdauer des Horizontes ist, desto größer ist die Belastung durch t/ha, desto größer wird aber auch die Gebirgsbewegung durch den Abbau und daher auch der Gasaustritt aus demselben.

Quadrant IV zeigt die Beziehung zwischen der Belastung des Grubenfeldes t/ha, m^3 CH_4 auf 1 t Förderung und der Gasentwicklung in m^3 CH_4 auf 1 ha. Dieser Quadrant zeigt auch die Beziehung zu den Zusammenhängen der Quadranten II, III und V.

Quadrant V zeigt die Beziehung der Größe des Grubenfeldes zur Gasentwicklung je 1 ha Grubenfeld, aber auch zur Gasentwicklung im ganzen Grubenfeld bzw. im Bereich eines Wetterschachtes. Nehmen wir nach Quadrant II die Gasentwicklung eines Wetterschachtes (Wetterbereiches) mit 50000 m^3 CH_4 als Höchstgrenze an, so können wir als maximale Flächenausdehnung eines Wetterschachtbereiches 500 ha betrachten; dies gilt für ein kleines relatives Kohlenvermögen und damit auch für eine verhältnismäßig kleine Gasentwicklung pro ha und eine kleine Belastung des Grubenfeldes.

Als kleinster Wetterschachtbereich wird eine Fläche von 200 ha für eine große Gasentwicklung pro ha betrachtet; dies ist der Fall bei einem großen relativen Kohlenvermögen.

Beispiel:

Das Grubenfeld eines zu projektierenden Betriebes hat eine Ausdehnung von 750 ha, seine Kapazität wird auf täglich 6000 t bestimmt, bei einer abbauwürdigen Kohlenmenge von 45 Mio t. Es sollen die Wetterbedingungen beim Projektieren eines neuen Horizontes dieser Grube ermittelt werden, d. h. die Anzahl der Wetterschächte und die notwendige Wettermenge *für einen Wetterschacht.*

Tägliche Kapazität 6000 t,

jährliche Kapazität 1800000 t,

Lebensdauer des Horizontes $45 : 1{,}8 = 25$ Jahre,

Belastung des Grubenfeldes auf den ha $= 6000 : 750 = 8$ t/ha.

Abbauwürdige Kohlenmenge 45 Mio t $= 45 : 1{,}25 = 36$ Mio m^3 Kohle, d. i. ein reines relatives Kohlenvermögen von $36 : 750 = 4{,}8$ m Kohle/m^2. Die Fläche von 750 ha für *einen Wetterschachtbereich* ist zu groß.

a) Für *zwei Wetterschächte* beträgt die Ausdehnung eines Wetterschachtbereiches $750 : 2 = 375$ ha. Nach dem Quadranten V entspricht eine Ausdehnung von 375 ha der Grenze eines Wetterbereiches bei einem Gasaustritt von 40000 m^3 CH_4 in 24 Stunden, d. h. 27,78 m^3 CH_4/min. Für die Verdünnung auf 0,75% CH_4 benötigt man eine Wettermenge von 3704 m^3/min und für eine Verdünnung auf 0,5% CH_4 eine solche von 5556 m^3/min. Das entspricht einer Gasentwicklung von 106 m^3 CH_4 auf einen Hektar. Nach Quadrant IV entspricht dies bei einer Belastung von 8 t/ha und einer Gasentwicklung von 106 m^3/ha einer Kennziffer von *13,3* $m^3\ CH_4/t$.

Im Quadranten II sehen wir wieder die Position des untersuchten Wetterschachtbereiches, auf den eine Förderung von 6000 : 2 = 3000 t anfällt, was bei einer Grubenleistung von 2,5 t/Schicht einer Belegschaft von 1200 Mann in 24 Stunden oder $1200 \cdot \frac{2}{5}$, d. h. 480 Mann in der am stärksten belegten Schicht entspricht, auf die eine minimale Wettermenge 480 · 7 m^3, d. s. 3360 m^3/min (s. Quadrant I) kommt. Es ergeben sich dann folgende Wettermengen:

Minimal .... 3360 m^3/min (nach der Belegschaft),
bei einer Verdünnung auf 0,75% ... 3704 m^3/min,
bei einer Verdünnung auf 0,50% ... 5556 m^3/min.

b) Bei *drei Wetterschächten* ist die Ausdehnung eines Gebietes 750 : 3 = = 250 ha.

Nach Quadrant V entspricht einer Ausdehnung von 250 ha als Grenze eines Wetterbereiches eine Gasentwicklung von 50000 $m^3\ CH_4$ in 24 Stunden, d. s. 34,722 $m^3\ CH_4$/min, d. i. eine Wettermenge bei einer Verdünnung auf 0,75% CH_4 von 4630 m^3 /min und bei einer Verdünnung auf 0,5% CH_4 von 6590 m^3/min.

Nach Quadrant IV entspricht das bei einer Belastung von 8 t/ha und einer Gasentwicklung von 200 $m^3\ CH_4$/ha *einer Kennziffer von 25* $m^3\ CH_4/t$.

Im Quadranten II sehen wir auch die Position des diskutierten Wetterschachtbereiches, auf den eine Förderung von 6000 : 3 = 2000 t entfällt, die bei einer Grubenleistung von 2,5 t/Schicht einer Belegschaft von 800 Mann entspricht, von der $^2/_5$, d. s. 320 Mann, in der am stärksten belegten Schicht arbeiten. Auf sie kommt eine Mindestwettermenge von 2240 m^3/min.

Wir haben hier folgende Wettermengen:

Minimal .... 2240 m^3/min (nach der Belegschaft),
bei einer Verdünnung auf 0,75% ... 4630 m^3/min,
bei einer Verdünnung auf 0,5% .... 6950 m^3/min.

Sicher wird jeder *die Gasentwicklung pro Hektar entweder nach dem vorhergehenden Horizont oder nach dem Nachbargrubenfeld überprüfen und darnach die Kennziffer* $m^3\ CH_4/t$ *bestimmen.*

Die Gasentwicklung pro Hektar sinkt mit der Zeit, und ist das Grubenfeld richtig durch t/ha belastet, so wird auch die Kennziffer $m^3\ CH_4/t$ kleiner; deshalb wird anfangs die Wetterführung mit einem höheren

Prozentsatz der Verdünnung CH_4, z. B. mit 0,75% projektiert, denn im Laufe der Zeit sinkt auch dieser.

c) Falls einer Grube mit einer Ausdehnung von 350 ha ein neues Feld (unverritzt) mit 400 ha zugeteilt wird, welches auf Grund einer großen Gasentwicklung zwei weitere Wetterschachtbereiche zu je 200 ha braucht, auf die eine Förderung von je 1600 t entfällt, so entfallen nach Quadrant V bei einer vorbestimmten Grenze eines Wetterschachtbereiches mit einer Gasentwicklung von 50000 m^3 CH_4 in 24 Stunden

bei einer Verdünnung auf 0,75% .... 4603 m^3 Wetter pro Minute,
„ „ „ „ 0,50% .... 6950 m^3 „ „ „ ,

d. h. eine Gasentwicklung pro Hektar von 250 m^3 CH_4 und 31,2 m^3 CH_4 auf 1 t Kohle.

Sollten wir gezwungen sein, auch diese Grenze zu überschreiten, weil die Gasentwicklung aus diesem Gebiet von 200 ha z. B. 60000 m^3 CH_4 in 24 Stunden wäre, d. h. die Gasentwicklung pro Hektar 300 m^3 CH_4 und auf 1 t Kohle 37,5 m^3 CH_4 betragen würde, dann entspräche dies:

bei einer Verdünnung auf 0,75% CH_4 ... 5556 m^3 Wetter pro Minute,
„ „ „ „ 0,50% CH_4 ... 8340 m^3 „ „ „ .

Wenn auch eine solche Gasbildung übermäßig und außergewöhnlich, sogar unwahrscheinlich ist, so sehen wir trotzdem, daß wir auch hier mit einer Wettermenge von 6000 m^3/min anfangs auskommen. Wir haben also beim Projektieren der Bewetterung folgende Mengen:

Bei einer Verdünnung		Ausdehnung des Wetterbereiches in ha	CH_4-Menge in 24 Stunden	m^3 CH_4/t
0,75% CH_4	0,5% CH_4			
3704 m^3	5520 m^3	375	40000 m^3	13,0
4630 m^3	6900 m^3	250	50000 m^3	25
5551 m^3	8340 m^3	200	60000 m^3	37,5

Anfangs würde sich die Wettermenge von 4000 m^3/min (bei einer Ausdehnung von 375 ha und einem Gasanfall von 40000 m^3 CH_4 in 24 Stunden) über 5000 m^3/min (bei einer Ausdehnung von 250 ha und einem Gasaustritt von 50000 m^3 CH_4 in 24 Stunden) bis 6000 m^3/min (bei einer Ausdehnung von 200 ha und einem Gasaustritt von 60000 m^3 CH_4 in 24 Stunden) bewegen.

Eine weitere Frage ist, bei welcher annehmbaren Depression mit Rücksicht auf die Verhinderung von Kohlenbrühungen und die Leistung des Ventilators die angeführten Wettermengen erzielt werden, d. h. wie groß die äquivalente Grubenweite jedes dieser Wetterbereiche bei der angeführten Ausdehnung sein darf. Dies interessiert uns im Hinblick auf die Querschlagprofile, auf die Profile der Strecken und der Wetterschächte und vom Standpunkt der Investitionen und des Zeitplanes. Je niedriger die Depression ist, desto größer muß die äquivalente Grubenweite, d. h. der Querschnitt der Querschläge, der Strecken und der Wetterschächte sein. (Auf den Querschnitt der Abbaue haben wir keinen Einfluß.) Um so größer werden dann auch die Kosten und um so länger die Ausführungszeiten sein.

Zur Orientierung rechnen wir:

Äquivalente Grubenweite $A = 0{,}38 \frac{Q}{\sqrt{h}}$, aus welchem sich ergibt:

$$h = 0{,}1444 \frac{Q^2}{A^2} = k \cdot \frac{L \cdot U \cdot v^2}{F_r}.$$

Unter der Annahme eines kreisrunden Querschnittes ist dann:

$$U = \pi d,$$

$$F_r = \frac{\pi d^2}{4},$$

$$v = \frac{Q}{F_r} = \frac{Q}{\frac{\pi d^2}{4}} = \frac{4Q}{\pi d^2},$$

$$v^2 = \frac{16 Q^2}{\pi^2 d^4}$$

und eingesetzt ergibt sich:

$$h = k \cdot \frac{L \pi d \cdot 16 Q^2}{\frac{\pi d^2}{4} \cdot d^4 \pi^2} = k \frac{64 L}{\pi^2 d^5} \cdot Q^2,$$

daraus

$$k \cdot \frac{64 L}{\pi^2 d^5} = R.$$

Somit erhalten wir die bekannte Beziehung $h = R \cdot Q^2$. Eingesetzt erhalten wir:

$$A = 0{,}38 \frac{Q}{\sqrt{h}} = 0{,}38 \frac{Q}{\sqrt{R \cdot Q^2}} = 0{,}38 \frac{1}{\sqrt{R}}.$$

Wir können dann schreiben: äquivalente Grubenweite bei einer

Ausdehnung von 375 ha..... $A_1 = 0{,}38 \frac{1}{\sqrt{R_1}}$,

„ „ 250 ha..... $A_2 = 0{,}38 \frac{1}{\sqrt{R_2}}$,

„ „ 200 ha..... $A_3 = 0{,}38 \frac{1}{\sqrt{R_3}}$,

so daß die äquivalenten Grubenweiten sich zueinander verhalten wie $A_1 : A_2 : A_3 = \frac{1}{\sqrt{R_1}} : \frac{1}{\sqrt{R_2}} : \frac{1}{\sqrt{R_3}}$.

Ist nun $R = k \cdot \frac{64\,L}{\pi^2\,d^5}$ und setzen wir voraus, daß der Durchmesser d eines kreisrunden Querschlages oder einer Strecke ebenso wie der Reibungskoeffizient k bei allen drei Wetterbereichen gleich ist, dann ist R die einzige Funktion des Wetterweges L, welche von dem zu bewetternden Bereich F_w abhängig ist, und zwar mit der Beziehung z. B. $\sqrt{c} \cdot \sqrt{F_w}$, wobei $\sqrt{c}$ eine bestimmte Konstante ist, so daß $\sqrt{R}$ eine Funktion von $\sqrt{L}$ ist, d. h. $\sqrt{c} \cdot \sqrt[4]{F_w}$; wir können daher schreiben:

$$A_1 : A_2 : A_3 = \frac{1}{\sqrt{c}\cdot\sqrt[4]{F_{w1}}} : \frac{1}{\sqrt{c}\cdot\sqrt[4]{F_{w2}}} : \frac{1}{\sqrt{c}\cdot\sqrt[4]{F_{w3}}} =$$

$$= \frac{1}{\sqrt[4]{F_{w1}}} : \frac{1}{\sqrt[4]{F_{w2}}} : \frac{1}{\sqrt[4]{F_{w3}}} = \frac{1}{\sqrt[4]{375}} : \frac{1}{\sqrt[4]{250}} : \frac{1}{\sqrt[4]{200}}.$$

Multiplizieren wir die ganze Gleichung mit $\sqrt[4]{375}$, so ergibt sich

$$\sqrt[4]{\frac{375}{375}} : \sqrt[4]{\frac{375}{250}} : \sqrt[4]{\frac{375}{200}} = 1 : \sqrt[4]{1{,}5} : \sqrt[4]{1{,}875} = 1 : 1{,}106 : 1{,}170.$$

a) Nehmen wir bei einer Fläche des Wetterschachtbereiches von 375 ha eine äquivalente Grubenweite $A_1 = 2\ \mathrm{m}^2$ an, dann ist eine Depression von $h = 0{,}1444\,\frac{Q_1^2}{A_1^2} = 0{,}1444\left(\frac{4000}{60\cdot 2}\right)^2 = 161$ mm WS notwendig.

Die theoretische Leistung des Ventilators $E_{th} = \frac{4000}{60}\cdot\frac{161}{75} = 143$ PS, d. h. eine theoretische Arbeit in 24 Stunden von 3434 PSh, d. h. auf 1 t geförderte Kohle entfallen 3434 : 3000 = 1,1444 PSh theoretisch oder 1,1444 : 0,5 = 2,29 PSh effektiv.

b) Eine Ausdehnung von 250 ha hat eine äquivalente Grubenweite $A_2 = 1{,}106 \cdot 2 = 2{,}212\ \mathrm{m}^2$; dann ergibt sich eine notwendige Depression von $h = 0{,}1444 \cdot \frac{Q_2^2}{A_2^2} = 0{,}1444\left(\frac{5000}{60\cdot 2{,}212}\right)^2 = 205$ mm WS.

Eine theoretische Ventilatorleistung $E_{th} = \frac{5000}{60}\cdot\frac{205}{75} = 228$ PS entspricht einer theoretischen Arbeit in 24 Stunden von 5472 PSh, d. h. auf 1 t geförderter Kohle 5472 : 2000 = 2,736 PSh theoretisch, oder 2,736 : 0,5 = 5,472 PSh effektiv.

c) Die Ausdehnung des Wetterschachtbereiches von 200 ha hat eine äquivalente Grubenweite von $A_3 = 1{,}17 \cdot 2 = 2{,}34\ \mathrm{m}^2$, die notwendige Depression ist

$$h = 0{,}1444\left(\frac{6000}{60\cdot 2{,}34}\right)^2 = 263{,}7 = 264 \text{ mm WS.}$$

Die theoretische Leistung des Ventilators ist dann $E_{th} = \frac{6000\cdot 264}{60\cdot 75} =$

= 352 PS, d. i. eine theoretische Arbeit in 24 Stunden von 8448 PSh und auf 1 t geförderter Kohle 8448 : 2000 = 4,224 PSh theoretisch, oder 4,224 : 0,5 = 8,45 PSh effektiv.

Von diesen drei Fällen ist der dritte der anspruchvollste wegen der großen Gasentwicklung, der verhältnismäßig großen Wettermenge (6000 m^3/min) und der verhältnismäßig großen Grubenweite (2,34 m^2).

Wenn es nicht möglich wäre, eine so große äquivalente Grubenweite zu erreichen, sondern nur etwa 2 m^2, wäre eine Depression von $h = 0{,}1444 \left(\frac{6000}{60 \cdot 2}\right)^2 = \frac{1444}{4} = 361$ mm WS nötig, die theoretische Leistung des Ventilators würde 481 PS und die theoretische Arbeit in 24 Stunden 11544 PSh betragen, d. h. es würden auf 1 t geförderter Kohle 11544 : 2000 = 5,772 PSh theoretisch oder 11,54 PSh effektiv entfallen.

Wir sehen daraus, daß eine *enge äquivalente Grubenweite eine hohe Depression und hohe Leistung erfordert.* Wollen wir die Depression von 250 mm nicht überschreiten, so sind folgende Fälle zu überlegen:

	4000 m^3 Wetter pro min	5000 m^3 Wetter pro min	6000 m^3 Wetter pro min
Äquivalente Grubenweite	1,6 m^2	2,00 m^2	2,4 m^2
Fläche des Wetterschachtbereiches .	375 ha	250 ha	200 ha

Diese und andere Werte sind aus dem Nomogramm Nr. 4 im Quadranten VI sofort zu ermitteln. Aus unserer Überlegung ergibt sich somit auch, daß größere Wettermengen (höher als 6000 m^3/min, z. B. 10000 m^3/min) an höhere Depression gebunden sind, die wir in Gruben mit mächtigeren und bankigen Flözen wegen der Gefahr von Brühungen oder wegen der höheren äquivalenten Grubenweite nicht gerne einführen, da sie einen großen Querschnitt der Querschläge und der Strecken erfordert (d. h. höhere Investitionen, verlangsamter Aufschlußvortrieb und erschwerte Erhaltung in Zukunft).

Beim Projektieren neuer Gruben stoßt man in Karwin, das mit einer gasdichten miozänen Decke überlagert ist, im ersten Betriebshorizont auf außergewöhnliche Gasentwicklung im unverritzten Feld.

Für den Grad der Verdünnung von CH_4 im Ventilatorhals gibt es hier keine Vorschriften (1956). Wenn wir nun überlegen, daß sich der gesamte Ausziehwetterstrom aus einigen Teilwetterströmen zusammensetzt, von denen manche einen hohen CH_4-Gehalt haben können, dann sollte unser Bestreben sein, den CH_4-Gehalt im Ventilatorhals unter 1% zu halten. Maximal rechnet man gegenwärtig mit 0,75% CH_4, erst später sinkt der Gehalt auf 0,5% herab. Sollte der CH_4-Gehalt unter diese Zahl sinken und in der Grube günstige Verhältnisse herrschen, ist es möglich, den Ventilator langsamer laufen zu lassen und die Wettermenge zu senken. Sind die Bedingungen, die beim Projektieren vorausgesetzt wurden, in Wirklichkeit bei der Eröffnung des Betriebes ungünstiger, dann ist es notwendig, sich an die Grundsätze zu halten, welche bereits angeführt wurden, damit eine übermäßige Entwicklung der Exhalation vermieden wird. Es ist dies: Ableiten der Gasbläser direkt bis obertags, Fortschreiten des Abbaues der Flöze von oben nach unten, Abbau von der Feldesgrenze, Versatz, Gasabsaugung oder auf vorübergehende Zeit eine Senkung der Belastung des Grubenfeldes nach der Kennziffer t/ha, besonders aber eine Senkung der m^2/ha, d. h. eine Verminderung der Kapazität des Betriebes[1].

a) Wetterführung in tiefen Gruben

Diese Frage wollen wir nur im Zusammenhang mit dem Projektieren erwähnen und deshalb ist es nötig, zu überlegen, *welcher Gasentwicklung* wir in der Tiefe begegnen und welchen Einfluß die *erhöhte Temperatur*

[1] Eine Studie des Autors während des Druckes dieses Buches präzisiert den Standpunkt über die Wetterführung. Besonders aber zeigt dieselbe, daß die Steigerung der Wettermenge allein zwecks Verdünnung der Gase unter die unschädliche Grenze weder ein verläßliches noch ein wirtschaftliches Mittel ist.

Mit einer Wettermenge von 6000 m^3/min = 100 m^3/sek kann man 65000 m^3 CH_4 in 24 Stunden auf 0,75% CH_4 verdünnen.

Bei einer äq. Grubenweite von $A = 2\ m^2$ ist hier eine Depression $h = 361$ mm W. S. und ein theor. Effekt $E_{th} = 354$ kW, bei $A = 3\ m^2$ ist $h = 161$ mm W. S. und $E_{th} = 158$ kW notwendig:

Wenn man die tägliche Gasergiebigkeit von	65000 m^3 CH_4
durch Gasabsaugung (Degasation) erniedrigt auf	44000 m^3 CH_4,
also um	21000 m^3 CH_4,

bleiben zur Verdünnung auf 0,75% CH_4:

$\frac{44000}{1440} = 30{,}55\ m^3\ CH_4/\text{min}$ und man benötigt eine Wettermenge von

$$30{,}55 \cdot 100 : 0{,}75 \doteq 4000\ m^3/\text{min} \doteq 66{,}67\ m^3/\text{sek}.$$

Für diese Wettermenge benötigt man bei $A = 2\ m^2$ eine Depression $h = 161$ mm W. S. und einen theor. Effekt $E_{th} = 105{,}3$ kW, bei $A = 3\ m^2$ eine Depression $h = 72$ mm W. S. und einen theor. Effekt $E_{th} = 47$ kW.

Diese Berechnung beweist die große Bedeutung der Gasabsaugung (Degasation), denn hohe Depressionen bewirken eine hohe Wettergeschwindigkeit und demzufolge auch das Mitreißen von Kohlenstaub, das Durchziehen von falschen Wettern durch unerwünschte Stellen und eine hohe Ventilatorleistung.

1 m^3 CH_4/min benötigt zur Verdünnung auf 0,75% CH_4

$$1 \cdot 100 : 0{,}75 = 10000 : 75 = 133{,}33\ m^3\ \text{Wetter/min},$$

d. i. 2,22 m^3 Frischwetter pro Sekunde. Das Verdünnen der Gase nur durch Wetter ist daher unzweckmäßig und unwirtschaftlich.

und die relative Feuchtigkeit auf die Gesundheit und die Leistung des arbeitenden Menschen, d. h. auf den Vortrieb langer Baue und die Abbauführung haben.

Für unsere Verhältnisse genügt es, eine Teufe von 900 m bis 1000 m zu erwägen, d. h. Gruben mit einem *kleinen relativen Kohlenvermögen*, die einen raschen Fortschritt in der Teufe ergeben.

Die Gasentwicklung ist hier nicht größer als sie beim Aufschluß der vorhergehenden Horizonte war; bei der Störung des Gleichgewichtszustandes der Grubengase ist sie bedeutend, nach der ersten Entlastung stabilisiert sie sich und wird schließlich vor Beendigung der Abbaue im Horizont am kleinsten.

Für die Abbauführung in großen Teufen ist *der Heimwärtsbau einzig und allein zweckmäßig*, d. h. eine vorausgehende vollständige Vorrichtung. Während der Durchführung derselben, die einige Monate dauert, ist Gelegenheit geboten, daß sich das vorgerichtete Flöz entgast. Hohe Temperaturen in diesen Teufen werden vorerst durch Erhöhung der Wetterzufuhr gesenkt. Es wird nicht schwer sein, den CH_4-Gehalt auf das unschädliche Maß zu senken, d. h. auf höchstens 0,75% hinter dem Abbau oder im Ventilatorhals, wobei hohe CH_4-Vorkommen aus Bläsern direkt in den Wetterschacht abgeführt werden können und durch die Gasabsaugung (Degasation) aus den Flözen der Wetterstrom auf der geringsten CH_4-Beimischung gehalten werden kann.

Die Quellen für die *Grubenwettertemperaturen* sind, außer der Oxydation und der Wärme von den Maschinenantrieben:

1. *Die Autokompression* des Wetterstromes im Schacht, die je 100 m Tiefe eine Erwärmung um 1° C, d. i. bei einer Tiefe von 900 m um 9° C und bei 1000 m um 10° C verursacht.

2. *Die geothermische Tiefenstufe*, wodurch unterhalb der neutralen Zone die Temperatur pro 100 m Tiefe um 3° C ansteigt, also bei einer Teufe von 900 m:

$$9 + \frac{900 - 29}{100} \cdot 3 = 35{,}13^\circ\,\mathrm{C},$$

und bei einer Teufe von 1000 m:

$$10 + \frac{1000 - 29}{100} \cdot 3 = 39{,}13^\circ\,\mathrm{C}$$

beträgt. Das ist jene Gebirgstemperatur, die die Wetter annehmen. Die Erwärmung hängt somit ab:

a) vom Temperaturunterschied zwischen dem Gebirge und den Wettern (im Sommer geringer, im Winter höher),

b) vom Umfang der Grubenbaue,

c) vom Wärmeleitungsfaktor der Gebirgsschichten,

d) von der Geschwindigkeit und der Menge der Wetter.

Diesen Temperaturen begegnen wir nicht mehr beim Austritt vom Schacht in das Füllort, denn hier ist schon ein Einfluß des ausgleichenden Wärmemantels des Schachtes auf die Wettertemperatur bemerkbar, der den Wetterstrom im Sommer abkühlt und im Winter erwärmt. Dieser Einfluß, der auch von der adiabatischen Kompression und der Verdunstung abhängig ist, wird von WOROPAIEW als konvektiver Gradient bezeichnet und beträgt bei feuchten Schächten 0,004 bis 0,006, bei trockenen 0,01 für 1 m Schachttiefe.

Für die durchschnittliche Jahrestemperatur im Füllort gilt als ziemlich verläßlich:

$$T_{ju} = T_{jo} + r \cdot H,$$

worin

T_{ju} das Jahresmittel der Temperatur im Füllort,

T_{jo} das Jahresmittel der Temperatur obertags,

r der konvektive Gradient in Grad für die Teufe H in m ist.

Unter der Voraussetzung

$$T_{jo} = 9^\circ\,\mathrm{C}, \quad r = 0{,}006, \quad H = 900\,\mathrm{m},$$

ist

$$T_{ju} = 9 + 0{,}006 \cdot 900 = 14{,}4^\circ\,\mathrm{C}$$

und für $H = 1000$ m

$$T_{ju} = 9 + 0{,}006 \cdot 1000 = 15^\circ\,\mathrm{C}.$$

In Wirklichkeit ist das Schwanken von der *durchschnittlichen Monatstemperatur* abhängig, da diese Temperatur vom Jahresmittel der Temperatur abweicht. Es gilt dann:

$$T_{mu} = T_{ju} + \varrho\, k;$$

darin ist

T_{mu} das Monatsmittel der Temperatur im Füllort,

T_{ju} das Jahresmittel der Temperatur im Füllort,

ϱ der Wärmeunterschied zwischen dem Monatsmittel der Temperatur obertags und dem Jahresmittel der Temperatur obertags,

k der Dämpfungskoeffizient des Jahresmittels der Temperatur für die zuständige Tiefe 0,6.

Wenn die *maximale monatliche Durchschnittstemperatur* obertags im Juli 17° bis 19° C ist (nach BRUNCLIK-MACHAT) — rechnen wir mit 19° C —, wie hoch ist dann die Temperatur im Füllort bei einer Tiefe von 900 m und 1000 m?

$$T_{mu} = T_{ju} + \varrho\, k,$$

für 900 m: $T_{ju} = 14{,}4^\circ$ C, $\varrho = 19 - 9 = 10^\circ$ C, $k = 0{,}6$,

$$T_{mu} = 14{,}4 + (10 \cdot 0{,}6) = \mathit{20{,}4° \, C},$$

für 1000 m: $T_{ju} = 15° \, \mathrm{C}, \quad \varrho = 19 - 9 = 10° \, \mathrm{C}, \quad k = 0{,}6,$

$$T_{mu} = 15 + (10 \cdot 0{,}6) = \mathit{21° \, C}.$$

Wenn die *minimale* monatliche Durchschnittstemperatur obertags im Jänner — 2° bis — 5° C beträgt — rechnen wir mit — 5° C —, wie hoch ist dann die Temperatur im Füllort in einer Tiefe von 900 und 1000 m?

für 900 m: $T_{ju} = 14{,}4° \, \mathrm{C}, \quad \varrho = -5 - 9 = -14° \, \mathrm{C}, \quad k = 0{,}6,$

$$T_{mu} = 14{,}4 + (-14 \cdot 0{,}6) = \mathit{6° \, C},$$

für 1000 m: $T_{ju} = 15° \, \mathrm{C}, \quad \varrho = -5 - 9 = -14° \, \mathrm{C}, \quad k = 0{,}6,$

$$T_{mu} = 15 + (-14 \cdot 0{,}6) = \mathit{6{,}6° \, C}.$$

Wir ersehen daraus die Temperaturschwankungen

bei einer Teufe von 900 m zwischen einem Maximum von + 20,4° C und einem Minimum von + 6° C,

bei einer Teufe von 1000 m zwischen einem Maximum von + 21° C und einem Minimum von + 6,6° C

an der Stelle der Abzweigung der Einziehwetter vom Einziehschacht in das Füllort. Diese Schwankungen bleiben beim weiteren Fortschreiten der Wetter nicht ohne gegenseitigen Einfluß zwischen dem Wärmeausgleichsmantel und dem Wetterstrom.

Interessehalber wird hier eine Wärmetabelle einer 900 m tiefen Grube aus dem Donezbecken angeführt:

Jahreszeit	Durchschnitts-temperatur obertags	Erhöhte Temperatur nach Berechnung	Temperatur im Füllort	
			nach Berechnung	gemessen
Sommer ..	+ 10° C	+ 9° C	+ 19° C	+ 15° C
Winter ...	— 2° C	+ 9° C	+ 7° C	+ 13° C

Bereits hier zeigt sich der günstige Einfluß des ausgleichenden Wärmemantels im Einziehschacht, welcher die Wärmeschwankungen des Wetterstromes dämpft.

Beim Umleiten des Wetterstromes aus dem Einziehschacht und seiner ebensöhligen Fortführung, d. i. beim Vortrieb eines langen Baues, ist es nicht notwendig, die Wärme, die hier durch die Oxydation des Kohlenstaubes entwickelt wird, zu berücksichtigen — wir durchfahren höchstens mit dem Querschlag das Flöz, so daß hier die oxydierende Kohlenfläche vernachlässigt werden kann —, sondern nur die Wärme, welche aus dem Gebirge aus dem Umfang des Grubenbaues in den Wetterstrom austritt. Je größer das Wärmegefälle zwischen dem Gebirge und dem Wetterstrom und je größer die Wärmeleitfähigkeit des Gebirges ist, um so mehr Wärme entweicht aus dem Gebirge in den Wetterstrom und erwärmt diesen. Seine Erwärmung hält an, bis das Wärmegefälle zwischen Gebirge und Wetterstrom vollständig aufgehört hat, d. h. bis der Wetterstrom die Temperatur des Gebirges erreicht hat. *Das soll allerdings erst hinter den Abbauen geschehen.* Längs eines langen Grubenbaues bildet sich ein Wärmeausgleichsmantel, welcher beim Sandstein bis zu einer Tiefe

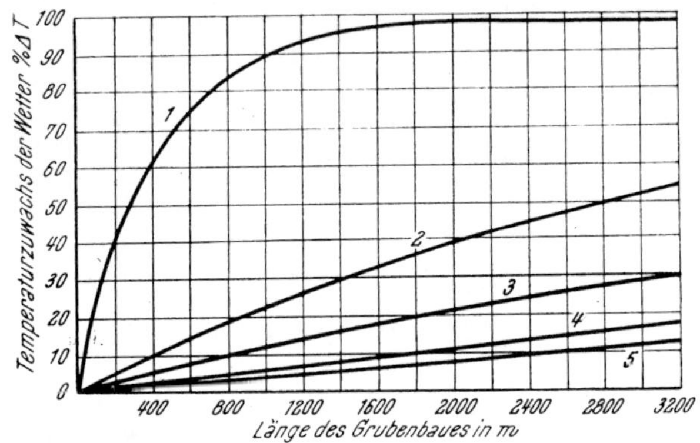

Abb. 6. Temperatursteigerung der Wetter in einem Grubenbau mit einem Querschnitt von 9,8 m² und einer Wettergeschwindigkeit von 6 m/sek. *1* Vor Ort, *2* nach einem Monat, *3* nach drei Monaten, *4* nach einem Jahr, *5* nach zwei Jahren

von 12 bis 20 m in die Ulme reicht, beim Schiefer 8 bis 10 m und bei Kohle 3 bis 5 m. Der tägliche Fortschritt in der Abkühlung des Wärmemantels ist anfangs, d. h. gleich beim Vortrieb, 4 bis 5 cm, später ist die Abkühlung mit Rücksicht auf die Vergrößerung des Umfanges des Wärmemantels und den kleineren Wärmeabfall geringer, so daß die Bildung eines stabilen Wärmemantels bis zu zwei Jahren dauert.

Die Temperatur des Wetterstromes wird sich dabei fortwährend erhöhen, wobei die Wärmezufuhr von der Entfernung der vorgetriebenen ebensöhligen Grubenbaue vom Füllort abhängt. Woropaiew drückt den Wärmezuwachs des Wetterstromes ΔT in Prozent des Temperaturunterschiedes zwischen der Gebirgstemperatur T_g und der Temperatur beim Füllort T_{mu} aus.

Für die Temperatur T vor Ort gilt:

$$T = T_{mu} + \frac{\Delta T \, (T_g - T_{mu})}{100}.$$

Für den Temperaturzuwachs ΔT, der abhängig ist von der Entfernung des betreffenden Arbeitsplatzes (Ortes) vom Füllort und von der Zeit, welche seit der Fertigstellung des betreffenden Ortes vergangen ist, gilt das Diagramm Abb. 6.

Im Diagramm zeigt die Kurve 1 den prozentuellen Temperaturzuwachs vor Ort, z. B. für ein 500 m vom Füllort entferntes Ort.

$$T_{500} = 67\%.$$

Gebirgstemperatur T_g in einer Teufe von 1000 m = 38,13° C. Bei einer maximalen Temperatur im Füllort (Juli) $T_{mu} = 21°$ C und einer minimalen (Januar) $T_{mu} = + 6{,}6°$ C hat der Arbeitsplatz im Juli (Maximum) eine Temperatur von

$$T = T_{mu} + \frac{\Delta T\,(T_g - T_{mu})}{100},$$

$$= 21 + \frac{67\,(38{,}13 - 21)}{100} = 32{,}48°\text{ C},$$

im Januar (Minimum)

$$T = 6{,}6 + \frac{67\,(38{,}13 - 6{,}6)}{100} = 27{,}72°\text{ C}.$$

Nach einem Monat sinkt dieser prozentuelle Zuwachs (Abb. 6, Kurve 2) auf 12% und die Temperatur dieses Ortes ist dann:

$$\text{maximal: } T = 21 + \frac{12\,(38{,}13 - 21)}{100} = 23{,}06°\ C,$$

$$\text{minimal: } T = 6{,}6 + \frac{12\,(38{,}13 - 6{,}6)}{100} = 10{,}38°\ C.$$

Nach einem weiteren Monat sinkt (Kurve 3) der prozentuelle Zuwachs auf 6%, d. i. im Juli-Maximum um 1,03° C, im Januar-Minimum um 1,88° C, um welchen Betrag sich der Wetterstrom vom Füllort bis auf eine Entfernung von 500 m erwärmt.

Für ein Ort, 1000 m vom Füllort entfernt, beträgt $\Delta T = 90\%$, nach einem Monat 24%, nach einem weiteren 13%, nach einem Jahr 6% und nach zwei Jahren 4%.

Daraus folgt:

1. Je weiter das Ort vom Füllort entfernt ist, desto mehr nähert sich die Temperatur des Arbeitsortes der Temperatur des Gebirges.

2. Der Wärmezuwachs des Wetterstromes sinkt mit der Zeit, denn es bildet sich der Wärmeausgleichsmantel und nach dessen Ausbildung stabilisiert sich dieser Zuwachs mehr oder weniger und unterliegt den Schwankungen der durchschnittlichen Monatstemperatur zwischen dem Maximum im Juli und dem Minimum im Januar.

Weil in den Wintermonaten die Temperatur im Füllort verhältnismäßig niedrig ist, empfehlen wir, einen forcierten Vortrieb weit entfernter Grubenbaue im Winter durchzuführen, weil dann die Temperatur vor Ort auch relativ niedriger sein wird und der große Temperaturunterschied zwischen dem Gebirge und dem Wetterstrom eine rasche

Entwicklung des Wärmeausgleichsmantels, der die Temperaturschwankungen des Wetterstromes dämpft, begünstigt.

3. Dadurch, daß der Vortrieb von Aufschluß- und Vorrichtungsbauen meist länger als ein Jahr dauert, wird der Temperaturzuwachs vor dem Abbau in einer Entfernung vom Füllort von 1000 m zirka 6% betragen, bei einer Entfernung von 1500 m zirka 9%, bei einer Entfernung von 2000 m zirka 12%, bei einer Entfernung von 2500 m zirka 15% und bei 3000 m zirka 18%.

Maximale und minimale Temperaturen vor Ort in einer Tiefe von 1000 m

Temperatur vor Ort	Mittlere Temperatur im Füllort in Teufe 1000 m	Entfernung vom Füllort und Temperaturzunahme in %				
		1000 m 6%	1500 m 9%	2000 m 12%	2500 m 15%	3000 m 18%
Maximum . .	21° C	+ 1,03° 22,03°	+ 1,54° 22,54°	+ 2,06° 23,06°	+ 2,6° 23,6°	+ 3,08° 24,08°
Minimum . . .	6,6° C	+ 1,9° 8,5°	+ 2,84° 9,44°	+ 3,8° 10,4°	+ 4,7° 11,3°	+ 5,68° 12,28°

Wir sehen daraus, daß der Temperaturzuwachs des Wetterstromes auf eine Entfernung von 1000 m im Sommer etwa 1° C und im Winter etwa 2° C beträgt.

Die Abbaufrontführung und die Abbaulänge

In tiefen Gruben ist der Abbauvortrieb heimwärts zweckmäßig; beim Fortschritt des Abbaues gegen die Feldesgrenze wird beim Bruchbau durch das Niederbrechen des Hangenden eine Menge Wärme frei, welche mit dem Durchzug der Wetter über den „Alten Mann“ abgeführt wird. Dadurch wird der eigentliche Abbau ständig wetterärmer, die Wettergeschwindigkeit wird sich wegen der abnehmenden Wettermenge verringern und die Wetter werden nicht mehr den Kohlenstoß, die Firste und die Abbausohle abkühlen können, ganz abgesehen von der Verschlechterung der Möglichkeit der CH_4-Verdünnung auf das unschädliche Maß. Ebenso wird die Ausbildung des Wärmeausgleichmantels sich verzögern, wenn nicht überhaupt unmöglich werden. Die Arbeitsbedingungen bei der Abbauführung zur Feldesgrenze werden sehr bald unerträglich. Der Heimwärtsbau (von der Feldesgrenze) ermöglicht eine vollkommene Wetterführung längst des festen Stoßes des Flözes ohne irgendwelche Verluste an Wettern sowie ein vorheriges Entgasen des Flözes und die Bildung eines Wärmeausgleichsmantels um die Strebstrecke, was einen günstigen Einfluß auf die Dämpfung der Temperaturschwankungen des Wetterstromes hat. Der Abbau von der Feldesgrenze ist *mit der ganzen* Wettermenge bewettert, die auch die notwendige Geschwindigkeit hat, so daß einzig dieses System imstande ist, die frei gewordene Wärme abzuführen und die Temperatur im Abbau zu senken. Die „Alte Mann"-Atmosphäre unterliegt beim Heimwärtsbau lediglich den Schwankungen des Barometerdruckes, dessen Einfluß mit der Teufe abnimmt. Nach deutschen Beobachtungen erniedrigt der volle Blasversatz die Temperatur im Abbau um 2° C.

Außerdem ist es nötig, darauf zu achten, daß der Wetterstrom bis zum Abbau mit einer größeren Geschwindigkeit geführt wird, damit die Kühlwirkung erhalten bleibt und der Wetterstrom mit einer möglichst geringen relativen Feuchtigkeit ankommt. Der Wetterstrom muß also über Querschläge und Strecken mit einem sparsamen Querschnitt geführt werden. Erst hinter der Abbaufront kann die Geschwindigkeit in den Ausziehwettern kleiner und die relative Feuchtigkeit größer werden, d. h. der Wetterstrom kann über größere Querschlags- und Streckenquerschnitte geleitet werden.

Beim eigentlichen Abbau muß auch mit der Kohlentemperatur und der Temperatur des umgebenden Gebirges gerechnet werden, wie sie sich aus der geothermischen Tiefenstufe ergibt. Bei einer Tiefe von 1000 m beträgt z. B. die Temperatur 38,13° C, weil bei nur einem Tageszyklus der Abbau um eine Feldesbreite von 1,3 bis 1,6 m, sonst auch schneller, fortschreitet und bei der niedrigen Wärmeleitfähigkeit der Kohle (auf 3 bis 5 m in die Ulme in zwei Jahren) nur eine unbedeutende und zu vernachlässigende Abkühlung der Oberfläche des Kohlenstoßes entsteht. Die Wärme dringt von der Firste, der Sohle und vom Kohlenstoß in den ausgekohlten Raum, besonders aber aus dem gewonnenen Kohlenvorrat. Diese Gesamtwärme muß durch den Wetterstrom abgeführt werden, so daß eine Abkühlung der Wetter auf unter 34° C erfolgt, d. i. die Temperatur der menschlichen Haut, damit zwischen ihr und der Atmosphäre des Arbeitsplatzes ein Temperaturgefälle entsteht und der Körper sich abkühlt. Das verlangt eine gewisse Wettermenge bei einer Geschwindigkeit um 3 m/sek. Bei einer kleineren Geschwindigkeit wird die Wärmeabfuhr unterbunden, bei höherer Geschwindigkeit wird der Aufenthalt am Arbeitsort unangenehm. Die Abfuhr der Wärme soll die Temperatur am Arbeitsplatz herabsetzen, aber auch eine Kühlwirkung von mehr als 14 Kata-Graden erzielen, bei welcher eine 100%ige Arbeitsfähigkeit möglich ist. Durch das Schwitzen, d. h. durch die Verdunstung des Schweißes in die Grubenatmosphäre, wird dem Körper die durch das Arbeiten entstehende Wärme entzogen. Als Grenzfall wird hier nach den Vorschriften eine Temperatur von 25° C bei 100%iger Sättigung und einer Wettergeschwindigkeit von zirka 3 m/sek betrachtet. Andererseits werden die näheren Beziehungen zwischen den Temperaturen, die mit einem Trocken- und Feuchtthermometer gemessen werden, der Wetter-

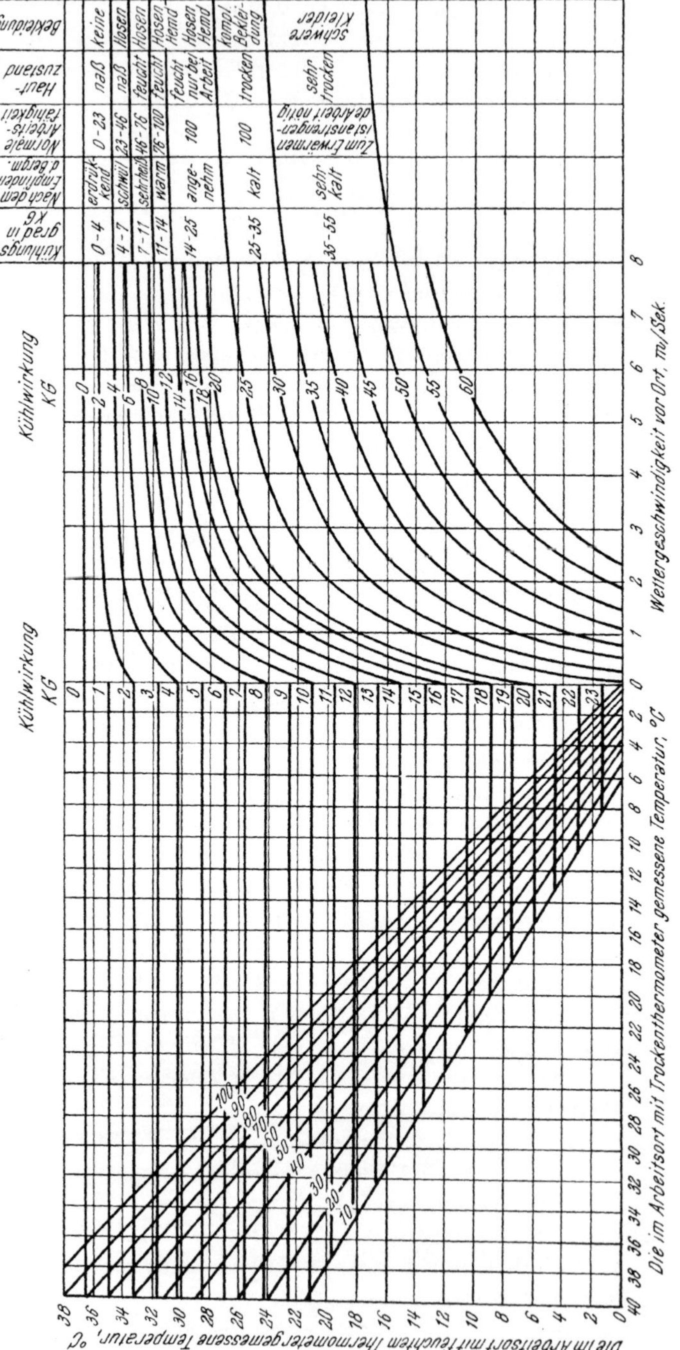

Abb. 7. Diagramm der Kühlwirkung der Wetter

geschwindigkeit und seiner Kühlwirkung in Kata-Graden ausgedrückt und die klimatischen Verhältnisse vor Ort durch das Diagramm JANSEN-GIESA-PISTA gezeigt (Abb. 7). Für die Temperaturauswertung beim Projektieren der Wetterführung in bezug auf die klimatischen Verhältnisse in der Grube, besonders in den Abbauen, ist die maximale monatliche Durchschnittstemperatur im Juli ausschlaggebend; sie beträgt bei einer Teufe von 1000 m:

		100%ige Feuchtigkeit
a) obertags	19° C	16,40 g/m³,
b) im Füllort	21° C	18,18 g/m³,
c) vor den Abbauen, vom Füllort 3000 m entfernt, d. i. bei einer optimalen Grubengröße.	24,08° C	21,9 g/m³,
d) Gebirgstemperatur, d. i. hinter dem Abbau, wo die Wetter die Gebirgstemperatur erreichen.	38,13° C	46,69 g/m³.

Um den Feuchtigkeitsgehalt der Wetter möglichst niedrig zu halten, soll der Einziehschacht *trocken* sein, damit der Wetterstrom keine Feuchtigkeit aufnehmen kann, obzwar durch Wasserverdunstung in den Wetterstrom dessen Temperatur gesenkt würde.

Die herabgesetzte Feuchtigkeit im Wetterstrom verbessert die klimatischen Verhältnisse im Abbau, da ein Anwachsen der Feuchtigkeit die Kühlwirkung senkt. In einer 100%ig feuchten Atmosphäre können nur niedrige Temperatur und größere Wettergeschwindigkeit eine Abkühlung bewirken.

Wie in einem Abbau die Abkühlung des Hauwerkes, des Kohlenstoßes, der Firste und Sohle bei gegebenen Eintritts-Temperaturunterschied und der Gebirgstemperatur verläuft, hängt vor allem von der Flözmächtigkeit, dem Abbauquerschnitt und seiner Größe ab. Die Länge einer Abbaufront, bei der sich der Wetterstrom auf die Gebirgstemperatur erwärmt, ist verschieden und beträgt etwa 400 m, von denen man für die Belegung nur etwa 250 m rechnen kann, d. h. auf einen Abbau kommen etwa 125 m. *Je kürzer der Abbau ist, desto besser sind darin die klimatischen Verhältnisse.* Diese zwei Abbaue müßten in einer Front liegen, mit Wechselbelegung (eine in der Früh-, die andere in der Nachmittagsschicht), damit die Wärmeabfuhr am wirksamsten wird. Der Antrieb der Maschinen mit Preßluft, besonders mit entfeuchteter Luft, verbessert die klimatischen Verhältnisse dadurch, daß er durch seinen Auspuff zur Temperatursenkung und zur Senkung der relativen Feuchtigkeit beiträgt.

Die Senkung hoher Temperaturen geschieht im ersten Stadium vor allem durch die Erhöhung der Wettermengen — man rechnet mit der 1,5fachen Menge —; eine künstliche Kühlung kommt zu teuer.

Brauchen wir für weniger tiefe Gruben eine Menge von Q_1 bei einer Depression von h_1, und für tiefe Gruben eine Menge von Q_2 bei einer Depression von h_2, so erhalten wir:

$$h_1 : h_2 = Q_1^2 : Q_2^2,$$

$$Q_2 = 1{,}5\, Q_1,$$

dann ist

$$h_1 : h_2 = 1 : 2{,}25$$

und

$$h_2 = 2{,}25\, h_1.$$

Ist $h_1 = 100$ mm, dann ist $h_2 = 225$ mm, und der Effekt

$$E \ldots . E_{th\,1} = \frac{Q_1\, h_1}{75},$$

$$E_{th\,2} = \frac{Q_2\, h_2}{75} = \frac{1{,}5\, Q_1 \cdot 2{,}25\, h_1}{75},$$

$$E_{th\,2} = 3{,}375\, \frac{Q_1\, h_1}{75} = 3{,}375\, E_{th\,1},$$

d. h. die Belastung bei gleicher Kapazität ist gegenüber einem wenig tiefen Horizont die 3,375fache. Die Mittel, die zur Senkung der Temperatur und der relativen Feuchtigkeit führen, sind daher:

1. ein trockener Einziehschacht,
2. der Vortrieb von Aufschluß- und Vorrichtungsstrecken in den Wintermonaten,
3. das Vermeiden einer Berührung des Wetterstromes mit Wasser,
4. der Heimwärtsbau und kurze Abbaue,
5. die Benützung entfeuchteter Druckluft zum Maschinenantrieb,
6. die Erhöhung der Wettermenge um 50% gegenüber der üblichen Menge.

b) Bestimmung der Anzahl der Wetterschächte und deren Anordnung

Diese Aufgabe ist besonders auf gasreichen Steinkohlengruben sehr wichtig; die Kosten zur Errichtung eines Wetterschachtes sind hoch, außerdem müssen wir die Schächte durch Schutzpfeiler sichern und verringern dadurch die abbauwürdigen Vorräte. In einem Grubenfeld mit großem Kohlenvermögen beträgt der Bereich eines Wetterschachtes 250, 300 bis 350 ha. Aus *wirtschaftlichen Gründen* sollen wir gerade bei tiefen Gruben mit kleinem relativem Kohlenvermögen einen Wetterbereich bis zu 500 ha festlegen, obzwar es vorteilhafter wäre, solche Wetterbereiche Betrieben mit größerem relativem Kohlenvermögen (d. h. bei mächtigen Flözen) zuzuteilen als Betrieben mit kleinerem relativem Kohlenvermögen. Die Begründung liegt aber, wie schon gesagt, in der höheren Gasbildung, der höheren Belastung des Grubenfeldes durch t/ha und in seiner höheren Belegschaft. Wenn aber irgendwo die Gasverhältnisse günstiger liegen (Oberschlesien), gibt es keinen Grund, den Wetterbereich nicht zu vergrößern. Aber auch hier, bei hoher Tageskapazität solcher Gruben (7000 bis 8000 t, manchmal auch mehr), teilt man nicht gerne einem Wetterschacht einen übergroßen Bereich zu, obzwar sich die Investitionen hier leichter durchführen lassen und ihre Amortisation sich mit Rücksicht auf die hohe Kapazität solcher Betriebe leichter ertragen läßt.

Die Wetterschächte haben heutzutage nirgends mehr einen kleineren Durchmesser als 5 m. Gewöhnlich teuft man sie jetzt mit 6 bis 6,5 m ab, aber auch mit 7,5 m, und zwar dort, wo solche Schächte später einmal als Förderschächte verwendet werden sollen.

Nach den Sicherheitsvorschriften ist es zwar erlaubt, daß die Ausziehwetter im Wetterschacht eine Geschwindigkeit von 10 m/sek haben, d. h. bei einem Durchmesser des Schachtes von 5 m kann die Wettermenge etwa 160 m^3/sek betragen, aber auch hier empfiehlt es sich, die Geschwindigkeit zu senken.

Den ersten Wetterschacht legt man in einer Entfernung von 80 bis 120 m vom Förderschacht an, damit leicht eine Wetterverbindung (Wetterbasis) hergestellt werden kann, von der aus Füllörter, Querschläge oder Strecken getrieben werden können. Ein so gelegener Wetterschacht fügt sich in das Zentralwettersystem ein; er ist durch einen Schutzpfeiler geschützt, der mit dem Schutzpfeiler des Förderschachtes zusammenhängt. Es ist üblich, die übrigen Wetterschächte dann am Umfang anzuordnen (diagonales Wettersystem). Es besteht aber die Tendenz, auch diese Schächte zentral anzuordnen, wenn die Teufen zunehmen, damit Schutzpfeiler — und damit Kohlensubstanz — eingespart werden.

c) Ermittlung der Wetterführung mit Hilfe der äquivalenten Grubenweite eines Wetterbereiches

Beim Projektieren der Wetterführung bedienen wir uns als Ausgangspunkt auch der äquivalenten Grubenweite, welche z. B. für die weniger gefährlichen Gruben mit kleiner Gasbildung (niedrigere Gefahrenklasse) mit 2 m^2 und für die gasreicheren Gruben (höhere Gefahrenklasse) mit 3 m^2 vorgeschlagen wurde. Die Methode zur Ermittlung der Wetterführung mittels der äquivalenten Grubenweite betrachten wir als eine nur orientierende oder kontrollierende Methode. In der wenig gefährlichen Klasse (Ostrau) handelt es sich zum Großteil um wenig mächtige, aber genügend inkohlte Flöze bis zum Fettkohlen- und Magerkohlengrad, d. i. ohne besondere Neigung zur Oxydation und wenig gasbildende.

Wenn wir nun die Wettermenge für einen Wetterbereich nach dem Nachlassen der ersten Exhalation mit 4000 m^3/min = 66,666 m^3/sek annehmen, dann erhalten wir bei einer äquivalenten Grubenweite von 2 m^2:

$$A = 0{,}38 \frac{Q}{\sqrt{h}}$$

oder eingesetzt

$$2 = 0{,}38 \frac{66{,}66}{\sqrt{h}},$$

$$h = \left(0{,}38 \frac{66{,}66}{2}\right)^2 = 161 \text{ mm WS.}$$

Im Wetterbereich dieser Gefahrenklasse (mit kleinem relativem Kohlenvermögen) lassen sich bei 4000 m³/min in der am stärksten belegten Schicht 4000 : 5 = 800 Mann, d. s. in 24 Stunden 800 + 800 + 400 = 2000 Mann im Tag unterbringen, die bei einer Grubenleistung von 1,5 t (schwache Leistung!) 3000 t im Tag fördern könnten. Diese Möglichkeit wird man aber bei weitem nicht ausnützen können.

Bei einer Verdünnung auf 0,5% CH_4 im Ventilatorhals können verdünnt werden 4000 · 0,5% = 20 m³ CH_4 in der Minute, d. i. eine Exhalation in 24 Stunden von 28800 m³ CH_4, d. i. auf eine Tonne und Tag 28800 : 3000 = 9,6 m³ CH_4/t. Bei einer Gasverdünnung auf 0,75% CH_4 beträgt die mögliche Menge pro Minute 30 m³ CH_4, d. i. eine Exhalation in 24 Stunden von 43200 m³ CH_4 oder auf 1 t Kohle und Tag 43200 : 3000 = 14,4 m³ CH_4/t.

In der höheren Gefahrenklasse (Karwin) handelt es sich besonders derzeit überwiegend um mächtige, gasreiche Flöze, die zu Brühungen neigen.

Hier schätzen wir die Wettermenge auf einen Wetterbereich nach dem Nachlassen der ersten Entgasung (Exhalation) auf 6000 m³/min = = 100 m³/sek, und wir erhalten bei einer äquivalenten Grubenweite von 3 m²:

$$3 = 0{,}38 \frac{100}{\sqrt{h}},$$

$$h = \left(0{,}38 \frac{100}{3}\right)^2 = 161 \text{ mm WS.}$$

Diese Depression entspricht einem Wetterbereich von 200 bis 350 ha und deshalb ist es zweckmäßig, einen Wetterschacht diesem Bereich zuzuteilen. Ein der höheren Gefahrenklasse zugeordneter Wetterbereich von zirka 300 ha ist im Anhang VI durchgerechnet.

Bei einem Wetterbereich mit einer Wettermenge von 6000 m³/min kann man in der am stärksten belegten Schicht 6000 : 7 = 850 Mann unterbringen, d. s. je Tag 850 + 850 + 425 = 2125 Mann, welche bei einer Grubenleistung von 2,5 t eine Förderung von 5310 t bringen können.

Diese Möglichkeit wird sowohl in bezug auf Menschen als auch auf die Förderung kaum ausgenützt werden können.

Bei einer Gasverdünnung auf 0,5% CH_4 können im Ventilatorhals pro Minute 30 m³ CH_4, d. h. in 24 Stunden 43200 m³ CH_4 verdünnt werden, es entfallen also bei einer Förderung von 3000 t (kleiner als 5310 t) $\frac{43\,200}{3000} = 14{,}4$ m³ CH_4/t und bei einer Förderung von 2000 t $\frac{43\,200}{2000} = 21{,}6$ m³ CH_4/t.

Bei einer Verdünnung auf 0,75% CH_4 können verdünnt werden:

pro Minute .... 45 m³ CH_4 oder
in 24 Stunden .... 64800 m³ CH_4.

Bei einer Förderung von 3000 t sind das $\frac{64\,800}{3000} = 21{,}6$ m³ CH_4/t und bei einer Förderung von 2000 t $\frac{64\,800}{2000} = 32{,}4$ m³ CH_4/t.

Beim Übergang von einem höheren Horizont in einen tieferen (besonders in Gruben mit einem kleinen relativen Kohlenvermögen, bei denen der Fortschritt rascher vor sich geht) werden wir mit Rücksicht auf die geothermische Tiefenstufe gezwungen sein, die zu erwartende Temperatur durch Erhöhung der Wettermenge zu senken, was man als erste Etappe der Temperatursenkung betrachten kann. Wenn z. B. die anderthalbfache Wettermenge notwendig wird, braucht man eine Depression

$$h_1 : h_2 = Q_1^2 : Q_2^2,$$

$$Q_2 = 1{,}5\, Q_1,$$

dann ist

$$h_1 : h_2 = 1 : 2{,}25$$

und

$$h_2 = 2{,}25\, h_1.$$

Setzen wir für $h_1 = 161$ mm, dann ist $h_2 = 352$ mm WS.

Wir müssen uns dessen bewußt sein, daß ein Bereich von 250 bis 350 ha für einen Wetterschacht sehr groß ist, jedoch die Anzahl der sich ergebenden Wetterschächte (bei optimaler Ausdehnung) 2500 : 300 = 8 *eine sehr große Investition* bedeutet.

Wenn wir erwägen, daß die Investitionsbelastung für einen Horizont, d. h. für Querschläge und Strecken, gleich oder fast gleich ist, wenn 5 oder 8 Wetterschächte vorhanden sind, und daß die Erweiterung des Wetterbereiches z. B. von 300 auf 500 ha — was Querschläge und Strecken betrifft — sich nicht wie 3 : 5, sondern wie $\sqrt{3} : \sqrt{5}$ verhält, so heißt das, daß nur um 28,8% mehr benötigt werden und nicht um 66,66%. Da wir die Querschläge mit einem größeren Profil vortreiben können — auf den Querschnitt der Abbaue jedoch keinen Einfluß haben —, *kann es gelingen*, daß mit einem einzigen Wetterschacht ein Bereich bis zu 500 ha bewettert werden kann, was bei tiefen Schächten erwünscht ist. Deshalb ist es notwendig, verläßliche Untersuchungsunterlagen über den Wärmezustand und die Gasentwicklung des Kohlengebirges sowie über die Art der Entgasung zu haben. Die weitere Entwicklung wird voraussichtlich in der Richtung vor sich gehen, daß die Schutzpfeiler der Randschächte zur Rettung der Kohlensubstanz mit Vollversatz von geringster Zusammendrückbarkeit abgebaut werden (d. h. daß die Lebensdauer des Horizontes verlängert und damit die Amortisationsrate verkleinert wird). Außerdem wird es notwendig sein, den großen produktiven Betriebsflächen Gelegenheit, d. h. Zeit zu gewähren, um entgasen zu können, was durch einen Schnellvortrieb der Querschläge und Strecken erreicht werden kann.

Ziehen wir nun ein Beispiel einer übersichtlichen Berechnung aus der Praxis bei der Zusammenlegung kleiner Gruben zu einem großen Ganzen heran:

Teufe zweier Einziehschächte 900 m mit einem Durchmesser von 5 und 6 m, Teufe des Ausziehwetterschachtes 730 m mit einem Durchmesser von 6 m, Förderquerschläge mit dem Profil A_7, d. i. mit Querschnitt von 18 m², Länge 1400 und 1900 m, Förderhöhe der Blindschächte 80 m mit einem Durchmesser von 5 m, zwei Querschläge zu den Strebbauen mit 500 m Länge und einem Profil A_5, Anzahl der Strebbaue 2 · 3 Abbaue, Flözmächtigkeit 0,6 m, flache Höhe 150 m und Frontlänge 1000 m, Strecken zu den Strebbauen in den Profilen A_3, d. i. 12 m². Erforderliche Wettermenge 5000 m³/min. In diesem Bereich wird eine Förderung von 1200 t in 24 Stunden mit einer Belegschaft von 800 Mann und Tag verlangt, eingeteilt in drei Schichten von 320 + 320 + 160.

Die errechnete notwendige Depression (drei verschiedene Ergebnisse) beträgt 319,5, 317,9 und 312,8 mm Wasser-

säule oder	320 mm	WS.	100%,
wovon auf die Abbaue entfallen	268 mm	,,	84%,
auf Schächte, Querschläge und Strecken	52 mm	,,	16%,
davon für Schächte allein	17,1 mm	WS.	5,3%,
für Querschläge und Strecken allein	34,9 mm	,,	10,7%.

Wettermenge pro Kopf 5000 : 320 = 15,52 m³/min.

$$E_{th} = \left(\frac{5000}{60} \cdot 320\right) : 75 = 360 \text{ PS bei } \eta = 0{,}6 \text{ ist } E_e = \frac{360}{0{,}6} = 600 \text{ PS}$$

und die Arbeit in 24 Stunden 600 · 24 = 14400 PSStd.

Auf eine Tonne Förderung entfallen 14400 : 1200 = 12 PSStd. Die äquivalente Grubenweite des Wetterbereiches ergibt sich mit

$$A = 0{,}38 \frac{Q}{\sqrt{h}} = 0{,}38 \frac{5000}{\sqrt{320}} \cdot \frac{1}{60} = \mathit{1{,}79\ m^2}.$$

Früher war der Bereich des Wetterschachtes mit etwa 300 ha Wettergebiet und einer äquivalenten Grubenweite von 2 m² ermittelt worden, bei einer Wettermenge von $4000 \cdot 1{,}5 = 6000\ \mathrm{m}^3$ und einer Depression von $h = 320$ mm. Nun haben wir einen Wetterbereich von etwa 500 ha mit einem äquivalenten Querschnitt von $1{,}79\ \mathrm{m}^2$, mit einer Wettermenge von $5000\ \mathrm{m}^3/\mathrm{min}$ und einer Depression $h = 320$ mm.

Daraus sehen wir, daß die Depression in den Strebbauen mit niedriger Flözmächtigkeit wächst (84%!), weil auf Querschläge und Strecken ohne Schächte 35 mm (10,7%) entfallen; das bedeutet, daß es Sache der Kalkulation ist, festzustellen, was vorteilhafter ist, ein kleines Profil und höhere Depression oder umgekehrt, bzw. wo das Optimum zwischen der Depression und dem Querschnitt der Querschläge und der Strecken liegt. Die Wahl passender Querschnitte bei den Querschlägen und Strecken ist sehr wichtig, denn es ist:

$$E_{th} = \frac{Q \cdot h}{75}$$

und die äquivalente Grubenweite

$$A = 0{,}38 \frac{Q}{\sqrt{h}}.$$

Daraus folgt

$$\sqrt{h} = 0{,}38 \frac{Q}{A},$$

$$h = 0{,}1444 \frac{Q^2}{A^2}.$$

Setzen wir h in die obere Gleichung ein, so erhalten wir

$$E_{th} = \frac{Q \cdot h}{75} = Q \frac{0{,}1444 \cdot Q^2}{75\, A^2} = 0{,}001925 \frac{Q^3}{A^2}.$$

Wir sehen daraus, daß die Leistung *mit der dritten Potenz der Wettermenge wächst*, aber *mit der zweiten Potenz des äquivalenten Querschnittes fällt, der immer größer wird, je geräumiger die Wetterwege sind, denn auf den Querschnitt der Abbaue haben wir keinen Einfluß.*

Wenn wir diese Formel vom Standpunkte der Betriebs- und Investitionskosten betrachten, so sehen wir, daß der Zähler Q^3 die Betriebskosten zeigt und der Nenner A^2 die Höhe der Investitionskosten darstellt.

Sehr geräumige Querschläge und Strecken setzen beim Vortrieb eine große Bergebewegung voraus (Blockierung des Wagenumlaufes, eventuell weitere Senkung der Schachtkapazität), einen großen Sprengstoffverbrauch, einen geringen Fortschritt, d. h. eine kleinere Leistung, größere Kosten und später im Betrieb eine höhere Anzahl von Erhaltschichten. Es ist deshalb zweckdienlich, aus diesem Grunde und auch im Hinblick auf die Sicherheit der Abbaufelder durch isolierende Objekte das optimale Querschlagsprofil zu finden. Nomogramm Nr. 4, Quadrant VI, veranschaulicht die Beziehungen zwischen den Wettermengen Q, der Depression h, der äquivalenten Grubenweite A und der Ventilatorleistung. E_e erhalten wir aus E_{th} mit Berücksichtigung eines Wirkungsgrades von 0,6 bis 0,8. Anhang II und III zeigen uns die Berechnung des Wetternetzes einer Grube.

Ein weiteres interessantes Problem ergibt sich, wenn die Wettermenge übermäßig groß ist und für sie bei Beibehaltung einer gewissen Wettergeschwindigkeit ein übermäßig großes Querschlagsprofil nötig wäre, das wir aber wegen der künftigen schwierigen Erhaltung nicht durchführen, sondern durch zwei parallele Querschläge mit kleinerem Querschnitt und gleicher Länge ersetzen wollen; wie groß muß ein solcher Querschnitt sein, damit dieselbe Depression erhalten bleibt?

Ist bei einem Querschlag mit großem Profil der Widerstandswert R und der Durchmesser d, und bei zwei Querschlägen mit kleinem Querschnitt R_1 und d_1, dann gilt:

$$\frac{1}{\sqrt{R}} = \frac{1}{\sqrt{R_1}} + \frac{1}{\sqrt{R_1}} = \frac{2}{\sqrt{R_1}},$$

$$\sqrt{R_1} = 2\sqrt{R},$$

$$R_1 = 4\,R.$$

Wie wir an anderer Stelle ausgerechnet haben, ist

$$R = k \cdot \frac{64\,L}{\pi^2\,d^5}$$

und

$$R_1 = k \cdot \frac{64 \cdot L}{\pi^2\,d_1^5}.$$

Wir schreiben daher

$$k \cdot \frac{64\,L}{\pi^2\,d_1^5} = 4\,k\,\frac{64 \cdot L}{\pi^2\,d^5},$$

nach Kürzung

$$\frac{1}{d_1^5} = \frac{4}{d^5},$$

dann ist

$$d_1^5 = \frac{d^5}{4}$$

und

$$d_1 = \frac{d \cdot \sqrt[5]{8}}{\sqrt[5]{4} \cdot \sqrt[5]{8}} = \frac{d}{2}\sqrt[5]{8} = 0{,}76\,d.$$

Daher ergibt sich bei einem Querschlag mit dem lichten Querschnitt d_1 eine Fläche von $\frac{\pi\,(0{,}76\,d)^2}{4} = 0{,}5776 \cdot \frac{\pi\,d^2}{4}$ bzw. bei zwei kleinen Querschlägen eine Fläche von $1{,}1552\,\frac{\pi\,d^2}{4}$, d. i. also eine um 15,52% größere Fläche als bei einem einzigen Querschlag mit großem Querschnitt.

Bei tiefen Gruben wird vorgeschlagen, den Einziehwetterstrom durch einen selbständigen Querschlag mit verhältnismäßig kleinem Durchmesser bei einer Wettergeschwindigkeit von 15 bis 20 m/sek zu führen, damit die Erwärmung der zur Bewetterung der Abbaue bestimmten Wettermenge möglichst gering ist, während ein Parallelquerschlag für die Förderung dient und dessen Wetterstrom direkt mit dem Ausziehwetterhorizont verbunden ist. Der Querschlag für die Einziehwetter wird höher angelegt als der Förderquerschlag, damit die Wässer daraus auf den Förderquerschlag abgelassen werden können und dadurch eine Zunahme der relativen Feuchtigkeit der Einziehwetter verhindert wird.

Aus der Überlegung über das Projektieren der Bewetterung folgt zusammengefaßt, daß bei gasreichen Steinkohlengruben die Kennziffer m^3 CH_4/t nicht endgültig ist, sondern erst mit Rücksicht auf die Belastung des Grubenfeldes t/ha täglicher Förderung und die tägliche Gasentwicklung je ha des Grubenfeldes ermittelt werden muß. Wir haben gezeigt, daß eine hohe Kennziffer m^3 CH_4/t auch bei einer kleinen Gasentwicklung je ha Grubenfeld möglich sein kann. Die maximale Größe eines Wetterbereiches kann bei einem kleinen relativen Kohlenvermögen etwa 500 ha sein, bei kleiner Belastung t/ha und kleiner Gasentwicklung je ha, und etwa 200 ha bei großem relativem Kohlenvermögen, großer Belastung t/ha und großer Gasentwicklung pro ha.

Eine tägliche Exhalation von etwa 50000 m^3 CH_4 auf einen Wetterbereich sollte im Prinzip die Grenze sein, was für die erste Zeit einer Wettermenge von 5000 bis 7000 m^3/min entspricht, d. h. durchschnittlich etwa 6000 m^3/min, wobei es sich nicht empfiehlt, in Gruben mit mächtigen oder bankigen Flözen, die zur Selbstentzündung neigen, mit der Depression höher als auf 250 mm zu gehen; bei dieser Depression betragen die minimalen äquivalenten Grubenweiten:

bei einer Wettermenge von 4000 m^3/min ..... 1,6 m^2,
" " " " 6000 m^3/min ..... 2,4 m^2.

Dieser Bereich ist im VI. Quadranten des Nomogramms Nr. 4 umrandet und zeigt genau den Wetterbedarf:

a) nach der am stärksten belegten Schicht,

b) bei Verdünnung der Gase auf 0,75% CH_4 bei Einleitung der Förderung,

c) bei Verdünnung der Gase auf 0,50% bei weiterem Betrieb und nach Absinken der Primärexhalation.

Abb. 8 zeigt einen richtig gewählten Ventilator, im gleichen Maßstab gezeichnet wie Quadrant VI des Nomogramms Nr. 4, und Abb. 9 einen ungünstig gewählten Ventilator.

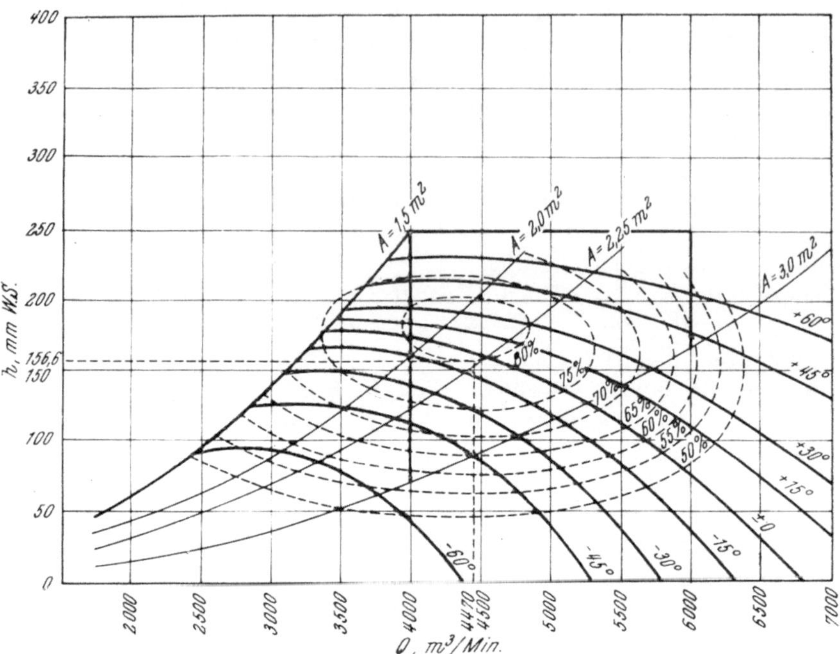

Abb. 8. Charakteristik eines günstig gewählten Ventilators

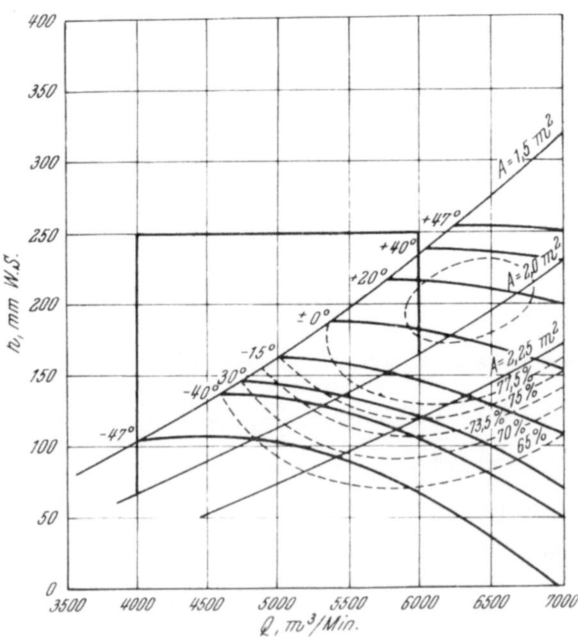

Abb. 9. Charakteristik eines ungünstig gewählten Ventilators

8. Aufschluß (Ausrichtung)

Zusammenfassend kann gesagt werden, daß die Größe eines Grubenfeldes von folgendem abhängt:

1. Von der Lebensdauer eines Horizontes, welche sich zwischen 20 und 30 Jahren bewegen soll,
2. von der Förderkapazität des Schachtes,
3. vom Querschnitt und von der Teufe des Schachtes,
4. von der produktiven (effektiven) Arbeitszeit der Belegschaft,
5. vom Aktionsradius der Förderwege,
6. von der Größe der Kennziffer t/ha oder m^2/ha täglicher Förderung,
7. vom reinen relativen Kohlenvermögen.

Stellen wir uns ein ideales Grubenfeld in Form eines Quadrates von der Größe a^2 vor, dann würde die Länge eines Querschlages a sein, unter der Annahme einer regelmäßigen Lagerung ohne tektonische Störungen (s. im Nomogramm Nr. 1, rechter Quadrant, erste Kurve).

Der wirklichen Länge der Querschläge einschließlich der Blindschächte auf einem Horizont nähern wir uns, wenn wir sie als zweifache Diagonale des Quadrates bewerten, d. i. $2\,a\,\sqrt{2} = 2{,}8284\,a$, d. s. 283% aus dem ersten Wert (s. Nomogramm Nr. 1, zweite Kurve). Ist dieser Wert kleiner, dann ist die Lagerstätte günstiger, ist er größer, ist die Lagerstätte weniger günstig.

Zu diesem Wert kam der Autor nach Untersuchung von etwa zehn Betrieben auf mehreren Horizonten, und die verhältnismäßig richtige Annahme wurde durch das Studium eines Reviers bestätigt, wobei eine Abweichung von nur $^1/_3$% festgestellt wurde. Dieser Wert dient nur *zur Orientierung,* denn die wirkliche Länge der Querschläge ergibt sich erst nach dem definitiven Projekt.

Beim Aufschluß des ersten Förderhorizontes auf einem neuen Betrieb würden die zweifachen Längen in Betracht kommen, weil auch der Wetterhorizont anzulegen ist.

Im Diagramm (rechter Quadrant, zweite Kurve) sehen wir, daß auf

200 ha	4000 m	Querschläge entfallen,			
400 ha	5600 m	,, ,, , d. i. nur um	1600 m	} 4003	mehr
600 ha	6933 m	,, ,, , ,, ,, ,, ,,	1333 m		,,
800 ha	8003 m	,, ,, , ,, ,, ,, ,,	1070 m		,,
1000 ha	8948 m	,, ,, , ,, ,, ,, ,,	945 m		,,
1200 ha	9803 m	,, ,, , ,, ,, ,, ,,	855 m		,,
1400 ha	10590 m	,, ,, , ,, ,, ,, ,,	787 m		,,

usw.

Wir sehen, daß z. B. eine Flächenausdehnung von 600 ha über einer Fläche von 200 ha mit derselben Querschlagslänge aufgeschlossen wird wie die ersten 200 ha, d. h. 4000 m; das bedeutet, daß die Belastung von Meter-Querschlag auf den Hektar bzw. auf die Kohlensubstanz bei einer weiteren Ausdehnung des Grubenfeldes — wie gezeigt wurde — auf ein Drittel absinken würde. Die ersten 200 ha des Grubenfeldes brauchen für den Aufschluß 4000 m Querschläge, die letzten 200 ha von 2300 ha auf 2500 ha nur mehr 577 m, d. i. ein Siebentel. Dies allerdings setzt eine ruhige Lagerung ohne stürmische Tektonik, welch letztere ein Grubenfeld entwerten kann, voraus.

Zum Aufschluß, d. h. zu den Gesteinsarbeiten, müssen wir auch das Schachtabteufen rechnen, und zwar auf die Höhe eines Horizontes — hier z. B. nehmen wir einen Abstand von 100 m an und bewerten 1 m Schacht mit 10 m Querschlag.

Beim Studium der Wetterführung haben wir begründet, warum einem Wetterschacht eine Fläche von 200 bis 300 ha zugeteilt wird. Bis zu einer Flächenausdehnung von 200 bis 300 ha rechnen wir mit einem Förder- und einem Wetterschacht mit einer Gesamttiefe von $2 \cdot 100 = 200$ m, die ungefähr 2000 m Querschlag gleichkommen. Bei 400 bis 600 ha rechnen wir mit einem Förder- und zwei Wetterschächten mit einer Gesamttiefe von 300 m, d. i. gleichwertig etwa 3000 m Querschlag, bei 600 bis 900 ha rechnen wir mit einem Förder- und drei Wetterschächten von einer Gesamttiefe 400 m, gleichwertig 4000 m Querschlag usw.

Bei der Betrachtung der Wetterführung haben wir auch begründet, warum wir in einem Grubenfeld mit kleinem relativem Kohlenvermögen und einer (maximalen) optimalen Ausdehnung bestrebt sind, den Bereich eines Wetterschachtes bis zu 500 ha zu erweitern. Was den lichten Durchmesser der Förderschächte anbelangt, halten wir uns bei den neuen Schächten nach dem Standard von 7,1 bis 7,5 m, damit zwei entsprechende Fördereinrichtungen eingebaut werden können und damit die Wettergeschwindigkeit kleiner als 6 m/sek wird.

Bei Wetterschächten, soweit wir sie von obertags abteufen, kommen wir mit einem kleineren Durchmesser aus, z. B. 6 m, beim Zusammenlegen von kleineren Einheiten wählen wir gewöhnlich einen von den bisherigen Schächten aus, den wir dann adaptieren.

Im Nomogramm Nr. 1 ist im rechten Quadranten unten die annähernde Zahl der Förder- und Wetterschächte dargestellt.

Im rechten oberen Quadranten des Nomogramms Nr. 1 sind die abbauwürdigen Kohlenvorräte nach der Ausdehnung des Feldes und nach dem reinen relativen Kohlenvermögen (Kohlehältigkeit in Prozent) sowie die Querschlagslängen eingezeichnet, welche auf 100000 t abbauwürdige (gewinnbare) Kohle entfallen (d. i. die sog. Kennziffer des Aufschlusses).

Diese Kennziffer ist nicht nur für den Investitionsdienst, sondern auch für den Aufschluß selbst bedeutsam, denn eine Erweiterung des Grubenfeldes senkt auch die prozentuelle Belegung des Aufschlusses, welche bei einer kleinen Fläche größer ist.

Beispiel: Zwei Gruben von 600 ha benötigen einen Aufschluß von .... 6933 · 2 = 13866 m
(s. zweite Kurve rechter unterer Quadrant),
eine Grube von 1200 ha benötigt....... 9803 m,
d. h. um .... 4063 m weniger Querschläge;

der Investitionsdienst ist demnach um 30% geringer und die Anzahl der Schichten für den Aufschluß ebenfalls. Aus dem Nomogramm Nr. 1 (oberer Quadrant) geht weiter hervor, daß diese Kennziffer mit der Erhöhung des reinen Kohlenvermögens wie auch mit der Erhöhung der Ausdehnung des Grubenfeldes sinkt, was wegen der Senkung der Investitionen begrüßenswert ist.

Die Förderung bei einer Ausdehnung des Grubenfeldes bis 1000 ha bewerkstelligen wir mittels Druckluftlokomotiven (gasreiche Gruben, z. B. Karwin). Akkumulator- und Dieselloks haben einen größeren Aktionsradius; den größten Aktionsradius, praktisch unbegrenzt, haben die Fahrdrahtloks, allerdings verlangen sie die Gefahrenklasse „Null", d. h. einen Gasgehalt von weniger als 0,25% CH_4 in den Wettern.

Hat das Grubenfeld ein sehr niedriges relatives Kohlenvermögen, dafür aber eine hohe Qualität (Fettkohle), werden wir manchmal gezwungen sein, manche Seite des Grubenfeldes, die von der Nachbargrube aus schwer zugänglich ist, *über die optimale Größe hinaus* zu erweitern (überoptimale Größe), damit wir diese Kohlensubstanz retten und die Vorteile des erweiterten Grubenfeldes ausnützen, auch auf Kosten einer Verringerung der Produktivität durch Senkung der produktiven (effektiven) Arbeitszeit. Andererseits können wir oft bei einem Grubenfeld nicht einmal das untere Maß der optimalen Grenze erreichen (unteroptimale Größe), wie es z. B. durch die Lage eines exzentrisch angelegten Förderschachtes der Fall ist.

Eine optimale Ausdehnung eines Grubenfeldes von 2500 ha kann man durch eine vollkommene und tadellose Organisation der Förderung bewältigen. Wenn dies nicht der Fall ist, senkt sich die optimale Grenze rasch, denn die Senkung wächst mit dem Quadrat der Abnahme des Aktionsradius der Förderung.

Die optimale Ausdehnung des Grubenfeldes muß auch, was den Zeitplan betrifft, wenigstens *im groben* kontrolliert werden, d. h. es ist festzustellen, in welcher Zeit der Aufschluß eines Horizontes überhaupt ausgeführt werden kann.

Für eine optimale Größe von 2500 ha ist es z. B. notwendig, zwei Förder- und fünf Wetterschächte abzuteufen, im ganzen sieben Schächte mit je zirka 100 m. Führen wir also das Abteufen gleichzeitig mit drei Abteufgarnituren durch, so bedeutet das, daß ein Abteufen mit der Montage und Demontage etwa $^3/_4$ Jahre dauert, d. i. in drei Folgen $3 \cdot {}^3/_4 = 2^1/_4$ Jahre.

Der Vortrieb der Querschläge verlangt folgende Zeit: Länge der Querschläge 14200 m. Die Querschläge können von sieben Stellen getrieben werden, d. h. die Länge eines Querschlages ist $\frac{14200}{7} = 2030$ m. Bei einer Leistung von 40 m im Monat dauert der Vortrieb $\frac{2030}{40} = 50{,}8$ Monate und das Abteufen in drei Folgen $3 \cdot 9 = 27$ Monate. Der Aufschluß wird also in $77{,}8 \doteq 78$ Monaten beendet sein, d. h. in $6^1/_2$ Jahren.

Man rechnet aber mit kleineren Leistungen mit Rücksicht auf eventuelle Ausfälle durch Gas- und Wassereinbrüche.

Der Bergingenieur wird sich daher im Interesse einer ökonomischen Planung vor die Aufgabe gestellt sehen, das Abteufen mit vier Garnituren durchzuführen, wodurch es schon in zwei Folgen beendet und der ganze Abteufvorgang um neun Monate verkürzt werden kann. Weiters soll das Abteufen und der Querschlagvortrieb *mittels Schnellvortrieb* durchgeführt werden, damit sich die Zeit der Erstellung verkürzt und somit auch die „interkalaren“ Zinsen sinken, was eine frühere Inbetriebnahme der neuen Kapazität und die Gewinnung neuer Werte durch höhere produktive Arbeit ermöglicht. Wir sehen daraus, wie wichtig es ist, beim Aufbau einer Grube einen Schnellvortrieb vorzusehen, der den Zeitplan bedeutend verkürzt.

Da die Wetterschächte auch mit Fördereinrichtungen ausgestattet sind, ist es nicht nötig, dort eigene Garnituren für das Abteufen von Horizont zu Horizont einzurichten, sondern nur bei Förderschächten, welche ohne Betriebsstörung abgeteuft werden müssen, so daß der Zeitplan viel günstiger sein kann, als angeführt wurde.

9. Vorrichtung

Die Vorrichtung in einem erweiterten Grubenfeld ist nicht wesentlich verschieden von der Vorrichtung eines kleinen Grubenfeldes, außer wenn ein anderes Konzept die Vorrichtung beeinflußt. Die Vorrichtung soll so geplant und zeitlich so aufgeteilt sein, daß sie die Abnahme der durch den Abbau sinkenden mobilen Kohlenvorräte ständig ergänzt und weiters in zeitlicher Folge eine Konzentration der Abbaue, eine maximale Leistung und eine wirtschaftliche Abförderung ermöglicht; sie soll schließlich so durchgeführt sein, daß sie die geringsten Erhaltungsarbeiten erfordert.

Schon im Laufe der Vorrichtungsarbeiten soll man sich über die Druckluftleitung, über ihre notwendigen Querschnitte im Hinblick auf ihre zukünftige Aufgabe bzw. den sich ergebenden Druckverlust (s. Anhang IV) klar sein. Auch soll im Betrieb die Vorrichtung vor dem Abbaubeginn beendet sein, d. h. man soll heimwärtsbauen, gegen den Einziehstrom abbauen, ob nun für die Anwendung dieser Abbauart

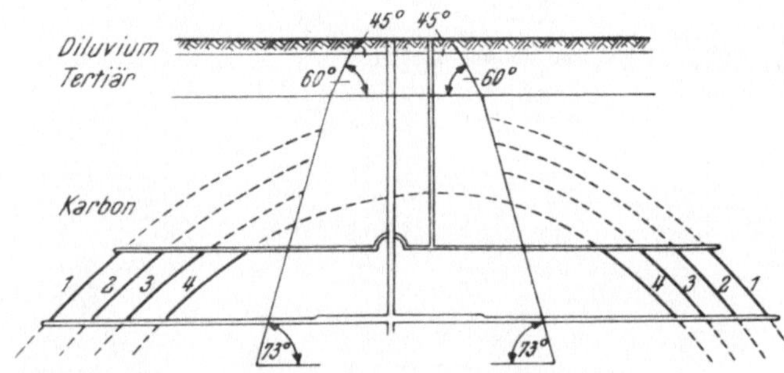

Abb. 10. Schema der Vorrichtung und des Abbaues von antiklinal gelagerten Flözen

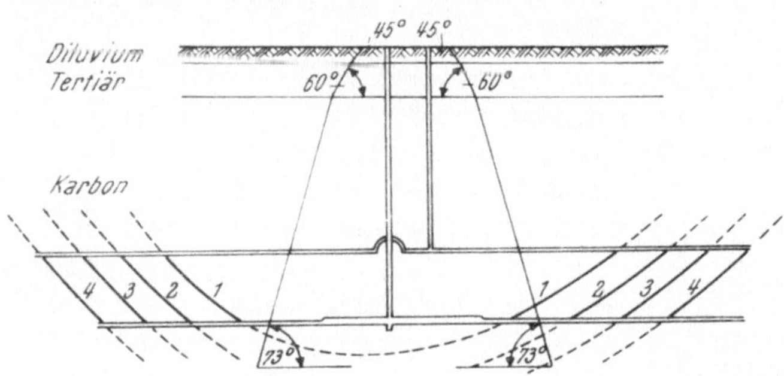

Abb. 11. Schema der Vorrichtung und des Abbaues von synklinal gelagerten Flözen

allein Sicherheitsgründe (Beherrschung der CH_4-Entwicklung, Verhinderung von Wetterdurchzug und damit eine Verhinderung von Brühungen in mächtigen Flözen, eine Milderung der Gebirgsdruckfolgen bei schweren Dachschichten, eine Beschränkung der Erwärmung in tiefen Gruben) oder Betriebsgründe, wie eine Senkung der Erhaltung der Förderwege, eine kürzer auszulegende Gummibandförderung usw., sprechen.

Hier sind noch zwei wichtige Dinge zu beachten:

1. a) Bei einer *antiklinalen* Flözablagerung werden beim Aufschluß vom Schacht aus in Richtung zur Feldesgrenze die grenznahen Flöze als letzte aufgeschlossen, aber zuerst abgebaut (Abb. 10).

b) Bei *synklinaler* Flözablagerung kann man gleich hinter dem Schachtpfeiler das aufgeschlossene Flöz vorrichten und den Abbau beginnen (Abb. 11).

c) Bei gleichmäßiger Lagerung über das ganze Grubenfeld gibt uns die eine Seite des Feldes die Möglichkeit, den Aufschluß und damit auch die Vorrichtung und den Abbau frühzeitig durchzuführen, die andere Seite des Feldes ermöglicht uns dies aber erst nach Erreichen der entferntesten Flöze an der Feldesgrenze (Abb. 12).

2. In einem Grubenfeld mit kleinem relativem Kohlenvermögen (schwache Flöze bei einem Betriebstypus mit einer Kapazität von 4000

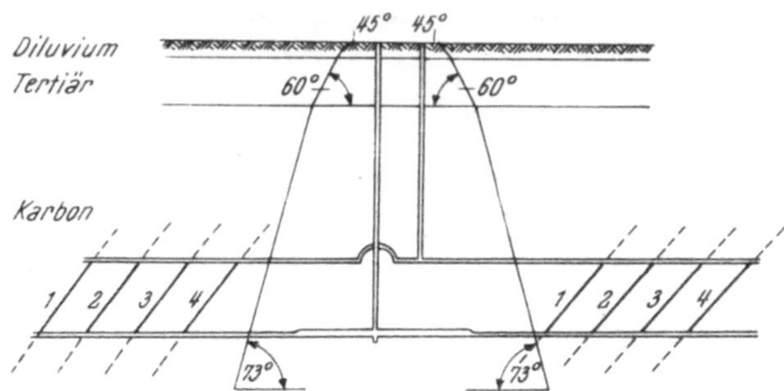

Abb. 12. Schema der Vorrichtung und des Abbaues von Flözen, die in einer Richtung gelagert sind

bis 5000 t Tagesförderung) ist es notwendig, die flache Höhe eines Strebs sorgfältig zu erwägen, damit einerseits die Gesteinsbewegung beim Streckennachriß und ebenso die Kennziffer „Streckenmeter auf 1000 t" (Kennziffer der Vorrichtung) gesenkt und andererseits die Kohlenmenge je Feldesbreite[1] im Streb erhöht wird.

Die Länge einer Abbaufront soll so angelegt werden, daß mindestens ein Zyklus in einem Tag abgewickelt werden kann, damit der Rhythmus im Streb erhalten bleibt. Der Zweck dieser Forderung liegt nicht nur in der Erhöhung der produktiven Arbeit, in der täglichen Erfüllung des Förderplanes, sondern auch in der dauernden Erhaltung günstiger Druckverhältnisse im Streb, was besonders bei vollmechanisierten Abbauen wichtig ist. Kurze Strebe in niedrigen Flözen sind wirtschaftlich untragbar, sei es wegen der hohen Kennziffer der Vorrichtung oder wegen des hohen Gesteinsanfalles aus dem Nachriß der notwendigen Strecken. In Flözen mit einer Mächtigkeit von 0,4 m ist bei einer Streblänge von 100 m auf 1000 t Kohle die Kennziffer der Vorrichtung 40 m und der Nachriß beträgt $40 \cdot 7{,}38\ m^3 = 295{,}2\ m^3 = 737$ t Berge. Bei gleicher Mächtigkeit, aber bei einer Streblänge von 200 m, würde auf 20 m Strecken und 1000 t Kohle ein Nachriß von nur 361 t Berge entfallen (s. Tabelle 1).

Diese Berge müssen wir ausfördern, weil wir sie in den niedrigen Abbauen nicht als Versatz unterbringen können, oder wir müssen sie vorher wegführen, brechen, zufördern und in mächtigere Abbaue ein-

[1] Auch Straßenbreite oder Abschlagtiefe im Streb (Abbau) genannt.

blasen. Kommen zu diesen Bergen noch solche aus Querschlägen und aus Erhaltungsarbeiten der Grubenräume und solche aus der Förderkohle, so ist es kein Wunder, wenn in manchen Betrieben das Gewicht der geförderten Berge aus der Grube nach obertags sogar 105% des Kohlenfördergewichtes beträgt. Je kürzer die Strebfront und je niedriger die Flözmächtigkeit ist, um so größer wird die Kennziffer der Vorrichtung und damit auch der Gesteinsanfall. Dies führt aber auch zu einer Erhöhung der unproduktiven Förderung, zur Erhöhung des notwendigen Hunteparkes, zur Senkung der Kapazität der Fördereinrichtung im Schacht und auch zu einer Senkung der produktiven Arbeitskräfte für die Abbaue, d. h. zu einer kleineren Grubenleistung, welche sich oft nicht mehr durch Erhöhung der Abbauleistung selbst ausgleichen läßt (Abnahme der Prosperität).

Übersichtlich werden diese Beziehungen im Nomogramm Nr. 3 erläutert, in dem auch die Daten aus der Tabelle 1 enthalten sind. Die Beilage besteht aus drei Quadranten, auf deren waagrechter Achse die Länge der Strebe von 0 bis 200 m und auf deren vertikaler Achse die Flözmächtigkeiten von 0 bis 3 m aufgetragen sind. Die starke Umrandung stellt die zweckmäßige Art der Strebe dar unter Berücksichtigung der Flözmächtigkeit (minimal 0,4 m, maximal 3 m), der flachen Höhe des Abbaues und der Kapazität des Abbaues (maximal 750 t[1] bei einer Feldesbreite von 1,6 m).

Der I. Quadrant veranschaulicht die Abbaukapazität bei einer Schramtiefe (Feldesbreite) von 1,6 bis 1,0 m, bei einer Flözmächtigkeit von 0,4 bis 3 m und einer Streblänge von 0 bis 200 m. Zur Orientierung können wir in diesem Quadranten auch die Kapazität der Abbaufronten und die Durchschnittsmächtigkeit der abzubauenden Flöze bis zu einer Länge von 200 m feststellen, falls wir die Streblänge und ihre Kapazität mit 10 multiplizieren: bei einer Abbaufrontlänge von 1250 m und einer Kapazität von 3000 t bei einer Schramtiefe von 1,6 m ergibt sich z. B. eine durchschnittliche Mächtigkeit des abzubauenden Flözes mit 1,2 m.

[1] Zu der maximal angegebenen Kapazität von 750 t muß gesagt werden, daß diese mehrmals überholt wurde, und daß Kapazitäten bis 1250 t, ja sogar über 1400 t, erzielt wurden.

Abgesehen davon, daß solche Spitzenkapazitäten störungslose lange Abbaufronten voraussetzen, wirken sich die Betriebsstörungen in diesen Verhältnissen ungünstig aus, da große Fördermengen ausfallen und es manchmal mehrere Tage in Anspruch nimmt, um wieder die Arbeit mit dem Zyklus zu synchronisieren. Das trifft besonders bei Kettenschrämmaschinen und Kombinen zu, da diese Maschinen einen strengen Zyklus haben. Weit günstiger sind *Walzenschrämmaschinen* mit rückbarem Förderer und schreitendem Ausbau, bei denen der Arbeitszyklus *weich und geschmeidig ist.* Der Nachteil liegt hier aber in dem 10%igen Anfall der Gesamtförderung in der Korngröße von 0 bis 1 mm.

Der II. Quadrant veranschaulicht die Kennziffer der Vorrichtung für einen Streb zwischen *zwei* Strebstrecken, d. i. die Streckenlänge auf 1000 t Kohle (für 2000, 3000, 4000 t Betriebskapazität ist es dann ein 2-, 3-, 4faches). Aus diesem Quadranten erkennt man selbstverständ-

Tabelle 1. Kohlenmenge je lfm Feldesbreite und je lfm Strecke, bei verschiedenen Flözmächtigkeiten

Flözmächtigkeit m	aus 1 lfm Strecke		auf 1 lfm Streb-Feldesbreite Gestein m³	auf 1,6 m Feldesbreite Kohle t	Abbau							
					100 m				125 m			
	Kohle t	Gestein m³			1	2	3	4	1	2	3	4
					t	t	m³	lfm	t	t	m³	lfm
					50	25	290	40	62,5	31,25	225	32
0,4	1,6	7,38	14,76	Kohle	→ 80				100			
					62,5	31,25	222	32	78,2	39,1	176	25,6
0,5	2	6,9	13,8	Kohle	→ 100				125			
					100	50	110	20	125	62,5	95	16
0,8	3,2	5,94	11,88	Kohle	→ 160				200			
					125	62,5	86	16	156,5	78,25	68	12,8
1,0	4	5,3	10,6	Kohle	→ 200				250			
					188	94	39,5	10,6	235	117,5	31,5	8,9
1,5	6	3,7	7,4	Kohle	→ 300				375			
					250	125	16,6	7,6	312,5	156,25	13,4	6,4
2,0	8	2,1	4,2	Kohle	→ 400				500			
					312	156	3,2	6,4	391	195,5	2,95	5,3
2,5	10	0,5	1,0	Kohle	→ 500				625			
					375	187,5	0	5,35	470	235	0	4,25
3,0	12	0	0	Kohle	→ 600				750			

1 ... Kohle je lfm Feldesbreite in t; 2 ... Kohle je lfm Vorrichtungsstrecke in t; 3 ... auf 1000 t Kohle Gestein in m³; 4 ... auf 1000 t Kohle Strecken in lfm (Kennziffer der Vorrichtung).

lich auch, daß sich die Vorrichtungskennziffer rasch mit der Senkung der Flözmächtigkeit und mit kürzerer flacher Höhe des Abbaues erhöht. Diese Beziehung ist größer als die lineare, weil die Flözmächtigkeit gegeben ist und weil eine hohe Vorrichtungskennziffer die Produktivität,

d. h. die Prosperität des Betriebes senkt. Wir sehen daraus, wie wichtig vor allem bei niedrigen Flözen eine lange *flache* Höhe des Abbaues ist, vorausgesetzt, daß wir nicht bei dieser Festsetzung durch die Tektonik oder andere Gegebenheiten eingeschränkt sind.

Gesteinsmenge je 1000 t Kohle und Kennziffer der Vorrichtung und verschiedenen Streblängen

länge

150 m				175 m				200 m			
1	2	3	4	1	2	3	4	1	2	3	4
t	t	m^3	lfm	t	t	m^3	lfm	t	t	m^3	lfm
75	37,5	192	26,9	87,5	43,75	168	22,7	100	50	147	20
120				140				160			
94	47	146	21,3	109,5	94,7	126	18	125	62,5	110	15,8
150				175				200			
150	75	80	13,3	175	87,7	60	11,3	200	100	60	10
240				280				320			
188	94	57	10,6	219	109,5	49	9	250	125	42,5	8
300				350				400			
288	144	25,7	6,96	331,5	165,7	22,3	6	375	187,5	19,6	5,4
450				525				600			
375	187,5	11,2	5,4	437,5	218,7	9,6	4,5	500	250	4	4
600				700				800			
470	235	2,13	4,25	547,5	273,7	1,83	3,6	625	312,5	1,6	3,2
750				875				1000			
565	282,5	0	3,53	657,5	328,7	0	3	735	507	0	2,67
900				1050				1200			

Der III. Quadrant zeigt uns die Menge anfallenden Gesteins in m^3/1000 t aus dem Streckennachriß; diese Beziehung ist ähnlich der Vorrichtungskennziffer im II. Quadranten.

Wir sehen daher, daß

40 m^3, d. s. 100 t Berge auf 1000 t Kohle ... 10%,
80 m^3, „ „ 200 t „ „ 1000 t „ ... 20%,

100 m³, d. s. 250 t Berge auf 1000 t Kohle ... 25% und
200 m³, „ „ 500 t „ „ 1000 t „ ... 50% der Förderung bedeuten. So große Mengen bleiben nicht ohne Einfluß auf die Gestehungskosten und beeinflussen auch das Betriebsergebnis stark (stärkere Belegung der Vorrichtung, somit schwächere Abbaubelegung, höherer Sprengmittelverbrauch, erhöhte Bergeförderung, Senkung der nutzbaren Kapazität der Förderschächte, erhöhter Wagenpark usw.), wodurch die Prosperität leidet. Das erwähnte Nomogramm Nr. 3 gibt im ganzen eine präzise und rasche Orientierung über die Beziehungen zwischen der Streblänge, der Flözmächtigkeit, der Abbaukapazität, der Kennziffer der Vorrichtung und der Bergemenge, so daß eine nachträgliche Durchrechnung unsere zuständige Überlegung noch genauer gestaltet.

Ein Vergleich der theoretischen Untersuchung mit der Praxis ist in folgender Zusammenstellung nach der Statistik angeführt:

Erfordernisse der Vorrichtung auf 1000 t in laufenden Metern (lfm)

Flözmächtigkeit	Anzahl der Betriebe	Durchschnittslänge auf 1000 t in lfm Kennziffer der Vorrichtung
bis 60 cm	2	26
61— 80 cm	5	24
81—100 cm	4	22
101—120 cm	1	17
121—140 cm	3	16
141—160 cm	1	16
161—180 cm	1	12
181—200 cm	3	16
201—220 cm	2	13

Diese Kennziffern sind höher, als wir sie erwarten würden. Neben den Gründen, die in der Tektonik oder der Gleichmäßigkeit der flachen Höhe der Strebe zwischen zwei Horizonten liegen, stoßen wir hier auch auf manche Modeströmungen, d. h. auf eine Propaganda für kürzere Strebe zur Erfüllung leistungsfähigerer und günstigerer Zyklen. Heute plädiert man wieder für lange Strebfronten bis 300 m (1960). Hier gilt die Tatsache: „*Was in Mode kommt, kommt auch aus der Mode*".

Wie wichtig die Länge des Strebs ist, zeigt folgendes Beispiel: Der Vortrieb eines laufenden Meters kostet z. B. 6500 Währungseinheiten (We). Der Preis einer Tonne Kohle ist 400 We. Die vorgesehene Kennziffer der Vorrichtung ist 20 lfm, deren Vortrieb folgende Kosten verursacht: 6500 · 20 = 130000 We. Eine Tonne Kohle aus dem Abbau ist also mit Vorrichtungskosten von 130 We belastet. Die *wirkliche* Kennziffer ist jedoch 26 lfm, ihr Vortrieb verlangt daher an Kosten: 6500 · 26 = 169000 We. Das entspricht einer Belastung je Tonne von

169 We der Vorrichtung, d. i. um 39 We mehr, was bei einem Preis der Tonne von 400 We $100 \cdot \frac{39}{400} = 9{,}75\%$ entspricht, die in den Gestehungskosten aufscheinen *anstatt im Erfolg bzw. im Reingewinn.*

Es ist wichtig, einen richtigen Streckenquerschnitt zu wählen, damit der Nachriß nicht übermäßig wird. Man treibt daher oft die Abbaustrecken im Flöz selbst oder mit kleinem Nachriß und rüstet sie mit Bandfördermitteln aus. Sie sind dann fördermäßig sehr leistungsfähig und wir finden sie stets in Teilstrecken auf Zwischenhorizonten, wo sie an Stapelschächte mit Wendeln anschließen.

Die Einrichtung von Strecken für Bandförderung (sog. Bandstrecken) soll wegen der hohen Betriebskosten (hoher Preßluftverbrauch, große Anzahl von Bandwärtern, hohe Einrichtungskosten) nur *für hohe Förderleistungen erwogen werden.* Für kleine Mengen ist natürlich eine Bandförderung unrentabel. Außerdem ist zu beachten, daß z. B. bei muldenartiger oder kuppenartiger Flözlagerung, wo notwendigerweise die Bandstrecken in gerader Richtung (als Richtstrecken) getrieben werden müssen, einmal das Hangende und das andere Mal das Liegende angeschnitten wird. Das ist betrieblich oft ungünstig; besonders bei mächtigen und bankigen Flözen kann dies zu Brühungen (Streckenbränden) Anlaß geben. So wird auch eine Anwendung der Lok-Förderung, aber auch eine Zwischenhorizontförderung kritisch zu überprüfen sein. Für die Streblänge gilt, falls es die tektonischen Verhältnisse erlauben:

a) *Bei niedrigen Flözen* von 0,4 bis 1 m Mächtigkeit soll die Länge 150 bis 200 m betragen, damit die Vorrichtungskennziffer 10 m, maximal 20 m/1000 t Kohle bleibt, und die Mengen mitgewonnener Berge aus den Strecken erträglich bleiben;

b) *bei mittleren Flözen* von 1 bis 1,6 m soll die Länge des Strebs 125 bis 175 m sein, und

c) *bei mächtigeren Flözen* über 1,6 m soll die Streb- (Abbau-) Länge so sein, daß *die Förderung aus dem Streb in einer Schicht 750 t nicht übersteigt,* weil beim heutigen Stand der Mechanisierung und bei Einhaltung des Rhythmus diese Förderung die größtmögliche ist, und ebenso, weil sonst bei gelegentlichen Störungen übermäßig große Verluste in der Förderung entstehen. Dort, wo man Versatz einbringt, muß die Förderkapazität des Strebs der Versatzkapazität entsprechen; bei Blasversatz von 35 bis 40 m³ in der Stunde sind das 245 bis 280 m³ in sieben Stunden oder $\frac{245}{0{,}75}$ bis $\frac{280}{0{,}75}$, d. s. 325 bis 374 m³ ausgekohlten Raumes, dem 405 bis 460 t Kohle entsprechen. Es ist unbedingt notwendig, daß die Versatzarbeiten in den Zyklen der Abbauarbeiten enthalten sind.

Einem kritisch denkenden Techniker ist es klar, daß die angeführten Angaben nicht unveränderlich oder absolut sind, daß sie dem technischen

Stand und dem Fortschritt unterliegen und daß z. B. bei vollmechanisierten Streben und bei kontinuierlichem Abbau die Länge noch größer werden kann, soweit es die Ablagerung, besonders die tektonischen Verhältnisse, erlauben. Um so geringer bleibt in der Praxis die Gelegenheit, eine optimale Länge und optimale Kapazität[1] auszuwählen, denn diese setzt eine ruhige Ablagerung auf großer Fläche voraus.

Bei einem Betriebstypus von z. B. 4000 t Kapazität wird vorausgesetzt, daß aus der Abbaufront 90% der Gesamtförderung, d. h. hier 3600 t kommen; dann ist die Zahl der Abbaue bei

100 t je Abbau .... $\frac{3600}{100} = 36,$

125 t „ „ .... $\frac{3600}{125} = 29,$

150 t „ „ .... $\frac{3600}{150} = 24,$

200 t „ „ .... $\frac{3600}{200} = 18.$

Würden hier auf 1000 t Kohle 20 m Strecken (ohne Durchhiebe) anfallen, so müßten täglich $3{,}6 \cdot 20 = 72$ m Strecken mit Nachriß vorgetrieben werden, d. h. etwa 930 m³ auszuförderndes Gestein mit einem Gewicht von zirka 2300 t, d. s. etwa 58% des Kohlengewichtes anfallen.

Die Wahl einer geeigneten Länge des Abbaues und eines entsprechenden Profils der Strecken hat Einfluß auf die Betriebskapazität und die Wirtschaftlichkeit des Betriebes, denn erst bei einer Flözmächtigkeit von etwa 1,6 bis 1,7 m wird bei Holzzimmerung eine Strecke durch die anfallende Kohle bezahlt, d. h. die Kosten der Vorrichtung sind durch sie gedeckt. (Bei Stahlausbau ist eine Mächtigkeit von 3 m notwendig.) Die Vorrichtung in einem Flöz mit geringerer Mächtigkeit, d. i. unter 1,6 m und bei Stahlausbau unter 3 m, muß durch die Leistung des Abbaues gedeckt werden, der außer der Amortisation für den Aufschluß und der Belastung für die ganze Betriebseinrichtung auch die Ausgaben für die zugehörige Vorrichtung tragen muß. Hier ist es auch wichtig, daß der Preis für eine Tonne Kohle richtig ist. Bei niedrigerem Preis der Kohle als die Gestehungskosten müßten die Flöze noch mächtiger sein, als hier angeführt wurde.

10. Abbau

Aus den Abbauen (Streben) kommen annähernd 90% der Förderung (im Ostrau-Karwiner Revier im Jahre 1957 92,8%), sie sind daher der

[1] G. Jarolím und J. Smolka von den Bergbauprojekten in Ostrau haben bei der Lösung der Frage der optimalen Länge des Strebs auf Grund einer breiten Dokumentation ermittelt, daß die Kapazität des Strebs nicht unter 600 t sinken und die Länge 180 m betragen soll.

wichtigste und empfindlichste Abschnitt der Grubenarbeit, zu dem aber alle vorhergehenden führen. Die Abbaue haben auf den wirtschaftlichen Erfolg des Betriebes den größten Einfluß. Deshalb sollen sie ohne Störung verlaufen, damit der Förder- und Wirtschaftsplan regelmäßig erfüllt wird. Im wesentlichen gibt es keinen Unterschied zwischen einer Abbaueinheit in einem kleinen oder einem großen Betrieb, denn da und dort sollen für die gleichen Abbaueinheiten derselbe Rhythmus oder das gleiche Harmonogramm gelten.

Bei großen Betrieben, in denen die Abbaue von den Förderschächten weit entfernt liegen, muß darauf geachtet werden, daß die produktive (effektive) Arbeitszeit mindestens 390 Minuten beträgt und daß sie gewissenhaft ausgenützt wird. Das setzt voraus, daß die Mannsfahrt bis vor Ort, von Ort zurück und durch die Blindschächte nach einem Fahrplan abgewickelt wird.

Die Abbaue sollen nach einem leicht erfüllbaren Zyklus organisiert sein, was besonders bei niedrigen Flözen sorgfältiger Erwägung bedarf und von einer tragbaren flachen Höhe des Strebs abhängig ist.

Nehmen wir eine Betriebskapazität von 5000 t Tagesförderung an, welche sich aus dem Abbau eines 3 m mächtigen Flözes ergibt, bei einem Einfallen von 10°, bei dem jeder Streb (Abbau) zwei Strecken mit einer Breite von 3,2 m braucht. Wie lang muß unter der Voraussetzung einer Tagesförderung von 750 t bei einer Feldesbreite von 1,6 m der Streb sein und wie hoch ist dann die Kennziffer der Vorrichtung?

Aus 1 lfm zweier Strecken kommen $2 \cdot 3 \cdot 3{,}2 \cdot 1{,}25 = 24$ t Kohle. Die Tagesförderung eines Strebs ist: $3 \cdot 1{,}6 \cdot 1{,}25 \cdot x = 750$ t. Daraus ergibt sich eine Streblänge von $x = \frac{750}{3 \cdot 1{,}6 \cdot 1{,}25} = \frac{750}{6} = 125$ m. Ein lfm des Strebs enthält Kohle $1 \cdot 3 \cdot 1{,}25 \cdot 125 = 468{,}75$ t. Von zwei Strecken entfallen daher an

Kohle aus der Vorrichtung auf 1 lfm Feldesbreite ..	24,00 t =	4,88%
Kohle aus dem Abbau auf 1 lfm Feldesbreite	468,75 t =	95,12%
zusammen	492,75 t =	100,00%

Wenn 2 m Strecke auf 468,75 t Abbaukohle entfallen, dann kommen auf 1000 t 4,25 m Strecken, d. i. die Kennziffer der Vorrichtung.

Bei einer Tageskapazität des Betriebes von 5000 t kommen aus den Abbauen $5000 \cdot 95{,}12 = 4756$ t, welche täglich $4{,}25 \cdot 4{,}756 \doteq 20$ m Strecken als Ersatz für die Abnahme der mobilen Kohlenvorräte in den Abbauen benötigen. In Wirklichkeit werden etwa 25% mehr verbraucht, da auch Durchhiebe und die Vorrichtung für die Reserveabbaue hier enthalten sind.

Die Anzahl der Abbaue beträgt .... $\frac{4756}{750} = 6{,}3$,

die Länge der Abbaufronten .... $6{,}3 \cdot 125$ m $= 787{,}5$ m,

die Länge des Strebs bei 6 Abbauen .... $\frac{787{,}5}{6} = 132$ m,

die Länge des Strebs bei 7 Abbauen .... $\frac{787{,}5}{7} = 113$ m.

Nehmen wir die gleiche tägliche Betriebskapazität von 5000 t an, jedoch bei einer Mächtigkeit der auszukohlenden Flöze von nur 2 m; auf jeden Streb entfallen ebenso zwei Strecken, die Länge eines Strebs ist ebenfalls mit 125 m angenommen bei einer Feldesbreite von 1,6 m; aus 1 lfm zweier Strecken mit einer Breite von 3,2 m ergibt sich dann: $2 \cdot 2 \cdot 3{,}2 \cdot 1{,}25 = 16$ t Kohle. Aus 1 lfm Streb von 125 m Länge sind es: $2 \cdot 125 \cdot 1{,}25 = 312$ t Kohle.

Das Prozentverhältnis bleibt mit 4,88% zu 95,12% dasselbe wie im vorhergehenden Beispiel. Wenn auf 2 m Strecke 312 t entfallen, dann entfallen auf 1000 t 6,41 m Strecken (Kennziffer der Vorrichtung). Die Kapazität eines Abbaues ist somit $125 \cdot 2 \cdot 1{,}6 \cdot 1{,}25 = 500$ t. Aus allen Abbauen daher $\frac{5000 \cdot 95{,}12}{100} = 4756$ t Kohle.

Die tägliche Vorrichtung (Streckenvortrieb) ist $4{,}756 \cdot 6{,}41 = 30{,}5$ m, in Wirklichkeit etwas mehr, denn es ist notwendig, die Durchhiebe und die Reservestrebe noch dazuzurechnen.

Zum Schluß ergibt sich die Anzahl der Abbaue mit $\frac{4756}{500} = 9{,}51$, daraus die Länge der notwendigen Abbaufront mit $9{,}51 \cdot 125 = 1188{,}75$ m; bei 9 Abbauen hat jeder Abbau dann eine tatsächliche Länge von 132 m.

Hier ist es aber noch notwendig, den Bergeanfall aus dem Streckennachriß zu beachten, der auf einen Meter Strecke mit 2,1 m^3 kommt, d. s. 5,25 t Berge; auf eine tägliche Vorrichtung von 30,5 m Strecken entfallen 64,05 m^3, d. s. 128,10 t Berge.

Unter der Voraussetzung einer gleichen Kapazität von 5000 t, die aber aus einem 1-m-Flöz gewonnen werden, wobei auf jeden Streb von 125 m Länge zwei Strecken entfallen, erhalten wir: Aus einem laufenden Meter von zwei Strecken mit einer Breite von 3,2 m $2 \cdot 1 \cdot 3{,}2 \cdot 1{,}25 = 8$ t Kohle, aus dem 125 m langen Streb $1 \cdot 125 \cdot 1{,}25 = 156$ t; somit ist die Kohlenmenge aus der Vorrichtung wieder 4,88% und aus dem Abbau 95,12%. Kapazität der Abbaue: $125 \cdot 1 \cdot 1{,}6 \cdot 1{,}25 = 250$ t. Wenn daher 2 m Strecken auf 156 t entfallen, dann entfallen auf 1000 t 12,81 m Strecken (Kennziffer der Vorrichtung). Da aus den Abbauen $\frac{5000 \cdot 95{,}12}{100} = 4756$ t Kohle kommen, ergibt dies eine tägliche Vorrichtung von $4{,}756 \cdot 12{,}81 = 61$ m. In der Praxis werden um zirka 25% mehr Strecken als Reserve vorgetrieben.

Auf 1 lfm Strecke entfallen 5,3 m³ Gesteinsnachriß, d. s. 13,25 t, daher auf 61 m Strecken täglich 323,3 m³, d. s. 808,5 t.

Nach der Flözmächtigkeit, der Abbaulänge, der Feldesbreite und der Kapazität des Abbaues können wir auf diese Weise die Kennziffer der Vorrichtung und die Menge der Berge aus dem Streckennachriß feststellen. Die Tabelle 1 und das Nomogramm Nr. 3 zeigen uns die zugehörigen Werte. Nach den Leistungsnormen bestimmen wir einerseits die Belegung des Strebs, andererseits die notwendige Belegschaft für die Vorrichtung. Es muß darauf hingewiesen werden, daß die Vorrichtungskennziffer höher ist, als wir sie aus der Berechnung erhalten, da einerseits mit Reserveabbauen gerechnet werden muß und andererseits der ,,Heimwärtsbau" (von der Grenze) eine gewisse zeitliche Vorauseilung verlangt. Die Vorrichtung soll aber auch nicht allzu vorzeitig fertig werden, damit sie nicht den Einflüssen der Abbaue ausgesetzt ist und damit der Kostenaufwand hiefür nicht allzu lange brachliegt.

Das ermöglicht uns auch, die Gesamtmenge der Berge aus den Strecken festzustellen und damit den Einfluß auf die Kapazität des Förderschachtes für den Fall, daß diese Berge nach obertags gefördert werden müssen oder — bei der Errichtung einer Brecheranlage in der Grube — in der Grube bleiben sollen, um dort gleich versetzt zu werden.

Die Kapazität eines jeden Abbaues soll im Arbeitsgleichgewicht mit der Förderung von der Abbaufüllstelle bis zum Füllort sein, damit die Kontinuität des Arbeitsprozesses im Abbau durch Leerhuntemangel nicht gestört wird.

Bei der Abbauplanung, *besonders bei niedrigen Flözen*, ist es notwendig, auch auf die Wetterführung Rücksicht zu nehmen; eine Erhöhung der Depression entsteht gerade beim Durchzug der Wetter durch die Abbaue, denn die Depression zeigt sich als die Summe der verbrauchten Depression im Ventilator bei Serienschaltung $R = R_1 + R_2 + R_3 + \ldots$, bei Parallelschaltung $\frac{1}{\sqrt{R}} = \frac{1}{\sqrt{R_1}} + \frac{1}{\sqrt{R_2}} + \frac{1}{\sqrt{R_3}} + \ldots$.

Aber auch bei Betrieben mit größerem relativem Kohlenvermögen (mächtigere Flöze) und hoher Tageskapazität ist die Zahl der Abbaue bedeutend, wie es die Tabelle 2 zeigt, und wir begegnen analogen Problemen wie bei Gruben mit halber Kapazität und kleinem relativem Kohlenvermögen. Die Kapazität des Strebs soll nach Meinung des Autors nicht über 750 t gehalten werden, denn jede Förderstörung ist hier mit empfindlichen und nicht mehr ersetzbaren Ausfällen an Förderung verbunden, ebenso mit einer Nichterfüllung des Planes, dem Verlust der Zyklen und im ganzen mit einer Desorganisation der Kapazität der Abbaueinheiten.

Tabelle 2. Anzahl der Abbaue bei verschiedener Tagesförderung unter der Voraussetzung 90% der Produktion aus den Abbauen (Streben)

Tagesförderung in t 100%	Förderung aus den Abbauen (Streben) 90%	Anzahl der Abbaue (Strebe)																
		2	3	4	5	6	7	8	9	10	11	12	13	14	15	16	17	18
		Auf einen Abbau entfallen Tonnen																
1000	900	450	300	225	180	150	130	113	100	90	82							
2000	1800		600	450	360	300	259	225	200	180	164	150	138	129	120	112	106	100
2500	2250		750	562	450	375	322	281	250	225	205	188	173	160	150	141	133	125
3000	2700		900	675	540	450	386	337	300	270	245	225	208	194	180	170	159	150
4000	3600		1200	900	720	600	514	450	400	360	327	300	277	257	240	225	212	200
5000	4500			1125	900	750	643	562	500	450	410	375	346	321	300	281	265	250
6000	5400			1350	1080	900	772	675	600	540	491	450	415	385	360	337	317	300
7000	6300				1260	1050	900	787	700	630	573	525	485	450	420	395	370	350
8000	7200				1440	1200	1030	900	800	720	654	600	554	514	480	450	425	400
9000	8100				1620	1320	1160	1012	900	810	737	675	623	580	540	507	476	450
10000	9000					1500	1286	1125	1000	900	818	750	693	643	600	563	530	500

Die Kontrolle der Streblänge:

Wenn die flache Höhe eines Strebs bei vernünftiger Kapazität bei eintägigem Zyklus und bei richtiger Führung des Betriebes für gewöhnlich auch den übrigen Bedingungen entspricht, ist es nichtsdestoweniger notwendig, die flache Höhe oder die Kapazität des Strebs auch in anderer Hinsicht zu überprüfen.

1. Die Sicherheitsvorschriften verlangen, daß die Länge eines Strebs in der niedrigeren Gefahrenklasse in einer Wetterabteilung 400 m und in der höheren Gefahrenklasse 270 m nicht überschreitet.

Wegen der vorzunehmenden Sprengarbeiten und der Elektrifizierung wird verlangt, daß der CH_4-Gehalt der Ausziehwetter 0,75% und die Wettergeschwindigkeit 4 m/sek nicht überschreitet (besonders bei niedrigen Flözen).

2. Die flache Höhe wird in Übereinstimmung mit dem Schrämen bestimmt und für eine Länge von D verwendet man in der UdSSR folgende Formel:

$$D = \frac{t_s - tp_1}{\frac{tp_2}{l} + \frac{1}{v}}.$$

In dieser Formel ist:

t_s die Schrämzeit,
tp_1 die Zeit für Schmieren, Reparaturen, Zahnradwechsel usw.,
tp_2 die Zeit für das Seilumlegen und das Stempelsetzen,
l die Nutzlänge des Seiles auf der Winde,
v die Schrämgeschwindigkeit.

In bezug auf das Schrämen selbst ergeben sich folgende Streblängen:

Reine Arbeitszeit für das Schrämen	Fortschritt der Schrämmaschine in m/min				
	0,4	0,5	0,6	0,7	0,8
420 min .... Streblänge	120	144	166	186	205
400 „ .... „	113	136	157	176	194
380 „ .... „	106	128	148	165	183
360 „ .... „	100	120	141	155	171
340 „ .... „	90	112	130	145	163
320 „ .... „	86	104	120	134	149

Eine Verkürzung der reinen Arbeitszeit muß durch einen rascheren Fortschritt der Schrämmaschine ausgeglichen werden. Die optimalen Arbeitslängen, wie Jarolím und Smolka ermittelt haben, müssen durch größere *reine* Schrämzeiten und durch größere Schrämfortschritte erzielt werden.

Die Bedeutung einer ökonomischen Planung für die Erhöhung der produktiven Arbeitszeit zeigen uns die Zeitaufnahmen, welche in den

Abbauen des Ostrau-Karwiner Reviers durchgeführt wurden, wo von der Gesamtzeit:

23,0% auf das Lösen des Gesteins (der Kohle),
30,6% auf das Laden,
12,9% auf das Zimmern,
3,6% auf Versäumnisse und Behebung von Störungen, }
1,7% auf Pausen, } 8,2%
2,9% auf Brotzeit, }
2,3% auf Nebenarbeiten,
23,0% auf den Weg von und zum Arbeitsort entfielen.
100,0%

Ein erfahrener Betriebsmann erfaßt die schwachen Stellen und die Möglichkeiten, welche die Mechanisierung bieten.

3. Die flache Höhe des Strebs und dessen Kapazität müssen durch mechanische Födereinrichtungen garantiert werden. Folgende Übersicht gibt die notwendigen Daten:

Fördermittel	Förder-geschwindigkeit m/sek	Leistung t/h	Neigung in Grad	Maximale Länge in m
Tellerförderer	0,4—0,5	50— 60	25—45	200
Steg-Kettenförderer	0,4—0,6	150	0—45	250
Steg-Kettenförderer für d. Streb	0,4—0,6	150	0—18	150
Leichte Steg-Kettenförderer	0,4—0,6	120	0—15	150
Bandförderer	1 —2,5	bis 300	0—10	bis 500
Stahlgliederbänder	0,6—0,8	250	0—40	400
Schüttelrutschen	0,7	61—165	0—24	150

Die Bedeutung der Leistung im Abbau.

Wegen der eminenten Bedeutung der Abbaue für die Erfüllung des Plans und für die Erzielung der für die Wirtschaftlichkeit und Prosperität des Betriebes so wichtigen Gesamtleistung soll hier die Beziehung zwischen der Gewinnungsleistung[1] und der Grubenleistung, bzw. das Verhältnis der belegten Grubenarbeiten zueinander erwähnt werden.

Wie groß ist die Grubenleistung, die nur aus der Abbauförderung resultiert? Förderung (Produktion) aus den Abbauen

$$P_u = s_u \cdot e_u = s_g \cdot e_g'.$$

In dieser Gleichung sind:
s_u die Schichten bei der Gewinnung,
e_u die Leistung bei der Gewinnung,
s_g sämtliche Schichten in der Grube,
e_g' Grubenleistung, nur auf Abbaukohle bezogen.

[1] Auch „Pfeilerleistung" genannt.

$$e_g' = \frac{P_u}{s_g} = \frac{s_u \cdot e_u}{s_g} = \frac{s_u}{s_g} \cdot e_u.$$

$\frac{s_u}{s_g} \cdot 100$ = Prozentsatz der Belegschaft auf Kohle im Abbau $= p_u$,

d. i. $e_g' = \frac{e_u \cdot p_u}{100}$.

Die Gesamtgrubenleistung in der Kohle, die allein aus den Abbauen kommt (ohne die Kohle aus der Vorrichtung), ist also die Gewinnungsleistung, multipliziert mit dem in der Gewinnung angelegten Prozentanteil der Belegschaft und geteilt durch 100.

Wie verhält sich die Gesamtgrubenleistung e_g *einschließlich* der Kohle aus der Vorrichtung zur Gewinnungsleistung e_u?

P_u Förderung aus den Abbauen,
P_v Förderung aus der Vorrichtung,
$P_u + P_v$ = Gesamtförderung P_s.

Für den Fall, daß $P_u = 0{,}9\ P_s$ und $P_v = 0{,}1\ P_s$ ist, ergibt sich als Prozentsatz der Gesamtgrubenleistung, bezogen auf die Leistung aus den Abbauen,

$$\frac{e_g}{e_u} \cdot 100 = \frac{\dfrac{P_s}{s_g}}{\dfrac{0{,}9\ P_s}{s_u}} \cdot 100 = \frac{100\ P_s \cdot s_u}{0{,}9\ P_s \cdot s_g} = 111{,}1\ \frac{s_u}{s_g} = \frac{111{,}1\ p_u}{100}.$$

Das bedeutet, daß die Gesamtgrubenleistung, die sich aus der Gesamtförderung der Abbaue und aus der Vorrichtung ergibt, um 11,1% größer ist als die Leistung aus den Abbauen allein. Allgemein läßt sich diese Beziehung folgendermaßen ausdrücken:

$$e_g = \frac{e_u \cdot p_u}{100\ \alpha},$$

worin

e_g die Grubenleistung und

$\alpha = 100$ abzüglich der Prozente der Kohle aus der Vorrichtung, oder die Prozente der Kohle aus den Abbauen ist.

Somit erhalten wir:

bei 0,88 P_s aus dem Abbau ist die Grubenleistung (auf Kohle) einschließlich der Vorrichtungskohle .... $\frac{100}{0{,}88} = 113{,}8\%$,

„ 0,89 P_s .... $\frac{100}{0{,}89} = 112{,}3\%$,

„ 0,90 P_s .... $\frac{100}{0{,}90} = 111{,}1\%$,

„ 0,91 P_s .... $\frac{100}{0{,}91} = 110{,}0\%$,

„ 0,92 P_s .... $\frac{100}{0{,}92} = 108{,}7\%$, bei 0,93 P_s .... $\frac{100}{0{,}93} = 107{,}5\%$,

„ 0,94 P_s .... $\frac{100}{0{,}94} = 106{,}3\%$.

Es sei bemerkt, daß man *im Abbau* (im Streb) unterscheiden muß:

a) *Produktive Schichten* = Schichten auf Kohle = Schichten bei der Gewinnung. Die im Abbau erzielte Förderung dividiert durch die Anzahl dieser Schichten nennt man die *Gewinnungsleistung* (e_u).

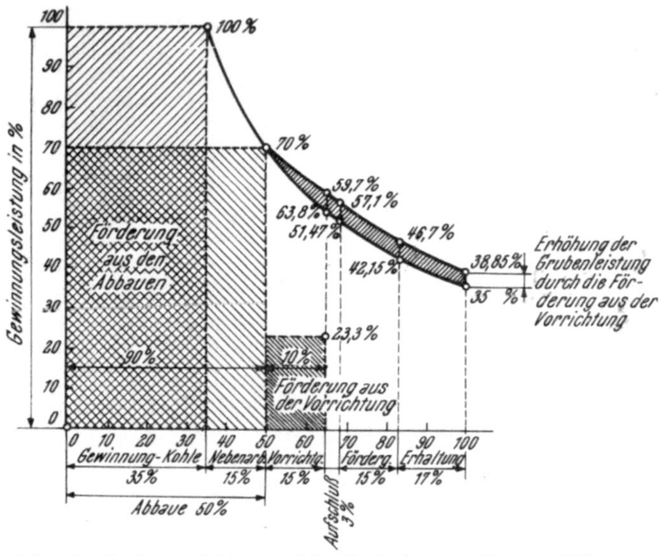

Abb. 13. Abfallen der Gewinnungsleistung auf die Grubenleistung für $p_u = 35\%$, sowie Steigerung der Grubenleistung durch die Kohle aus der Vorrichtung

b) *Unproduktive Schichten* = Schichten bei Nebenarbeiten im Abbau, wie z. B. Errichtung von Rippenstreifen, Umlegen der Förderer, Nachnahme und Versatzarbeiten usw.

In den Schichten im Abbau sind also produktive und unproduktive Schichten enthalten. Die aus dem Abbau erzielte Förderung dividiert durch die Schichten im Abbau gibt die *Abbauleistung*.

Somit muß man unterscheiden: a) Gewinnungsleistung (e_u) und b) Abbauleistung.

Die Abb. 13 und 14 zeigen das Abfallen der Gewinnungsleistung gegenüber der Gesamtgrubenleistung (das Leistungsgefälle), weiters den Einfluß der Vorrichtungskohle auf die Erhöhung der Grubenleistung (auf Kohle). In Abb. 13 ist die 35%ige Belegung in der Gewinnung (= produktive Schichten) von der Gesamtgrubenbelegschaft dargestellt, daher ist die Gesamtgrubenleistung (e_g') 35% der Gewinnungsleistung, welche sich mit der Vorrichtungskohle um 11,1% erhöht, d. i. um $35 \cdot 0,111 = 3,885$, also auf $35 + 3,885 = 38,885\%$ der Gewinnungsleistung.

Abb. 13 bringt ein Nomogramm des Leistungsgefälles der Gewinnungsleistung zur Gesamtgrubenleistung für $p_u = 35\%$ und die Erhöhung der Grubenleistung durch die Förderung aus der Vorrichtung.

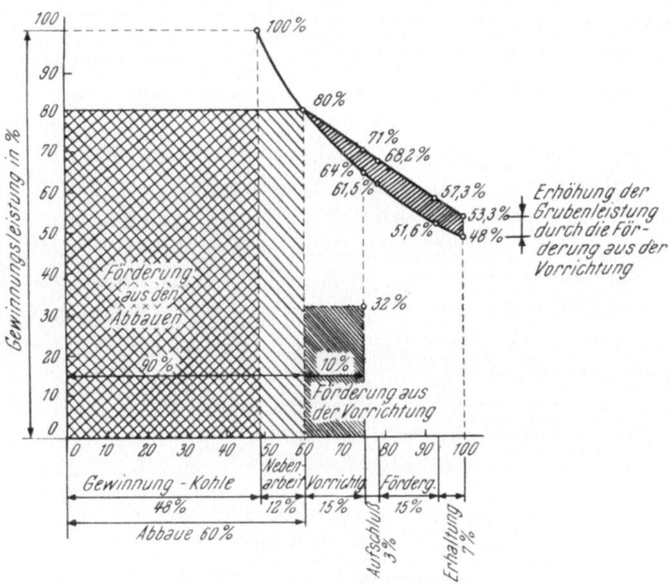

Abb. 14. Abfallen der Gewinnungsleistung auf die Grubenleistung für $p_u = 48\%$, sowie Steigerung der Grubenleistung durch die Kohle aus der Vorrichtung

Für 2,0 t Grubenleistung $\frac{2,0}{0,35} = 5,7$ t Gewinnungsleistung,

für 2,5 t ,, $\frac{2,5}{0,35} = 7,12$ t ,, ,

,, 3,0 t ,, $\frac{3,0}{0,35} = 8,6$ t ,, .

Abb. 14 zeigt das Nomogramm des Leistungsgefälles der Gewinnungsleistung zur Grubenleistung für $p_u = 48\%$ und die Erhöhung der Grubenleistung durch die Förderung aus der Vorrichtung.

Für 2,0 t Grubenleistung $\frac{2,0}{0,48} = 4,2$ t Gewinnungsleistung,

für 2,5 t ,, $\frac{2,5}{0,48} = 5,2$ t ,, ,

,, 3,0 t ,, $\frac{3,0}{0,48} = 6,25$ t ,, .

Ist in den Abb. 13 und 14 die Belegschaft und die Gewinnungsleistung in Prozenten angegeben, so zeigt Abb. 15a die Angaben sowohl in absoluten Werten als auch in Prozenten, z. B. Gewinnungsleistung 12 t (A) entspricht 100% (A'); bei einer Abbauförderung von 3000 t (B) sind es 250 produktive Schichten (E). Das sind 25% (E') der Grubenbelegschaft von der Gesamtbelegschaft von 1000 Mann (D). Die Grubenleistung wird auf 3 t (C), d. i. auf 25% (C') der Gewinnungsleistung (ohne Vorrichtungskohle) reduziert.

Wir sehen, daß die Grubenleistung erhöht werden kann:

a) Durch die Erhöhung der Gewinnungsleistung (gute Ausnützung der produktiven Arbeitszeit, Mechanisierung, Auswahl von tüchtigen Strebküren, durch Wettbewerb, durch gute Organisation, d. h. durch einen wirtschaftlichen und durchdachten Zyklus),

b) durch Erhöhung der Abbaubelegschaft (produktive Schichten), d. h. durch Senkung der Nebenarbeiten, der Vorrichtungs- und Aufschlußarbeiten auf ein richtiges und notwendiges Maß, durch Senkung der Erhaltungsarbeiten und der Transportschichten (Förderschichten), wie es jeder rationelle Betrieb anstrebt.

Nomogramm Nr. 2, Abschnitt II, zeigt die Beziehung zwischen der Gewinnungsleistung und der Gesamtgrubenleistung (e_g'), allerdings ohne Rücksicht auf die Vorrichtungskohle. Die diesbezügliche Richtigstellung kann man durch Multiplikation mit der Verhältniszahl

$$\frac{\text{Kohle aus dem Abbau} + \text{Kohle aus der Vorrichtung}}{\text{Kohle aus dem Abbau}}$$

durchführen (z. B. Abbaukohle 90% .... $\frac{100}{90} = 111{,}1\%$). Der zugehörige II. Abschnitt im Nomogramm Nr. 2 setzt sich aus zwei Teilen zusammen:

Auf der *rechten* Seite sind auf der vertikalen Achse die Gewinnungsleistungen entsprechend der Kohlenfestigkeit a, b, c, auf der waagrechten die Flözmächtigkeiten von 0,5 bis 3,24 m aufgetragen. Auf der *linken* Seite sind auf der waagrechten Achse die Prozente der Grubenbelegschaft und kurz auch die *produktiven* Schichten (Schichten in der Gewinnung) und die *unproduktiven* Schichten (einschließlich der Vorrichtungsarbeiten), auf der Ordinate die Grubenleistung (e_g') eingezeichnet.

Beispiel:

1. Ein Betrieb erreicht eine Gewinnungsleistung von 9 t. Wie hoch ist die Grubenleistung, wenn die Belegung bei der Gewinnung 25% der Grubenbelegschaft ist und aus dem Abbau 91% der Förderung kommen? Die Grubenleistung ohne Vorrichtungskohle ist $9 \cdot \frac{25}{100} = 2{,}25$ t (ist aus dem Diagramm sofort abzulesen). Die Gesamtgrubenleistung einschließlich der Vorrichtungskohle ist $\frac{2{,}25}{0{,}91} = 2{,}475$ t.

2. Ein Betrieb hat bei einer durchschnittlichen Flözmächtigkeit von 1,3 m eine Gewinnungsleistung von 7 t und 30% der Grubenbelegschaft auf Kohle. Nach einer Überprüfung der Arbeitsorte können noch 4%

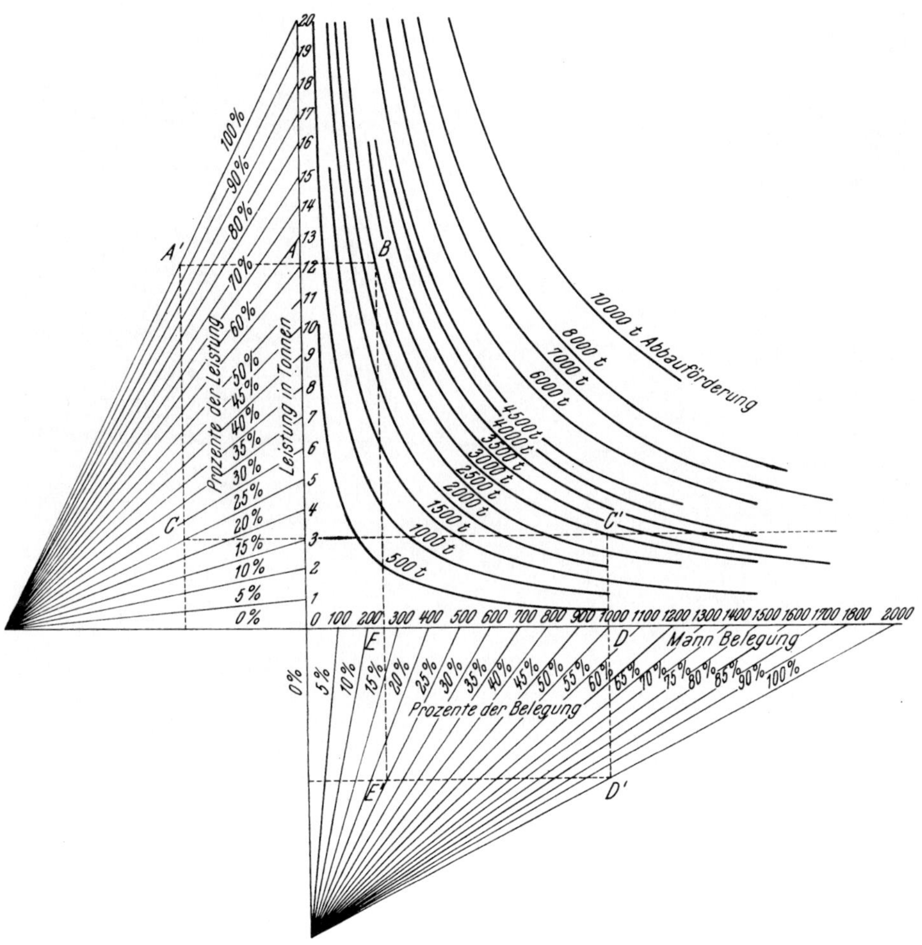

Abb. 15a. Absoluter und relativer Leistungsabfall

der Belegschaft in den Abbau überstellt werden und die Gewinnungsleistung erhöht sich so auf 8 t. Wie hoch ist dann die Grubenleistung bei einer Vorrichtungskohlenmenge von 10% (d. h. aus den Abbauen 90%)? Die Grubenleistung aus dem Abbau war vor der Überprüfung $7 \cdot \frac{30}{100} = 2{,}10$ t, die Grubenleistung nach der Überprüfung ist

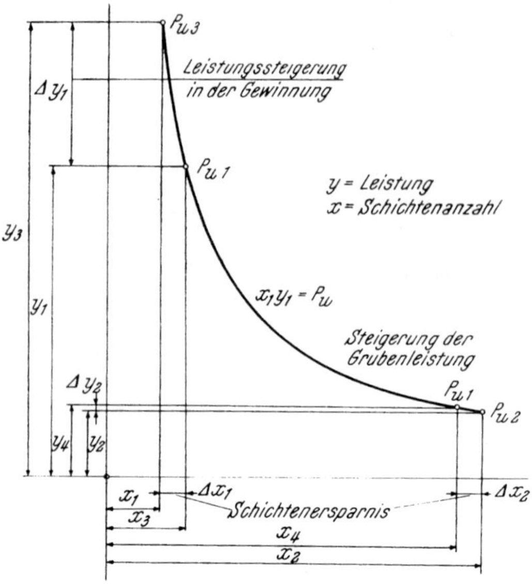

Abb. 15b.

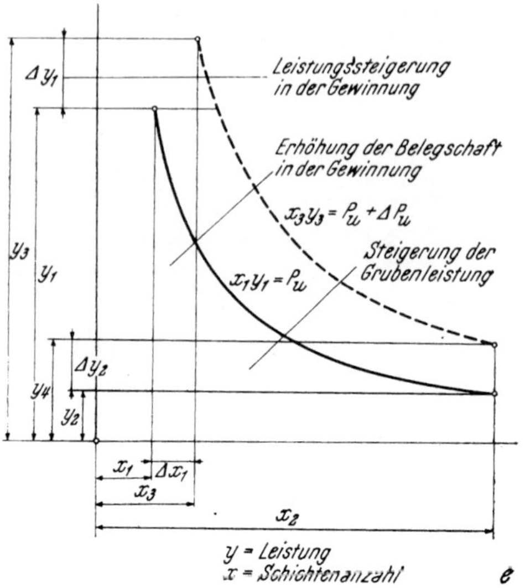

Abb. 15 e.

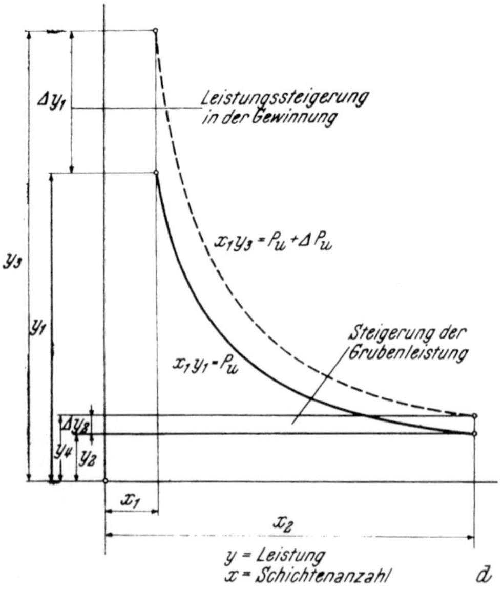

Abb. 15d.

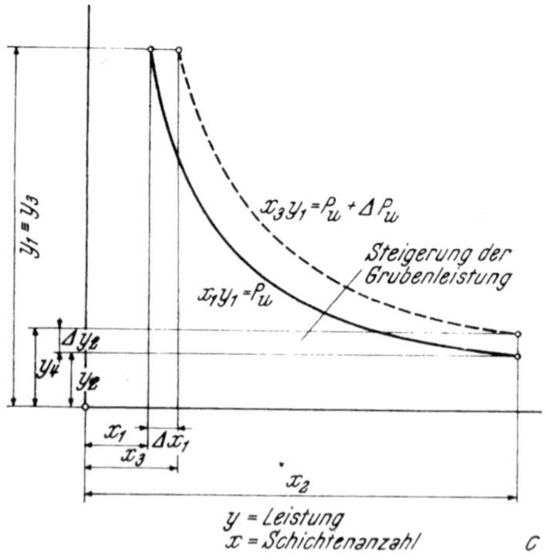

Abb. 15c.

$8 \cdot \frac{30 + 4}{100} = 2{,}72$ t. Die Gesamtgrubenleistung einschließlich der Vorrichtungskohle ist $\frac{2{,}72}{0{,}9} = 3{,}02$ t.

Aus dem Diagramm entnehmen wir die ersten zwei Werte sofort; sie sind im Diagramm durch eine gestrichelte Linie ausgedrückt.

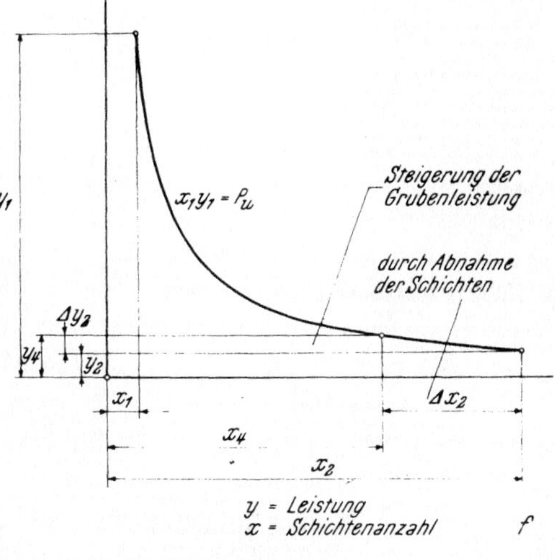

Abb. 15f.

3. Ein Betrieb will eine Grubenleistung (e_g') von 4 t erzielen; er hat die Möglichkeit, in den Abbau für produktive Arbeit einzusetzen:

a) 35% der Grubenbelegschaft,

b) 25% der Grubenbelegschaft.

Aus der Vorrichtung kommen 8% Kohle. Wie groß muß die Gewinnungsleistung sein?

Aus den Abbauen müssen $100 - 8 = 92\%$ der Kohle kommen, so daß die aus dem Abbau hervorgegangene Grubenleistung (e_g') $4 \cdot 0{,}92 = 3{,}68$ t ist; es muß dann die Gewinnungsleistung

a) 35% .... $\frac{3{,}68}{0{,}35} = 10{,}5$ t bzw.

b) 25% .... $\frac{3{,}68}{0{,}25} = 14{,}72$ t sein.

Diese Beziehungen sind mit Rücksicht auf die wirtschaftliche Bedeutung bei der Suche nach dem Weg zur Prosperität des Betriebes sehr wichtig und helfen uns sehr bald, die empfindlichsten bzw. die schwächsten Stellen im Betrieb aufzudecken. Die Mittel zu deren Beseitigung liegen in der Organisation und Technik.

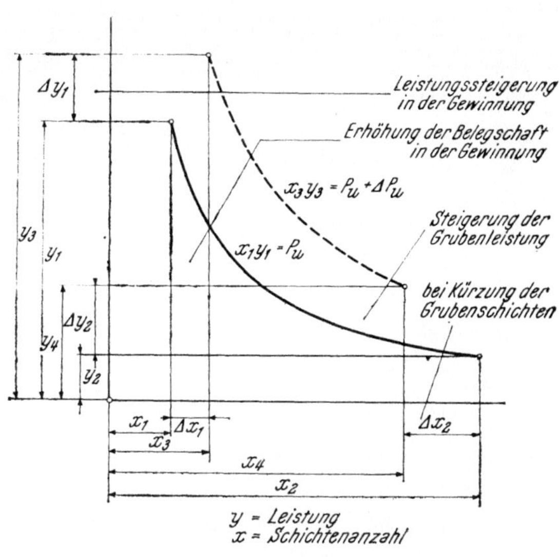

Abb. 15g.

Jedem Betrieb ist daran gelegen, die höchstmögliche Grubenleistung zu erzielen, weil die Gesamtleistung (Werksleistung) dann nur mehr von den Obertagsschichten abhängig ist, die beim Projektieren der Obertagseinrichtungen schon vorher zweckmäßig und auf ständige Verwendung geplant werden können. Folgende Wege führen zur Erhöhung der Grubenleistung:

1. Eine hohe Gewinnungsleistung, welche einen perfekten Arbeitsrhythmus, eine Rationalisierung der Arbeitsvorgänge und weitgehende Mechanisierung, z. B. mechanische Ladearbeit neben leistungsfähigen Gewinnungsmaschinen usw., voraussetzt, weiters ein Minimum an Zeitverlusten durch technische Störungen, eine gute Arbeitsmoral der Belegschaft u. a. Dem Projektanten verbleibt die Bestimmung einer richtigen flachen Abbauhöhe und der Abbaukapazität.

2. Ein hoher Prozentsatz der Gewinnungsbelegschaft im Verhältnis zur Gesamtgrubenbelegschaft; die Gewinnungsbelegschaft kann erhöht werden:

a) Aus der Mannschaft von den Neben- oder Hilfsarbeiten in den Abbauen, wenn die bisherigen Abbaumethoden durch bessere ersetzt werden können,

b) durch Mannschaftsüberstellung aus den Aufschlußarbeiten, wenn der Aufschluß kleiner wird, wie z. B. bei der Erweiterung eines Grubenfeldes zu einem Großbetrieb,

c) durch Überstellung von Mannschaften aus der Vorrichtung in die Abbaue, wenn die Vorrichtung auf ein *zweckmäßiges* und *durchdachtes* Maß gebracht und mit Schnellvortrieb durchgeführt wird,

d) durch Rationalisierung der Förderung,

e) durch Überstellung der Mannschaft von der Erhaltung; die Erhaltung ist *eine Funktion der Länge der Grubenbaue* (Querschläge und Strecken); wir senken sie dadurch auf das kleinste notwendige Maß, daß wir lange Grubenbaue von vornherein so ausführen, daß die künftig die geringsten Erhaltungsarbeiten erfordern, wie durch Heimwärtsbau, Abbau der Flöze von oben nach unten bei günstiger Auswahl der Streckenquerschnitte, durch Ausweichen vor dem voreilenden Gebirgsdruck, durch Ersetzung der Holzzimmerung durch Stahlausbau usw.

Ein zusammengelegter Großbetrieb gestattet gegenüber mehreren kleineren Betrieben eine weitergehende Rationalisierung: bessere Ausnützung der Abbauausrüstung und der Maschinen, kleinere Maschinenreserve, relativ kleinere Anzahl von Strecken, relativ kürzere Förderwege (obwohl deren absolute Länge wächst) und schließlich geringere Erhaltungskosten.

Mit der Analyse der Leistung bzw. dem Leistungsgefälle oder der Leistungssteigerung beschäftigte sich eingehend J .Matušek in seiner Dissertation. Er kennt zirka 90 Variationen mit wachsenden, sinkenden und stagnierenden Faktoren. Die fünf wichtigsten und interessantesten

Variationen sind in den Abb. 15b bis g dargestellt. Die nähere Erklärung ist den Abbildungen leicht zu entnehmen, ebenso die erfolgreichste Leistungssteigerung (Abb. 15g).

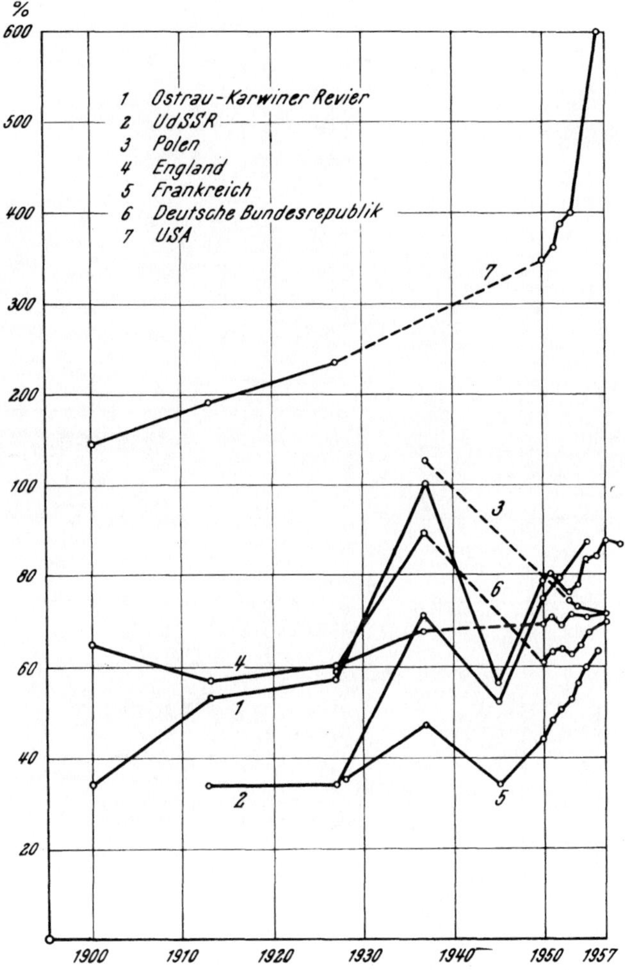

Abb. 16. (Werks-) Gesamtleistungen in Steinkohlen-Großrevieren seit dem Jahre 1900

Die Begriffe *Leistung* und *Produktivität* werden oft verwechselt. Der Begriff „Produktivität" wird derzeit noch nicht einheitlich verstanden, da die Schichtdauer in den einzelnen Staaten nicht gleich ist. Einmal versteht man unter „Produktivität" die *Leistung pro verfahrene Schicht* (Gesamtleistung, Werksleistung), dann wieder die Jahres-

Technisch-wirtschaftliche Kennziffern bei der Gewinnung der Steinkohle im Tiefbau

Kennziffer		UdSSR	Polen	Deutsche Bundesrepublik	Frankreich	Belgien	Großbritannien
Förderung (Absatzkohle) in Mio t	1957	324,5	94	133,2	55,1	29,1	227,2
	1958	353,0	95	132,6	57,7	27,1	215,8
	1959			125,6			206,1
Anteil der einzelnen Flözkategorien nach Mächtigkeit an der Gesamtförderung % Beobachtungsjahr Flözmächtigkeiten		1955			1957	1958	
		unter 0,5 m 1,4%			bis 1,5 m 43,0%	do 0,6 m 4,3%	
		0,51—0,7 m 8,5%			1,5—4,0 m 43,8%	0,6—0,79 m 7,4%	
		0,71—1,0 m 17,1%			über 4,0 m 11,1%	0,8—0,99 m 14,9%	
		1,01—1,2 m 12,1%			Linsen 1,2%	1,0—1,19 m 19,6%	
		1,21—1,8 m 21,2%			Aufschlüsse 0,9%	1,2—1,49 m 22,4%	
		1,81—2,4 m 15,3%				1,5—1,79 m 15,5%	
		2,51—3,5 m 8,0%				über 1,8 m 15,9%	
		3,51—4,5 m 5,5%					
		4,51—6,5 m 3,2%					
		über 6,5 m 7,7%					
Werksleistung in t	1957	1,43	1,23	1,22	1,12	0,84	1,25
	1958		1,31	1,27	1,13	0,84	1,25
	1959			1,43			1,32
Grubenleistung in t	1957	1,91	1,62	1,58	1,68	1,15	1,60
	1958		1,68	1,64	1,68	1,15	1,64
	1959			1,84			1,73

Abbauleistung in t	1957	3,87		3,86			3,85
	1958		4,42	4,00	4,35	6,25	3,92
	1959			4,50			4,15
Jahresproduktivität pro Mann in t/Jahr	1957	398[1]	313	305	278	200	320
	1958		325	308	287	194	314
	1959			320			
Jahresproduktivität untertags pro Mann in t/Jahr	1957	390[1]	428	392	400	263	377
	1958		444	395	409	246	366
	1959			410			
Mechanisches Lösen und Laden der Kohle in den Abbauen in % der Gesamtförderung	1957	36,1		16,9	22,5	16,2	25,8
	1958		19,9	21,8	25,0	19,2	28,9
	1959						32,0

[1] Nach „Ugolna promyschlennost SSSR. Statystytscheskij Sprawotschnik“ (Kohlenindustrie der UdSSR-Statistisches Handbuch). Moskau: Ugletechnizdat 1957, S. 238.

Danach betrug 1955 in den UdSSR die Steinkohlenförderung aus der Obertagsgewinnung 17,2% der Gesamtförderung an Steinkohle. Von der Gesamtförderung entfielen auf die Obertagsgewinnung:

im Kusnezkbecken 10,0%
in drei Ural-Becken 50,5%
im Karaganda-Becken ... 31,1%
in Mittel-Asien 33,5%
in Ostsibirien 47,0%
im Fernen Osten 44,4%

Die Leistung pro Mann und Schicht bei der Obertagsgewinnung betrug 7,63 t, die Monatsproduktivität 177,4 t/Mann, die Gesamtjahresproduktivität ist daher größer als die Jahresproduktivität untertags.

produktivität $= \frac{\text{Gesamtförderung}}{\text{durchschnittlicher Belegschaftsstand}}$ oder auch die $\frac{\text{Jahresproduktivität}}{\text{Arbeitstage}}$.

Abb. 16 zeigt den Verlauf der Produktivität. Eine Übersicht über die Leistungen in einigen Staaten bietet die Zusammenstellung der technisch-wirtschaftlichen Kennziffern (TWK).

Ausgangspunkt für die Produktivitätssteigerung ist die Untersuchung verschiedener Faktoren, die man einteilen kann in:

a) *gegebene Faktoren,* wie z. B. Ablagerungsverhältnisse mit Tektonik, Ausbildung von Schollen, Mächtigkeit der Flöze, Flözeinfallen, Kohlenvermögen, Gasreichtum, Teufe, Wasserzufluß usw.,

b) *wählbare Faktoren,* wie z. B. Größe des Grubenfeldes, Kapazität mit Rücksicht auf die Lebensdauer, Abbaumethoden, Abbaukapazität (Streblänge, Tagesverhieb), Art und Vortriebsgeschwindigkeit der Vorrichtung, Art des Grubenausbaues, Wahl der Fördermittel untertags und obertags, Organisation des Transportes, Wahl der Mechanisierung und Automatisierung der Arbeitsprozesse unter- und obertags, Art der Arbeitsorganisation und die Führung des ganzen Unternehmens.

Die Faktoren kann man in TW-Kennziffern untersuchen, deren Auswahl und Größe sich auf Grund des Standes der Technik und Organisation unter Anwendung in- und ausländischer Erfahrungen ergibt.

Die *gegebenen* Faktoren können sich günstig oder ungünstig auswirken und zur Erhöhung bzw. Senkung der Produktivität beitragen (größere Teufen, andere Flözgruppen, schwere Dachschichten, Steigerung des Aschengehaltes usw.). Dasselbe gilt auch bei den *wählbaren Faktoren*; hier ist es Pflicht des projektierenden Technikers, die besten Bedingungen zur *Hebung der Produktivität* zu schaffen.

Weiters hängt die Produktivität von der Ausführung der neu projektierten Gruben und Horizonte ab, wobei die wissenschaftliche Analyse der Zusammenhänge zwischen den gegebenen und wählbaren Faktoren die *optimale* Lösung des zukünftigen Betriebes ermöglichen wird. In Zukunft wird man bei genauer Kenntnis der Gesetzmäßigkeiten des Bergbaubetriebes die Kybernetik beim Projektieren anwenden können.

Aus diesem Grunde ist auch der *reziproke Wert der Leistung,* der sog. *Arbeitsaufwand* (Arbeitsbedarf) sehr wichtig.

Der Arbeitsaufwand in Schichten auf 1000 t Förderung ist gleich $\frac{1000}{\text{Leistung pro verfahrene Schicht}}$, wobei die Leistung einmal bei der Gewinnung, das andere Mal im Abbau, in der Förderung usw. zu verstehen ist (s. Anhang VIII). Arbeiten, die einen *großen* Arbeitsaufwand erfordern, sind für eine *Mechanisierung* geeignet. Im Abbau sind es das mechanische Laden der Kohle, das Umlegen des Förderers, der Grubenausbau, Versatzarbeiten usw.

Bei der *Automatisierung* im Bergbaubetrieb ist die maximale Leistungsfähigkeit der Einrichtung erforderlich, wenn diese die Hebung *der Produktivität* zur Folge haben soll. Deshalb werden auch manche einfache Automatisierungen *nicht eingeführt*, da nur sehr geringe Ersparnisse erzielt würden. Ebenso entbehrt das Automatisieren von Gewinnungsmaschinen der Bedeutung, da die erzielten Ersparnisse klein, aber die *Investitionskosten groß sind und der störungslose Betrieb nicht gewährleistet wäre.* In der UdSSR, der Deutschen Bundesrepublik und in England wurden fortschreitende Ausbautypen für den Abbau für flache und steile Ablagerung entwickelt (MPK, Ferromatic, Westfalia, Wanheim, Becorit, Brandt, Roof-Master). Die Automatisierung von Hilfsarbeiten im Abbau lösen z. B. Typ A-2 (Donezbecken) oder auch UK-1, UdSSR, von westlichen Maschinen könnten es der Continous-miner, Trepanner, Dosco-miner, Westfalia-Hobel, Huwood-Slicer sein, wenn dieselben zusammen mit dem schreitenden Ausbau arbeiten.

Besonderes Augenmerk ist der Mechanisierung des Transportes (der Förderung) zuzuwenden. Die Einführung der Gurtförderer bei Rekonstruktionen und beim Aufbau von neuen Gruben erleichtert wesentlich den Automatisierungsprozeß. Die Automatisierung erfordert breiteste Elektrifizierung der Grube bei Belassung der elektrisch betriebenen Kompressoren in einzelnen Grubenabschnitten zum Vortrieb der Strecken, zum Blasversatz usw.

Die Elektrifizierung setzt wieder eine einwandfreie Bewetterung voraus.

11. Versatz

Für die Verwendung von Versatz sind zwei Dinge ausschlaggebend, und zwar:

1. *Der Oberflächenschutz* (Bahnlinien, Bahnhöfe, Wasserläufe, industrielle und öffentliche Gebäude usw.). Der Verlauf der Senkung ist so gering wie möglich zu halten und schon beim Projektieren muß das Maximum der Auswirkungen abgeschätzt werden, um eine kumulierte Auswirkung der Absenkung zu vermeiden.

Bei der Vorplanung sind besonders die für Bauten gefährlichen Randwirkungen, wo sich Zug- und Druckkräfte geltend machen, durch Versatz zu mildern.

2. *Die Rücksichtnahme auf die Lagerungsverhältnisse* der einzelnen Flöze und deren Bänke, damit durch den Gebirgsdruck die Abbaue in ihrer Gesamtheit möglichst wenig berührt werden und somit vor Brühungen oder Selbstentzündung bewahrt bleiben.

Hier ist festzuhalten, daß die Anlieferung des Versatzes nicht nur im Laufe eines Tages, sondern auch im Laufe einer längeren Versatzperiode *möglichst gleichmäßig* erfolgen muß. Zu berücksichtigen sind:

a) die Kapazität des Schachtes, weiters, ob das Versatzmaterial mittels Förderkorb oder in Fallrohren eingelassen wird, deren Leistung für eine Rohrleitung mit einem Durchmesser von 300 mm optimal 120 m^3/h, bzw. eine Spitzenleistung bis zirka 160 m^3/h beträgt; hier ist es notwendig, noch mit einer Reserveleitung zu rechnen,

b) die Kapazität der Kompressoren; am besten bringt man das Versatzmaterial in einer Nichtförderschicht in den Abbau ein, um die Kompressoren gleichmäßig auszulasten,

c) die Förderung,

d) die Berge aus den Aufschluß- und Vorrichtungsarbeiten, die man aber zur Brecherstation befördern muß, um sie dort zu brechen,

e) der Wagenpark.

Der Versatz muß sich dem Abbau anpassen oder die Abbaukapazität muß sich an die maximale Versatzkapazität halten, damit das Versetzen ein Abschnitt des Arbeitszyklus wird. Der Betrieb paßt sich dem engsten Profil des Zyklus an. Nahezu immer ist es der Trockenversatz (Schleuder- oder Handversatz), der ein enges Betriebsprofil verursacht.

Grundlage zur Berechnung des Versatzbedarfes ist die Menge der geförderten Kohle aus einer Abbaufeldesbreite, z. B.: Eine Feldesbreite ergibt 450 t, d. i. einen ausgekohlten Raum von $\frac{450}{1,25} = 360\ m^3$, der allerdings nicht ganz versetzt wird, weil hier vor allem die Vorabsenkung des Hangenden eintritt und der Holzausbau (Zimmerung) im Versatz zurückbleibt. Die Vorabsenkung beträgt mit dem Holzausbau 20 bis 25%, so daß 75 bis 80% tatsächlich versetzt werden. Es kommt auch auf die Dichte des Versatzes an. Für eine Abbaustraße mit 450 t Kohle müssen also 0,75 bis $0,80 \cdot 360\ m^3 = 270$ bis 288 m^3 versetzt werden. Das Gewicht des Versatzes ist 1,5 bis 1,75 t/m^3. Feuchter Versatz (Waschberge) ist leichter, etwa 1,35 t/m^3. 1000 t gewonnener Kohle entsprechen einem Raum von $\frac{1000}{1,25} = 800\ m^3$, zu seinem Versetzen sind $800 \cdot 0,75 = 600\ m^3$, bzw. $800 \cdot 0,80 = 640\ m^3$ notwendig. Bei einem Gewicht des Versatzmaterials von 1,6 t/m^3 brauchen wir $600 \cdot 1,6 = 960$ t bzw. $640 \cdot 1,6 = 1024$ t oder im Durchschnitt 1000 t Versatz.

Es gilt daher die Faustregel beim Versetzen: „*Soviel Tonnen Kohle, soviel Tonnen Versatz.*“

Beim Blasversatz ist die Anordnung so, daß der *Brecher obertags steht*, wenn die Berge von der Halde genommen und in Wagen oder mit Rohrleitungen in den Schacht eingelassen werden, wo sie in Bunker kommen und von dort dann in Wagen verladen werden.

Benützt man nun zum Versatz Berge aus der Grube, die vom Vortrieb der Querschläge, Strecken, Nachrissen usw. stammen, so wird *der Brecher in der Grube aufgestellt*, und zwar in der Nähe des Füllortes, in dessen Umlaufsystem er eingereiht wird (s. Abb. 17).

Es ist notwendig, *den Gesamt-Versatzbedarf* für den ganzen Horizont durchzurechnen, und zwar sowohl im Hinblick auf den Bedarf an Versatzmaterial selbst als auch an Preßluft (etwa 100 m^3 auf 1 m^3 Versatz) und im Hinblick auf die Anzahl der Versatzmaschinen und die Länge der Blasrohrleitung. Man muß bemüht sein, das Versetzen *möglichst gleichmäßig* auf die gesamte Lebensdauer des Horizontes aufzuteilen, besonders mit Rücksicht auf die Kapazität der Kompressoren. Den Bedarf an Versatz drücken wir dann in Prozenten der geförderten Kohle aus den Abbauen zum Versatz aus, z. B. 30%, 50%, 80%, d. h. daß 30, 50 oder 80% der Kohle aus dem Abbau zu versetzen sind.

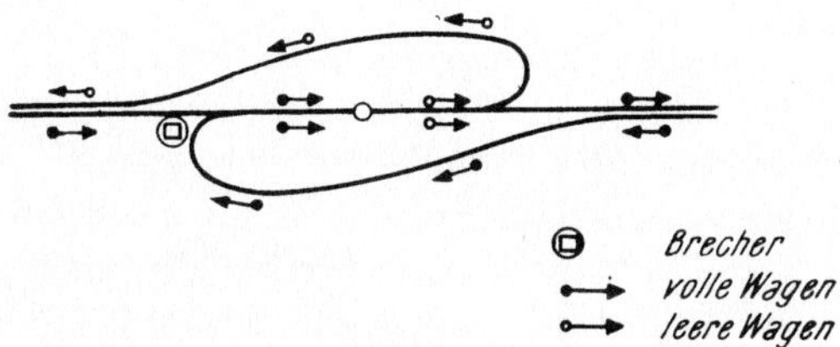

Abb. 17. Schema eines Füllortes

Das Versatzmaterial wird gewonnen:

1. aus dem Aufschluß, dem Nachriß aus Strecken und der Erhaltung,
2. von Waschbergen,
3. aus alten Bergehalden,
4. von natürlichen Schotter- und Sandlagerstätten.

Die Korngröße beim Blasversatz soll nie größer sein als 70 bis 80 mm; dem entspricht ein Rohrdurchmesser von 150 mm. Hier ist ein um 35% geringerer Luftverbrauch notwendig als bei Rohrleitungen von 175 mm Durchmesser, es ergibt sich aber eine um 75% kleinere Leistung. Je kleiner die Korngröße ist, um so kleiner kann der Durchmesser der Rohre sein (d. h. *das Gewicht* der Rohre), damit wird der Luftverbrauch geringer, aber auch die Leistung sinkt. In Belgien geht man mit der maximalen Korngröße bis auf 35 mm herab. Dort, wo das Versatzmaterial mergelige Beimengungen enthält, wählt man einen Rohrdurchmesser bis über 200 mm — die Leistung wird größer, aber auch der Luftverbrauch für 1 m^3 wird höher. Der Luftdruck in der Blasmaschine ist 1,75 bis 3,5 atü, nach MAERKS ist ein Druck in der Maschine von 2 atü notwendig, bei der Rohrmündung 1,16 atü, die mittlere Geschwindigkeit beträgt 43 m/sek.

Die hauptsächlichsten Angaben für den Blasversatz sind:

Angaben	Nach TRNKA		Nach WINNECKER
	Kammermaschine	Trommelmaschine	
Aktionsradius	500—800 m	300—500 m	800 m
Leistung in m^3/h	37—70	35—70	30—50
Luftverbrauch je 1 t Versatz in m^3 angesaugter Luft	130	160	80—100, max. 200
Körnung in mm	80	50	60, max. 100

Die Lebensdauer der Rohrleitung liegt bei zirka 70000 bis 100000 m^3 Versatzmaterial; sie hängt von den mechanischen Eigenschaften des Materials (d. h. von der petrographischen Zusammensetzung), von der Neigung der Rohrleitung und vom Rohrmaterial ab.

Die *geringste Zusammendrückbarkeit* weist kombinierter Versatz auf; hier sind die Hohlräume des tragenden Versatzmaterials, des sog. „Skeletts" mit Sand von feiner Korngröße ausgefüllt. Hat das „Skelett" eine Zusammendrückbarkeit von 30% und seine Ausfüllung (feiner Sand) eine solche von 20%, so ist die *theoretisch geringste* Zusammendrückbarkeit dieses kombinierten Versatzes $\frac{30 \cdot 20}{100} = 6\%$. Dieser Wert wird zwar derzeit noch nicht erreicht, aber kombinierter Versatz gibt bessere Resultate als der gewöhnliche.

Benützt man zur Ausfüllung der Hohlräume plastische Massen (Tone, Mergel, Lehm), so erhält man ebenfalls einen Versatz mit geringster Zusammendrückbarkeit; dieser wird aber nach dem Verblasen gleichzeitig noch luftdicht und kompakt. Dies ist wichtig beim Abbau mächtiger oder bankiger Flöze mit Rücksicht auf das Vermeiden des Wetterdurchzuges zu den gestörten Begleitkohlenschmitzen oder beim Abbau unter einer künstlichen Firste.

Der Schleuderversatz soll in Zukunft den Blasversatz ersetzen; vom Standpunkte des Energiebedarfes benötigt man bei diesem nur ein Zehntel des Energiebedarfes des Blasversatzes.

Der Spülversatz ist vier- bis fünfmal leistungsfähiger als der Blas- oder Schleuderversatz. Im Ostrau-Karwiner Revier gibt es für ihn kein geeignetes Versatzmaterial und es herrscht dort auch Mangel an Wasser. Außerdem übt das Wasser einen ungünstigen Einfluß auf das Liegende und Hangende der gebauten Flöze aus.

12. Förderung (Transport)

Vom Aktionsradius der Förderung, der als einer der bedeutendsten Faktoren auf die Ausdehnung des Grubenfeldes Einfluß hat, ist schon früher gesprochen worden. Die Förderung läßt sich einteilen in

1. die Abbauförderung oder die Förderung aus schwebenden Durchhieben zur Grundstrecke,

2. die Förderung aus den Abbauen zum Stapelschacht,

3. die Förderung vom Stapelschacht zum Füllort und aus den Aufschluß- und Vorrichtungsstrecken zum Füllort.

Die Förderarten schließen aneinander an. Die Förderung im Abbau hat eine hohe Stundenleistung, aber einen kleinen Aktionsradius. Die Förderung zwischen den Abbauen und den Stapelschächten bedarf einer besonders genauen Überlegung, damit ein wirtschaftliches Arbeiten gesichert ist.

Die Förderung im Abbau.

Darüber wurde bereits im Kapitel 10, „Abbau", gesprochen. In Ergänzung dazu werden folgende Daten angeführt:

Gummitransportbänder: Stundenleistung $V_h = 440\, v\, (b - 0{,}05) \cdot \gamma$, dabei ist:

v = Geschwindigkeit des Bandes in m/sek,
b = Breite des Bandes,
$\gamma = 0{,}75$ t/m³ = Raumgewicht gelöster Kohle.

$$\text{Schichtleistung } V_s = V_h \cdot \psi \cdot T,$$

wobei ψ der Ungleichmäßigkeitskoeffizient 0,7 ist und T die Schichtzeit in Stunden (z. B. 7).

Schüttelrutschen: Ihre Leistung ist bei einer Neigung von:

0°	etwa	60 t/h,
4°	,,	75 t/h,
8°	,,	125 t/h,
10°	,,	165 t/h

und der Ungleichmäßigkeitsfaktor $\psi = 0{,}9$.

Panzerförderer: Ihre Leistung ist etwa 120 t/h und der Ungleichmäßigkeitsfaktor $\psi = 0{,}6$.

Die Förderung vom Abbau zum Stapelschacht.

Die frühere Praxis, daß man mit Wagen bis zum Abbau fuhr und die Abförderung bei kleiner Abbaukapazität mittels Seilbahn- oder Lokomotivförderung bewerkstelligte, hat man seit Einführung der Bandförderung verlassen und sich unkritisch beinahe ausschließlich der Bandförderung mit übermäßig großem Aktionsradius zugewandt. Die Bandförderung verursachte ein Ansteigen der Förderschichten und eine Erhöhung der Störanfälligkeit bei erhöhten Investitionen und Kosten. Es ist das z. B. im Ostrau-Karwiner Revier zu sehen, wo im Jahre 1937 560 Bandförderanlagen bestanden und auf die Förderung 13,8% Schichten entfielen; im Jahre 1954 waren 1108 Bandförderanlagen im Betrieb und auf die Förderung entfielen 23,2% Schichten. Bei modernen Anlagen können die Förderschichten durch elektrische Verriegelung der Bänder gesenkt werden.

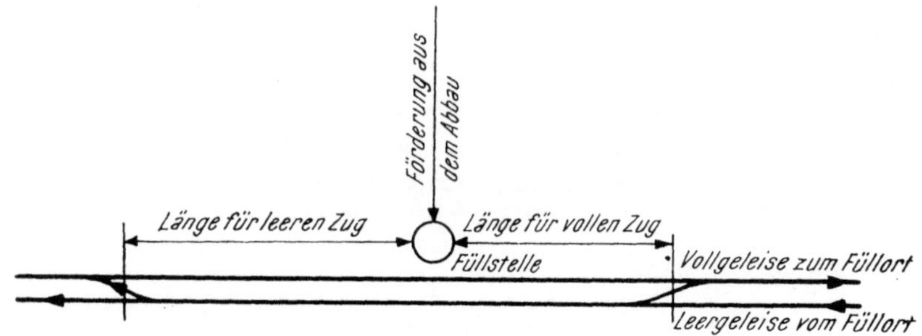

Abb. 18. Schema einer Füllstelle

Neset führt an, daß die Störungen bei der Förderung 72% der gesamten Störungen in der Grube betrugen. Sie wurden verursacht durch:

Bedienung (Wartung)	30%	der Fälle,
mangelhafte Erhaltung	13%	„ „ ,
fehlerhaftes Material	25%	„ „ ,
andere Ursachen	32%	„ „ .

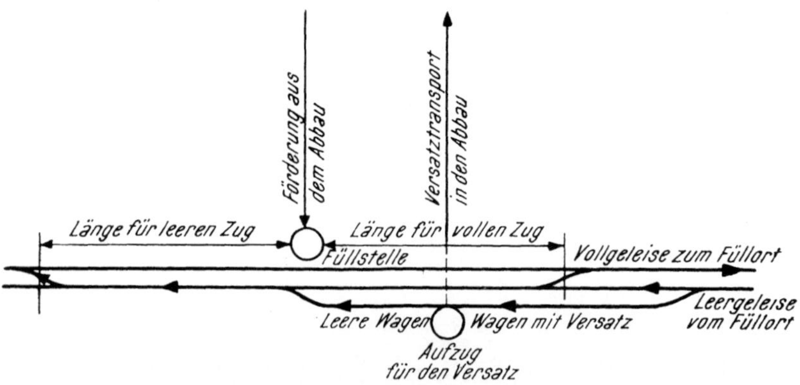

Abb. 19. Schema einer Füllstelle mit einem Aufzug für Versatz

Die hohe Zahl der Antriebe und Übergaben, zahlreiches Wartepersonal, große Störungsanfälligkeit sprechen manchmal gegen eine Bevorzugung der Bandförderung.

Das Schema einer Füllstelle zeigt Abb. 18 und das Schema einer Füllstelle mit einem Aufzug für Versatzmaterial Abb. 19.

Die Förderung von der Füllstelle zum Füllort. Die bisherigen *Preßluftlokomotiven* in Gruben mit größerer Entwicklung von CH_4 werden durch

Akkuloks mit höherem Aktionsradius ersetzt, obzwar diese Loks im Betrieb eine sorgfältige Wartung verlangen. Die Herstellerfirmen garantieren allerdings bei den Akkumulatoren 300 Ladungen, d. i. etwa 150 Fördertage, trotzdem brechen manchmal die Zellen der Akkumulatoren und beim Aufladen entwickelt sich Wasserstoff, den man aus den Lokomotivremisen am besten durch einen *Durchgangwetterstrom* abführt. *Dieselloks* werden in Gruben mit kleiner CH_4-Bildung durch *Fahrdrahtloks* mit einem praktisch unbegrenzten Aktionsradius ersetzt, unter der Voraussetzung, daß die Grubenräume, in denen sie sich bewegen, dauernd im Sinne der Vorschriften in der Gefahrenklasse „Null" (d. i. unter 0,25% CH_4) gehalten werden können.

Bei Betrieben, die bis zur optimalen Größe ausgedehnt sind, vergrößert sich die Länge der Förderwege, aber die Konzentration der Abbaue ermöglicht eine bessere Ausnützung der Lokomotiven. Da das Anfahren und Anhalten des Zuges überall die gleiche Zeit beansprucht, liegt die verlängerte Weglänge eigentlich inmitten des Förderweges, wo die maximale Geschwindigkeit des Zuges vorhanden ist. Die mittlere Geschwindigkeit ist daher bei großen Einheiten höher als bei kleinen. Nehmen wir bei maximaler Größe eines Grubenfeldes die längste Förderentfernung vom Füllort bis zum Stapelschacht mit 2400 m an, die mittlere Geschwindigkeit des Zuges mit 4 m/sek, die Manipulation mit der Lokomotive im Füllort mit 10 Minuten, die Manipulation beim Stapelschacht ebenfalls mit 10 Minuten und die produktive Arbeitszeit im Streb mit 390 Minuten, dann ist die notwendige Zeit für einen Zug:

Manipulation im Füllort	10 min
Fahrt vom Füllort zum Stapel $\frac{2400}{4} = 600$ sek =	10 min
Manipulation am Stapel	10 min
Rückfahrt	10 min
Zusammen für einen Zug	40 min

Rechnen wir nun einen Durchschnittszeitanteil für die Förderung (ebenso für die Auskohlung im Abbau) von 82% der produktiven Arbeitszeit von 390 Minuten, d. s. 320 Minuten; in dieser Zeit können 320 : 40 = 8 Züge geführt werden.

Sind im Zug 50 Wagen zu 0,8 t, dann sind es $8 \cdot 50 \cdot 0{,}8 = 320$ t,
„ „ „ 60 „ „ 0,8 t, „ „ „ $8 \cdot 60 \cdot 0{,}8 = 384$ t,
„ „ „ 50 „ „ 1,0 t, „ „ „ $8 \cdot 50 \cdot 1 = 400$ t,
„ „ „ 60 „ „ 1,0 t, „ „ „ $8 \cdot 60 \cdot 1 = 480$ t,

so daß eine Lokomotive während einer Schicht 320 t · 2,4 km = 768 tkm bis 480 · 2,4 = 1152 tkm leistet.

Es ist dies eine übermäßige, in einem gewöhnlichen Betrieb ungewohnte Leistung, jedoch ist sie bei einer guten Organisation und gutem Zustand des Geleises erzielbar. Unter der Annahme einer Abbaufront- (Streb-) Länge von 150 m und einer Feldesbreite von 1,6 m entspricht dies zirka 320 t Kohle bei einer Flözmächtigkeit von 1,3 m und 480 t Kohle bei einer Flözmächtigkeit von 2,0 m. Voraussetzung bleibt, daß die Front im Laufe der Schicht auf alle Fälle ausgekohlt wird, daß die notwendige Zahl der Leerhunte beigestellt wird und in deren Zubringung keine Störungen vorkommen. Daher soll vor dem Stapelschacht und hinter ihm eine verhältnismäßig große Länge für einen Zug vorhanden sein (Abb. 18), damit im Füllen keine Pause entsteht. Die Förderung darf nicht überfordert werden. Eine Leistung von 500 Nutztonnenkilometern/Schicht für eine Lokomotive wird heutzutage mit Rücksicht auf eine verläßliche Versorgung der Abbaue mit leeren Wagen und für die Zufuhr noch anderen Materials als durchschnittlich betrachtet.

Hier eine glatte und wirtschaftliche Förderung zu erreichen, ist im praktischen Betrieb ein dankbares Aufgabengebiet für einen Dispatcher (Grubenwarte).

Beim Projektieren der Förderung ist es notwendig, auch die Förderung aus dem Aufschluß und der Vorrichtung zu überlegen. Diese ist nämlich oft wegen der Abgelegenheit der Orte und deren Streuung wenig leistungsfähig.

Nach der abzuführenden Fördermenge aus den Abbauen und nach dem Bedarf von Loks für den Aufschluß und die Vorrichtung bestimmen wir den Bedarf an Lokomotiven. Die gewonnene Zahl wird um 25% als Reserve erhöht. Die Förderung bei großen Einheiten muß gut erwogen werden, d. h. sie muß zweckmäßig durchdacht, gut organisiert und betrieblich verläßlich sein, weil auch die Mannsfahrt zum Arbeitsort und zurück mitberücksichtigt werden muß.

Die Förderwege müssen gut ausgebaut, sicher und vor dem Gebirgsdruck geschützt sein. Die Förderung bewirkt, ermöglicht und erhält die Dynamik des Betriebes und ist die vordringlichste Aufgabe des Dispatcher-Dienstes.

In den letzten Jahren wird der Förderung besondere Sorgfalt gewidmet, da ihre Arbeitsgröße angewachsen ist. Man unterscheidet eine vier-, drei-, zwei- und einabteilige Förderung. Das Bestreben geht dahin, höchstens eine zweiabteilige Förderung anzuwenden, wenn man nicht überhaupt zur günstigsten Art, der einabteiligen Förderung, übergehen kann.

Zur Ergänzung seien hier noch einige Daten über die Förderung angeführt, wie sie von verschiedenen Beobachtern angegeben werden:

Fördermittel	Aktions-radius m	Geschwindig-keit m/sek	Leistung tkm/h	Ausdehnung des Grubenfeldes ha
Hand	400	0,25	5— 7	40
Pferde	880	0,60	35— 40	150— 200
Preßluftlok	2700	3— 4	150—220	1000—1400
Akkulok	3000	3— 4	180—260	1700
Diesellok	3550	3,5— 4,5	180—260	2500
Fahrdrahtlok kombiniert		3—10,5		
mit Akkulok	3550	⌀ etwa 6	180—400	2500

Die Betriebskosten eines tkm sind nach HLISNIKOVSKY (1953):

Bei Dieselloks .... 0,3 bis 0,4 Kčs/tkm,
,, Preßluftloks ..... 0,96 ,, 1,25 Kčs/tkm,
,, Bandförderung ... 15,4 ,, 18,50 Kčs/tkm.

Die Investitions- und Betriebskosten nach POHL (1955) sind:

Bei Lokomotivförderung .... 6,82 Kčs/tkm,
,, Bandförderung .... 14,07 Kčs/tkm.

Es ist interessant, daß die Löhne in den Förderkosten partizipieren mit:

UdSSR	England	Frankreich	USA
79%	79%	78%	80%

SCHEWJAKOW führt für die horizontale Förderung durch E-Loks an:

Löhne	79%
Energie	5,8%
Hauptreparaturen	2,0%
Abschreibungen	13,2%

Im Ostrau-Karwiner Revier zeigt sich, wie statistisch festgestellt ist, bei der Förderung besonders der Einfluß der Kapazität des Betriebes:

Bei einer Jahresförderung von	960000 t	1200000 t
Löhne	66%	62%
Energie	22%	25%
Erhaltung und Abschreibung ..	12%	13%

Was die Förderwagen (Hunte) anbelangt, setzen wir beim Projektieren neuer Gruben großräumige Wagen mit einem Inhalt von 1250 Liter in Gruben mit kleinem relativem Kohlenvermögen voraus, für Gruben mit größerem relativem Kohlenvermögen zirka 1600 Liter, bei einem Umlauf von 1-, 1,5- bis 2mal pro Schicht.

Im Umlauf erkennt man den Einfluß einer guten Organisation in der Förderung in bezug auf die „toten“ Hunte (abgestellte oder mit Bergen beladene) und die genügende oder ungenügende Versorgung der

Abbaue mit Leerhunten. Ein allzu großer Huntepark hat einen ungünstigen Einfluß auf die Höhe der Investitionen bzw. auf die Amortisation.

Der Grubenwagen ist ein wichtiger Faktor des Betriebes und die Bestimmung seiner Dimensionen und seines Ladegewichtes Aufgabe des Projektierens. Seine Höhe hat Einfluß auf den Gesteinsnachriß in niedrigen und mittelmächtigen Flözen, seine Länge und Breite auf die Länge und Breite des Förderkorbes und daher auch auf den lichten Durchmesser des Schachtes. Ebenso beeinflußt das Verhältnis seines Eigengewichtes zur Nutzlast die Wirtschaftlichkeit der Förderung in vertikaler und horizontaler Richtung. Zwei verschiedene Typen von Grubenwagen, wie es manchmal für *einen einzigen Betrieb* vorgeschlagen wird, wenn es sich um Massenförderung handelt, sind nicht vorteilhaft.

Es kann vorkommen, daß bei einer Rekonstruktion des Betriebes die alten (kleineren) Typen der Grubenhunte auf dem alten auslaufenden Horizont bei kleiner Spurweite belassen werden und der neue Horizont mit dem neuen (größeren) Typ der Grubenhunte mit breiterer Spur ausgestattet wird. Dann ist es aber notwendig, im Füllort des auslaufenden Horizontes den Inhalt der kleinen Hunte auf Wendelrutschen zu entleeren, die in einem Hilfsschacht angebracht sind, und diese Kohle dann unter demselben im neuen Füllort in die neuen Hunte zu füllen, denen die Förderschalen und die ganzen Obertagsanlagen bereits angepaßt sind. Wir müssen beachten, daß die Lokomotiven in 10 bis 15 Jahren, die Wagen in etwa fünf Jahren amortisiert sein müssen.

13. Grubenerhaltung

Bei neuen Gruben, die im Rahmen einer optimalen Ausdehnung und Kapazität projektiert wurden, sollen die Erhaltungskosten kleiner sein, denn hier handelt es sich um kürzere Querschläge und Strecken und um eine kleinere Anzahl derselben, als in mehreren kleineren Einheiten, die eben durch eine größere Einheit ersetzt wurden. Außerdem ist es im Interesse einer geringen Erhaltung notwendig, sich an den bergmännischen Grundsatz zu halten, „*von oben nach unten*“ zu bauen und den Abbau als *Heimwärtsbau* zu betreiben. Vorzeitige Vorrichtung, besonders im Liegenden der abgebauten Flöze, *und damit vorzeitiger Gebirgsdruck* ist zu vermeiden. Auch das Einhalten eines *harmonischen Abbaues* ist anzustreben und wichtig.

Die Erhaltung der Grubenbaue ist eine Funktion ihrer Länge und deren notwendiger Lebensdauer; danach lassen sich die Grubenbaue einteilen in:

a) solche von Dauer des Betriebes (z. B. die Schächte),

b) solche von Dauer des Horizontes (Füllorte, Magazine, Pumpenstationen),

c) solche von Dauer einer Grubenabteilung (Teilquerschläge, Blindschächte, Ausrichtungsstrecken),

d) solche von Dauer der Auskohlung eines Flözteiles in einer Grubenabteilung (Strecken) und

e) solche von Dauer einer Abbau-Feldesbreite.

Die Nichtbeachtung der grundsätzlichen Regeln im Betrieb führt zur Verschlechterung des Zustandes der Grubenbaue und damit zur Steigerung der Erhaltungskosten. Die Erhaltung erfordert 3,5 bis 9,5% aller Kosten einer Tonne, allerdings *ohne Lohnkomponente*, da diese in der allgemeinen Lohnkomponente enthalten ist. In einem gut geführten Betrieb beträgt die Belegung für die Erhaltung etwa 17%.

14. Belegschaftseinsparung

Schon am Anfang wurde gesagt, daß bei der Zusammenlegung der Obertagseinrichtungen, der Maschinenwartung und anderer Arbeitsvorgänge Belegschaft eingespart werden soll. Entfallen in einem kleinen Betrieb auf eine Obertagsschicht zirka 7 bis 8 t Kohle, so sind es in einem Großbetrieb oft bis zu 12 t. Bei 4000 t Tagesförderung auf drei Betrieben ist die Anzahl der Schichten 4000 : 7 bis 8 = 500 bis 570 Schichten, auf einen zusammengelegten Betrieb 4000 : 12 = 333 Schichten. Hier ergibt sich also eine tägliche Einsparung von 167 bis 237 Schichten, d. s. *jährlich* etwa 53000 bis 71000 Schichten, also durchschnittlich zirka 60000. Bei einer Tagesförderung von 6000 t sind es etwa 90000 Schichten, bei 8000 t Tagesförderung etwa 120000 Schichten.

Wenn auf einem alten kleinen Betrieb die Obertagsbelegschaft etwa 28% des gesamten Belegschaftsstandes betrug, entfallen darauf bei einem neuen Betrieb mit einem Ausmaß von optimaler Kapazität etwa 20 bis 22%. Allerdings trifft dies nur unter der Voraussetzung einer durchdachten, folgerichtigen Aufteilung der Arbeitsvorgänge und einer verläßlichen Mechanisierung zu.

V. VIDAL führt in seiner Arbeit über die Konzentration der Förderung in den Revieren Nord und Pas de Calais fünf Fälle an, bei denen durch Modernisierung und Konzentration folgende Herabsetzung des Arbeitsaufwandes obertags erzielt wurde:

Beispiel	Anzahl der Schächte		Arbeitsaufwand Obertagsschichten/1000 t		
	vor	nach	vor	nach	
	der Konzentration		der Modernisierung und Zusammenlegung		
1	1	1	175	78	44,5%
2	3	1	156	68	43,5%
3	2	1	123	49	40%
4	2	1	124	57	46%
5	1	1	162	86	53%

Weiter führt er das Resultat der Arbeitsaufwandersparnisse durch Konzentration und Modernisierung nach den einzelnen Arbeitsarten in Schichten wie folgt an:

	Vor	Nach
	der Modernisierung	
	3 Schächte	1 Schacht
Hängebank	35	5
Fördermaschinen	5	3
Separation, Wäsche	35	14
Halde	10	3
Lampenstube	6	5
Kesselhaus	5	3
Werkstätten	24	14
Sonstiges	36	21
	156	68

Das bedeutet eine Senkung auf 43,5% des früheren Standes. Neue, auf Grund dieser Erfahrungen gebaute Betriebe können wesentlich den Arbeitsaufwand der Obertagsarbeiten erniedrigen.

Damit eine solche Einsparung zustande kommt, ist es zweckmäßig, die An- und Ausfahrt auf *einen Zentralschacht einschließlich Lampenkammern, Bädern, Magazinen, Werkstätten* usw. zu konzentrieren, denn falls diese wieder auseinandergelegt würden, wären die Einsparungen verloren. Weiters ist es notwendig, die Mannsfahrt in der Grube zu den Arbeitsplätzen und zurück mit Zügen durchzuführen.

15. Schachtschutzpfeiler

Das Zusammenlegen von Schächten bzw. das Errichten großer Einheiten bedeutet eine erhebliche Einsparung von Schachtschutzpfeilern und dadurch einen Gewinn an produktiven Flächen bzw. an abbaufähiger Kohlensubstanz. In einem konkreten Fall waren vor dem Zusammenlegen dreier kleiner Gruben 55% des Grubenfeldes in den Schachtpfeilern, nach der Zusammenlegung nur 34,7%, und an abbauwürdiger Kohlensubstanz wurden 32 Mio t gerettet. Weil durch den Zusammenschluß der Betrieb noch um einen Teil des unverritzten Feldes bis zur optimalen Größe erweitert wurde, sank der prozentuelle Anteil an Schutzpfeilern auf 25%.

Beim Fortschreiten in größere Tiefen verlieren wir von neuem an produktiver Fläche (bei jeder Horizonthöhe von 100 m und bei einem Bruchwinkel von 73 bis 75° wächst der Schutzpfeiler um 27 bis 30 m nach allen Seiten). Wir verlieren damit abbaufähige Kohlensubstanz und schon jetzt ist es notwendig zu überlegen, die Kohle aus den Schachtpfeilern mit einem kombinierten (gemischten) Versatz mit der geringsten Zusammendrückbarkeit abzubauen. In Deutschland und in England baut man grundsätzlich die Schutzpfeiler der Wetterschächte ab. Die Kohlensubstanz, die innerhalb von Schacht- oder Industrieschutzpfeilern enthalten ist und die in die Abzüge bei den Kohlenvorräten einbezogen

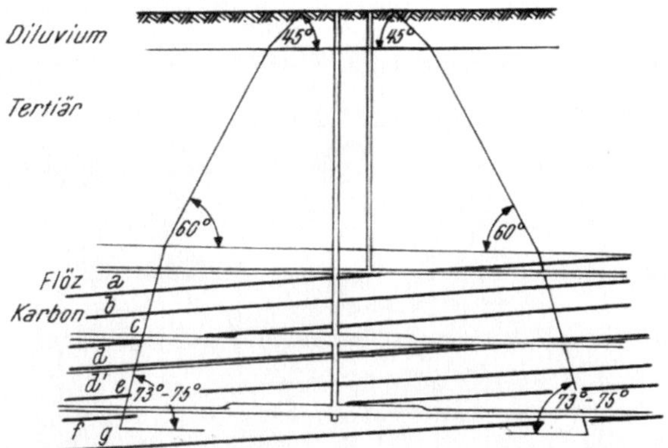

Abb. 20. Schachtpfeiler bei flacher Flözlagerung

wurde (sog. vorübergehend immobile Vorräte), verlängert in einem solchen Falle die Lebensdauer eines Horizontes, denn man kann auf ihre Kosten die Spitzenleistung über den Voranschlag hinaus decken. Der erhöhte

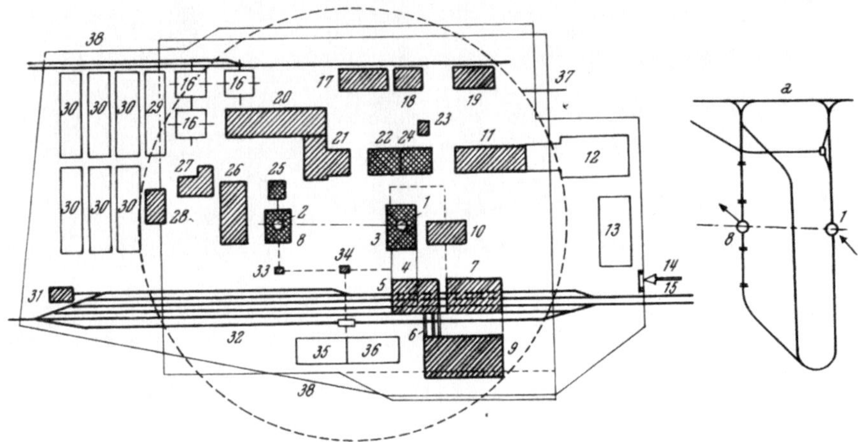

Abb. 21. Schema der Obertagssituation eines Betriebes älteren Typs. *1* Förderschacht, *2* Gebäude des Wetterschachtes, *3* Komplex des Förderschachtes, *4* Wagenumlauf, *5* alte Sortierung, *6* Förderbrücken, *7* Bunker, *8* Wetterschacht, *9* Wäsche, *10* vergrößerte Sortierung, *11* Bad, *12* erweitertes Bad, *13* Verwaltungsgebäude, *14* Tor, *15* Einfahrt, *16* Kühlturm, *17* Verteileranlage, *18* freier Lagerplatz, *19* Magazine, *20* Werkstätten, *21* Kesselhaus, *22* Fördermaschinenhaus, *23* Waage, *24* 2. Teil Fördermaschinenhaus, *25* Wetterschacht-Förderhaspel, *26* Kompressoren, *27* Garagen und Feuerwehrdepots, *28* Säge, *29* Rundholzlager, *30* Grubenholzlager, *31* Lokremisen, *32* Betriebsbahnhof, *33* Umlauf für Taubhunte, *34* Versatzbrecher, *35* Taubhalde, *36* Kohlendepot, *37* Schutzpfeiler für die Obertagsgebäude, *38* Umzäunung, *a* Schema der Orientierung in bezug auf die Schächte *1*, *8*

Kohlenverbrauch zwingt auch Staaten mit sehr großem Kohlenreichtum dazu, die Schutzpfeiler unter Städten abzubauen, wie z. B. unter Beuthen in Oberschlesien, in Westdeutschland u. a. m.

Die Obertagseinrichtungen und gleichzeitig den Förder- und Wetterschacht eines Betriebes schützen wir vor den Einwirkungen des Abbaues.

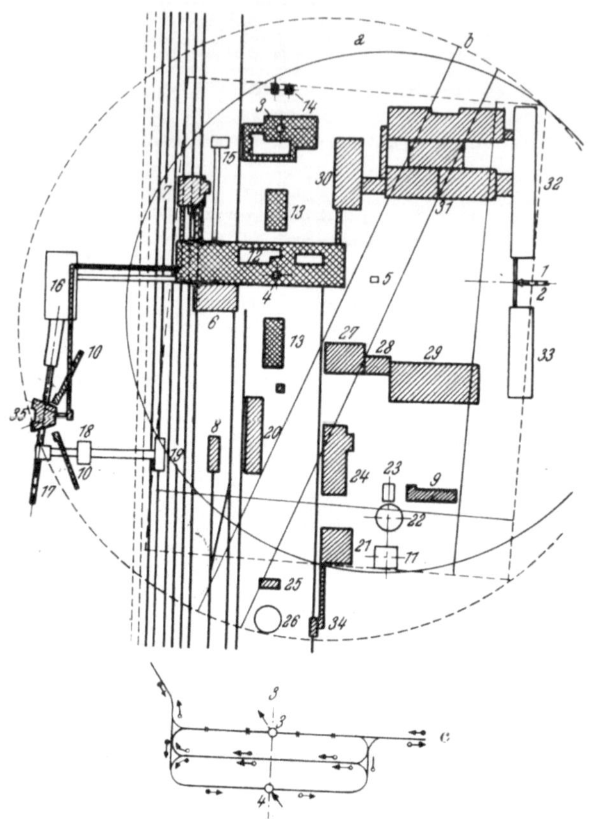

Abb. 22. Schema der Obertagssituation eines anderen Betriebes. *1* Tor (Portier), *2* Einfahrt in den Betrieb, *3* Wetterschacht, *4* Förderschacht, *5* Ausgang aus dem Fluchtstollen, *6* Sortierung, *7* Ladebunker, *8* Lokremise, *9* Garagen und Feuerwehrdepots, *10* Spannrollen der Haldenaufzüge, *11* Kühltürme, *12* Wagenumlauf, *13* Hauptfördermaschine, *14* Wetterschacht mit Gebäude, *15* Bandförderung vom Wetterschacht, *16* Ladebunker der Seilbahn, *17* Seilbahn, *18* Brecherstation, *19* Versatzladebunker, *20* Verteileranlage, *21* Kesselhaus, *22* Wasserreservoir, *23* Filterstation, *24* Magazin, *25* Säge, *26* Holzplatz, *27* Kompressoren, *28* Wärmekraftwerk, *29* Werkstätten, *30* Lampenstube, *31* Bad, *32* Verwaltungsgebäude, *33* Ambulatorium, *34* Tiefbehälter, *35* Bunker der Haldenaufzüge. *a* Schutzpfeiler der Hauptgebäude, *b* Schutzpfeiler für alle Gebäude, *c* Orientierungsschema im Füllort und Wagenumlauf

Mit den Schachtschutzpfeilern (Abb. 20) schützen wir den Förder- und Wetterschacht, die Fördermaschinen, das Kesselhaus, die Verteileranlagen, die Separation und Wäsche, die Ventilatoren, Kompressoren und Gleisanlagen. Deshalb werden diese Einrichtungen um beide Schächte konzentriert angeordnet, damit sie keine großen Flächen umfassen, zu deren Umkreis noch 20 bis 25 m Berme zugegeben wird. Die auf diese Weise bestimmte Fläche muß geschützt werden, es darf dort nicht abgebaut werden, da der Abbau sich nach dem Bruchwinkel nach oben überträgt:

im Diluvium unter 45°,
im Tertiär unter 60°,
im Karbon bei flacher Lagerung mit 73 bis 75°.

Ein so ermittelter Schutzpfeiler wird in alle Flözkarten des betreffenden Horizontes eingezeichnet.

Bei den übrigen Einrichtungen und Objekten obertags, wie Werkstätten, Kanzleien, Bädern, Magazinen, Garagen, sowie anderen Objekten,

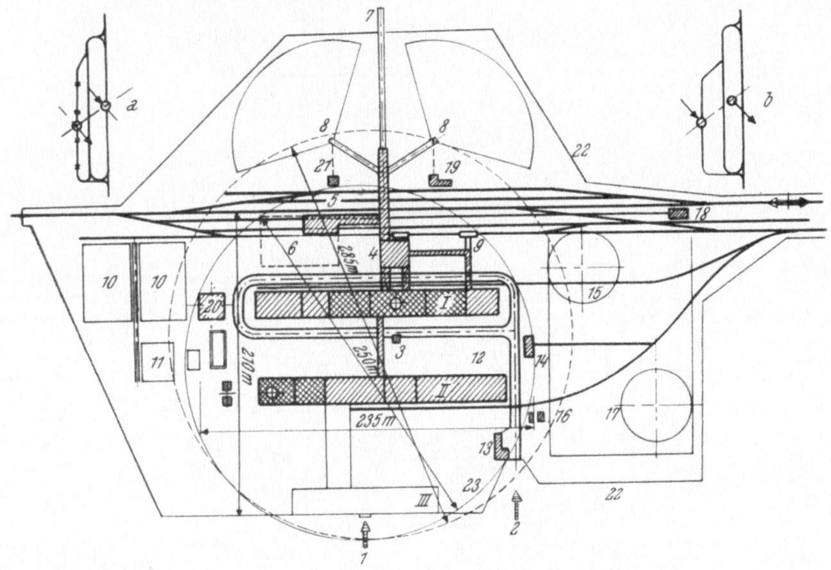

Abb. 23. Schema der Obertagssituation eines Betriebes nach Moučka. *I* Block des Hauptförderschachtes; *II* Block des Hilfsschachtes; *III* Block der Verwaltungsgebäude; *1* Tor (Portier), *2* Einfahrt in den Betrieb, *3* Ausgang des Fluchtweges, *4* Sortierung, *5* Ladebunker, *6* Wäsche, *7* Halde, *8* Kohlendepot, *9* Tiefenbunker, *10* Schlammteich der Wäsche, *11* biologischer Schlammteich, *12* Werkstättenhof, *13* Feuerwehrdepot, *14* Säge, *15* Holzplatz, *16* Brennstoffmagazin, *17* Materiallager, *18* Lokremise, *19* Verschubhaspel und Stellwerk, *20* Kühlturm, *21* Verschubhaspel, *22* Umzäunung, *23* Schachtschutzpfeiler obertags. *a* Förderkorbeinrichtung, *b* Skipförderung

genügt es, sie durch Versatz zu sichern (s. Abb. 21). Abb. 22 zeigt eine andere Obertagssituation eines Betriebes und die Orientierung des Füllortes. Abb. 23 zeigt eine Obertagssituation eines Betriebes nach dem Entwurf von Moučka. Den Schutzpfeiler am betreffenden Förderhorizont benützen wir dazu, in ihm ausgedehnte Räume für die gesamte Lebensdauer des Horizontes unterzubringen, und zwar: Füllort, Pumpenstation, Brecher, Transformatoren, Lokremisen, Dispatcher- (Grubenwarte-) Kabinen, Material- und Sprengstoffmagazine. Diese Grubenräume, welche für den Betrieb des betreffenden Horizontes auf die gesamte Lebensdauer notwendig sind, werden so dem Gebirgsdruck nicht ausgesetzt und es ist vorteilhaft, sie mit einem unnachgiebigen Ausbau auszustatten. Die Abb. 24, 25 und 26 veranschaulichen schematisch die Unterbringung der geräumigen Grubenbaue im Schachtpfeiler auf einem Horizont. Abb. 27 zeigt eine ungünstige Anordnung der geräumigen Grubenbaue.

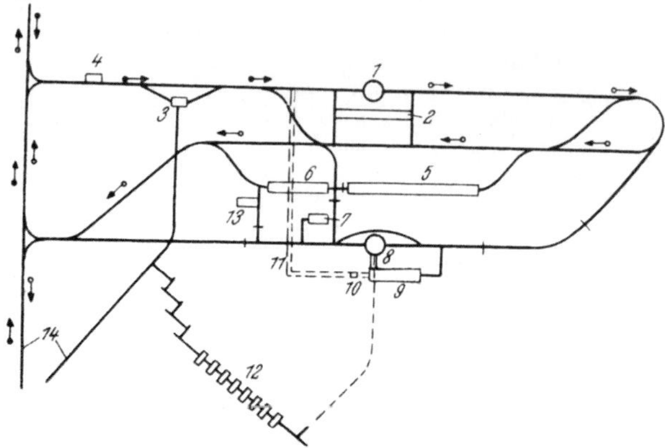

Abb. 24. Schema der Anordnung von geräumigen Grubenbauen im Schachtschutzpfeiler. *1* Förderschacht, *2* Magazin, *3* Gesteinsbrecher, *4* Dispatcher, *5* Remise, *6* Einsteigstelle, *7* Transformator, *8* Wetterschacht, *9* Pumpstation, *10* Entschlammungsanlage, *11* Sumpfstrecke, *12* Sprengmittelmagazin, *13* WC, *14* Querschläge

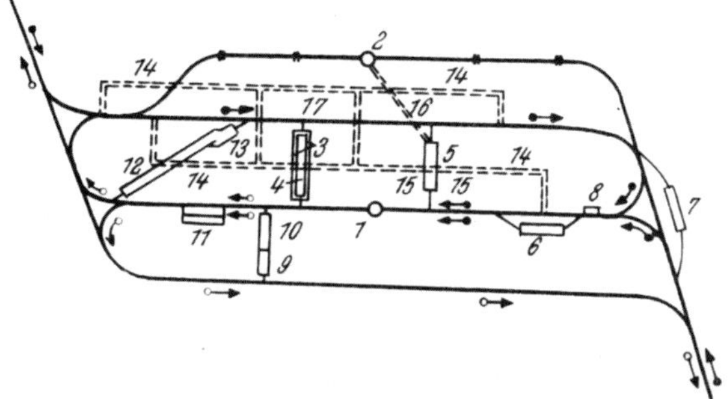

Abb. 25. Anderes Schema von geräumigen Grubenbauen im Schachtschutzpfeiler. *1* Förderschacht, *2* Wetterschacht, *3* Warteraum, *4* Magazin im Warteraum, *5* Pumpstation, *6* Brecheranlage, *7* alternative Lage der Pumpstation, *8* Dispatcher, *9* Trafostation, *10* Verteilerstation, *11* Brandverhütungsmagazin, *12* Remise, *13* Ladestation, *14* Sumpfstrecken, *15* Schlammsumpf, *16* Wetterschachtverbindung

16. Geräumige Grubenbaue

a) Füllort und Hängebank

Aufgabe des Füllortes ist es, die horizontale Förderung in die lotrechte des Schachtes reibungslos überzuleiten, und zwar so, daß die Ladung für den kommenden Aufzug früher vorbereitet ist als der Förderkorb zum Füllort gelangt. Andererseits muß das Füllort so viele Leerhunte und Wagen mit Material, Holz und Versatz fassen, wie der Betrieb braucht. Deshalb muß das Füllort mit Rücksicht auf die vollen oder leeren Hunte einschließlich der Wagen mit Material und Versatz auf die angenommene Kapazität so projektiert (dimensioniert) werden, daß die Kohle in zwei Schichten ausgefördert werden kann.

Das Füllort ist dabei ein gewisser Vorratsbehälter im „Kohlenstrom", der die Förderstöße aus der Kohlengewinnung ausgleicht. Seine Kapazität muß wenigstens im Gleichgewicht zur Schachtkapazität (d. h. zur vertikalen Förderung) stehen und es muß so ausgebaut sein, daß die An- und Ausfahrt der Mannschaft in kürzester Zeit abgewickelt werden kann. Das Füllort muß so entworfen werden, daß der Ein- und Austritt aus allen Etagen des Förderkorbes gleichzeitig vor sich geht. Die Mannsfahrt mit Zügen zu den Arbeitsplätzen und zurück ermöglicht es, daß mit der Förderung früher begonnen und später geendet werden kann und daß man mit sieben Förderstunden pro Schicht rechnen kann. Ist also der Schacht mit zwei Fördereinrichtungen und mit vieretagigen Förderkörben für je zwei Hunte ausgestattet und beträgt die Anzahl der Aufzüge in der Stunde 32, so ist die Stundenleistung (Kapazität) des Schachtes $2 \cdot 4 \cdot 2 \cdot 32 = 512$ Wagen mit 0,8 t $=$ 409 t/h, d. s. 5730 t in 14 Stunden bzw. in zwei Schichten. Das ist allerdings eine *grobe, informative* und nur orientierende Rechnung. In Wirklichkeit ist eine sorgfältige Berechnung notwendig, denn die Zufuhr von Material und Versatz und außerordentliche Fahrten erniedrigen die Leistung; andererseits wieder erspart das gleichzeitige Anschlagen in zwei Etagen Zeit zwischen den einzelnen Aufzügen. Das Verhältnis der errechneten (theoretischen) Kapazität zu der wirklich erreichbaren nennt man den *Ungleichförmigkeits-*

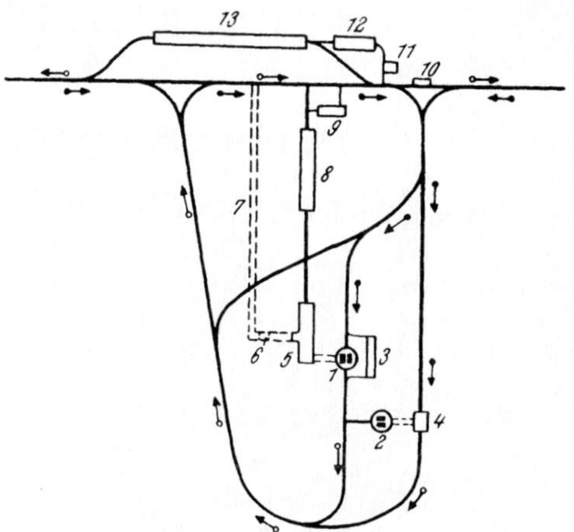

Abb. 26. Anderes Schema der Anordnung von geräumigen Grubenbauen im Schachtschutzpfeiler. *1* Schacht mit Förderkorbeinrichtung, *2* Schacht mit Skipfördereinrichtung, *3* Einsteigstelle, *4* Wipper, *5* Pumpstation, *6* Entschlammungsanlage, *7* Sumpfstrecke, *8* Transformatorstation, *9* Feuerverhütungsmagazin, *10* Dispatcher, *11* Magazin, *12* Werkstätten

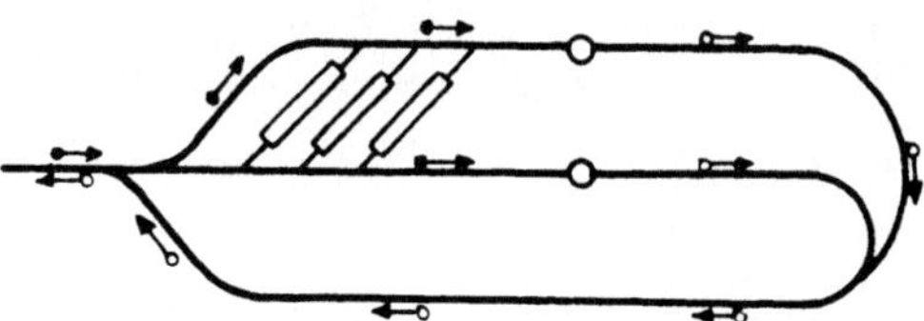

Abb. 27. Schema einer ungeeigneten Anordnung geräumiger Grubenbaue (Lokremisen)

grad und bezeichnet ihn mit ψ. Zur Erhöhung der Leistung trägt auch der einwandfreie Zustand des Schachtes bei, welcher eine Geschwindigkeitserhöhung im Schacht ermöglicht. (Es soll als Beispiel angeführt sein: Bei einer Tiefe von 400 m sollte eine Fördermaschine 32 Aufzüge machen. Diese Anzahl von Aufzügen stieg auf 40, 50, 52 und endlich erreichte man eine Spitzenleistung von 56! Mit dieser Zahl darf man

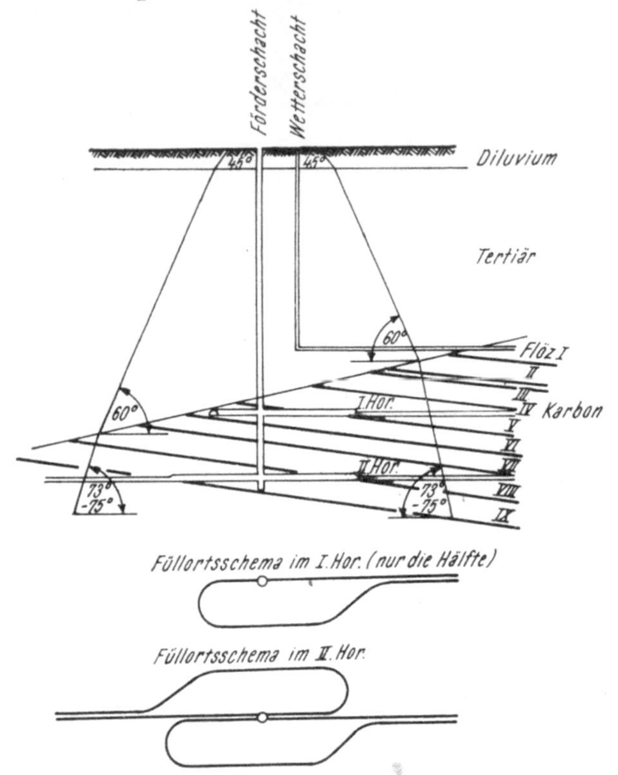

Abb. 28. Schema eines halben Füllortes (I. Horizont) und eines Füllortes (II. Horizont)

aber beim Projektieren nicht rechnen. Bei umsichtiger Erwägung jedoch kann man mit dieser Reserve in der Förderung vernünftig kalkulieren.)

Die kleinste Breite des Füllortes ist mindestens dem lichten Durchmesser des Schachtes gleich. Die notwendige Größe muß im vorhinein ermittelt werden. Bei zwei Fördereinrichtungen soll das Füllort wenigstens fünf Geleise besitzen. Die lichte Höhe des Füllortes baut man mit 7 bis 8 m. Die Länge des Füllortes bzw. das ganze Füllort einschließlich der Umfahrung soll *im Schachtschutzpfeiler* untergebracht werden und an *keiner Stelle* aus ihm herauskommen.

Der Firste des Füllortes gibt man eine allmähliche Neigung, niemals eine stufenweise Anordnung, damit eine Wirbelbildung der Wetter beim

Anschlagen auf diesen Vorsprüngen verhindert und ebenso eine Ansammlung von Grubengasen in diesen toten Räumen des Wetterstromes hintangehalten wird. Es muß im Hinblick auf die Elektrifizierung die Erhaltung der Gefahrenklasse „Null“ (unter 0,25% CH_4) angestrebt werden.

Die Leistungsfähigkeit des Füllortes hängt vor allem von der einseitigen Fahrtrichtung ab (s. Abb. 17), bei der stets nur volle Wagen (Hunte) von der einen Seite angeschlagen und leere Wagen von der anderen Seite ausgestoßen werden. Es ist daher notwendig, volle Hunte aus der Gegenrichtung über einen Umbruch in die entgegengesetzte überzuleiten (z. B. von der südlichen Seite in die nördliche). Diesen Grundsatz des gleichgerichteten Ablaufes muß man auch bei Wetterschächten über eine kleine Umbruchschleife einzuhalten trachten (Abb. 24, Zahl 8).

Wird der Förderschacht an der Schwerlinie angeordnet, liegt er jedoch nicht im Schwerpunkt der Kohlenvorräte, weil er in der Entwicklung, z. B. wegen des Einfallens des Karbonreliefs, mit seinem ersten Förderhorizont vorerst der ersten Hälfte des Grubenfeldes dient, ergibt sich ein Füllort von der halben Größe bei Einhaltung einer einseitigen Förderrichtung (s. Abb. 28). Die Leistungsfähigkeit eines Füllortes hängt weiters von der Länge seiner Umbruchstrecken ab, die auf der Vollseite (Kohlen-) Platz für zweieinhalb bis drei Züge mit Kohle für jede Fördereinrichtung haben sollen; die Kapazität der Leerseite soll 1,3- bis 1,75mal größer sein als die der Vollseite, weil die Hunte mit Material, besonders mit Versatz, auf besondere Geleise abgestellt werden sollen. Derzeit wird auf der Vollseite vom Rangieren durch das Gefälle Abstand genommen und dieser Teil des Füllortes wird waagrecht mit einer Unterkettenförderung ausgeführt, wogegen auf der Leerseite für das Ablaufen der Wagen einfallende Teile und Schrägbahnen mit Unterkettenförderung benützt werden. Bewegen sich die vollen Wagen durch das Eigengewicht nach vorne, kommt es zu heftigen Stößen der Wagen aufeinander, zu Entgleisungen und zum Herausfallen von Kohle, weiters zu Kohlenstaubbildung, was bei Leerhunten nicht mehr zutrifft.

Die Anordnung *einer Brecherstation* in der Grube, zu welcher Berge aus den Querschlägen und vom Streckennachriß aus verschiedenen Grubenabteilungen zugeführt werden, erfolgt am Beginn der Vollseite des Füllortes (s. Abb. 17). Eine Brecherstation in der Grube ist nach dem Vorschlag von Moučka in Abb. 29a und 29b dargestellt.

Auf Betrieben mit großer Kapazität, wo in *zwei Schächten* gefördert wird, pflegt man *einen Schacht mit einer Skipförderung* einzurichten. Ihre Vorteile im Vergleich zur Schachtförderung mit Körben sind beträchtlich. Bei Förderkörben werden die mit Kohle beladenen Hunte nach obertags gebracht, wo sie in die Aufbereitung gekippt werden.

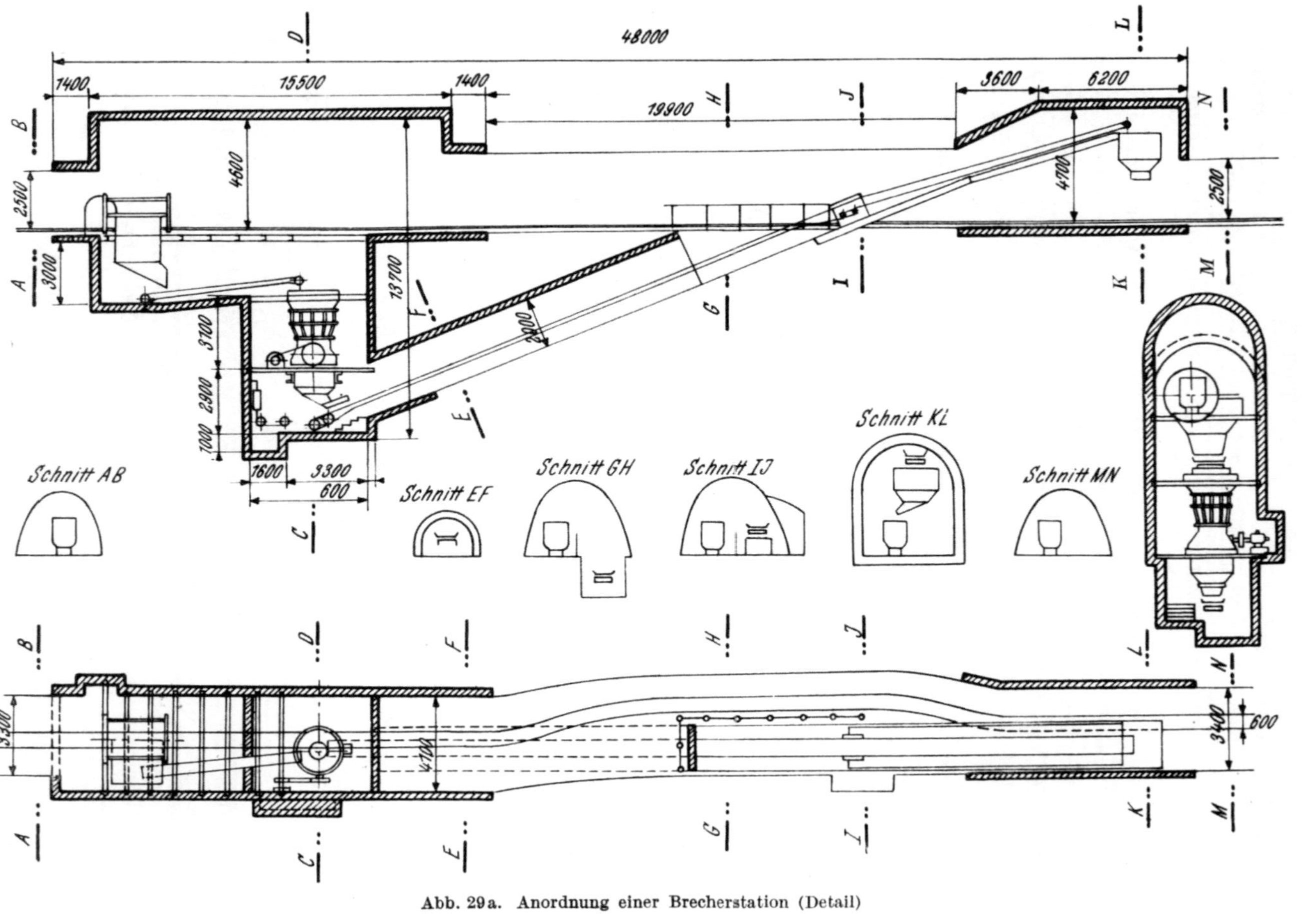

Abb. 29a. Anordnung einer Brecherstation (Detail)

Dann kehren sie zum Schacht zurück, um im Förderkorb wieder herabgelassen zu werden. Bei der *Skipförderung* werden die Hunte (Wagen) in der Grube in einen Bunker gekippt und der Skip mit Kohle gefüllt (s. Abb. 30). Obertags entleert sich der Skip in einen Bunker, aus dem die Kohle schließlich auf ein Band gelangt (Abb. 31) und mit diesem

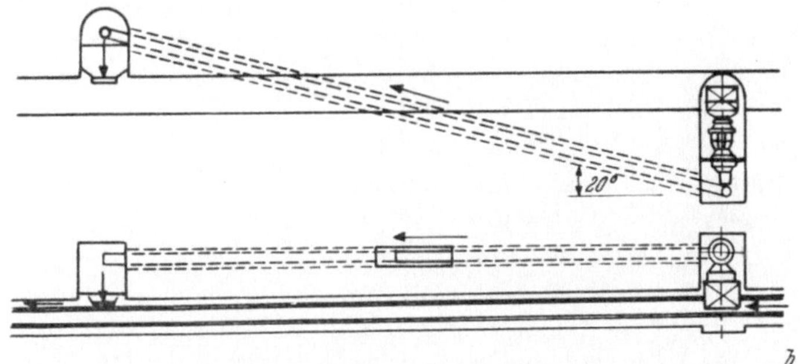

Abb. 29b. Situation einer Brecherstation

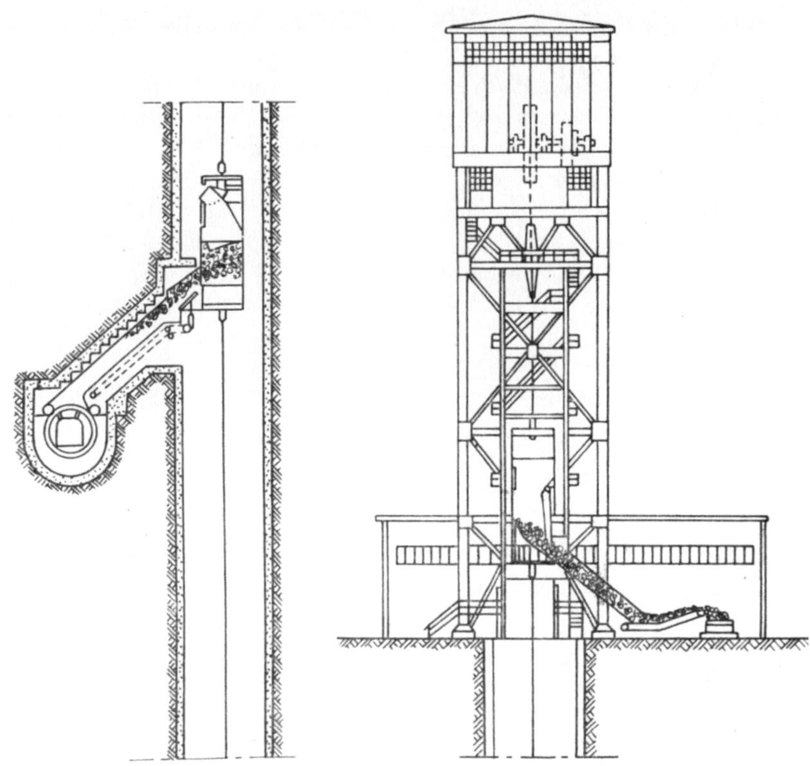

Abb. 30. Lage eines Skips in der Grube

Abb. 31. Skipanlage obertags

zur Aufbereitung kommt. Die Hunte bleiben dabei in der Grube, womit sich ihr Umlauf (Frequenz) beschleunigt. Wenn wir die bedeutenden Nachteile der Skipförderung (Entstehen von Kohlenstaub durch Abrieb, Zerschlagen größerer Stücke, Schwierigkeiten bzw. Unmöglichkeit der Mannsfahrt und der Materialförderung mit dem Skip usw.) außer acht lassen, hat die Skipförderung unleugbare Vorteile: Günstiges Gewichtsverhältnis des Ladegewichtes zum Gewicht des Gefäßes, großes Ladegewicht bis 12 t, geringe Zeit des Füllens (15 Sekunden), eine große Anzahl von Aufzügen, ein sparsames Füllort (verhältnismäßig kleine Breite und Länge) und eine einfache Hängebank obertags. In jüngster Zeit stattet man die Bunker beim Skip mit Spiralrinnen aus, um den Abrieb und das Aufwirbeln von Kohlenstaub zu vermindern. In der UdSSR ist die Skipförderung gesetzlich geregelt.

Zur Vermeidung und Unschädlichmachung von aufgewirbeltem Kohlenstaub hat man die Skipförderung in Wetterschächte eingebaut, in welchen die Richtung der Kohlenförderung mit der Richtung des Wetterstromes übereinstimmt; jetzt ordnet man sie selbständig an (d. h. in *neutralen Schächten,* welche weder in Auszieh-, noch in Einziehwettern liegen). Es empfiehlt sich also, entweder sofort einen Skipschacht abzuteufen, welcher einen Durchmesser von nur 4 m zu haben braucht, oder für diesen einen Platz zu reservieren, wenn die weiteren Kohlenflöze in großer Tiefe liegen, wodurch dann die Betriebskapazität gehalten werden kann. Die Förderkorbeinrichtung des Wettereinziehschachtes würde dann nur zur Mannsfahrt und zum Materialeinlassen dienen, hauptsächlich würde sie eine abteilige Aus- und Einfahrt ermöglichen, welche die Arbeitsorganisation beim Schnellvortrieb oder beim forcierten Abbau später immer mehr fordern wird. Die Hängebank obertags wird in einer Höhe von 10 bis 12 m über der Rasenbank angelegt, damit sich eine brauchbare Höhe für das Entladen der Kohle auf den Lagerplatz im Falle einer Störung bei der Eisenbahn oder bei Waggonmangel (z. B. in der Zuckerkampagne) ergibt. Den Lagerplatz wählt man für vier bis fünf Tagesförderungen. Der Hunteumlauf wird in der Richtung vom Förderschacht über den Wipper zur Aufbereitung und von dort zur Anschlagseite des Schachtes eingerichtet.

b) Die übrigen geräumigen Grubenbaue

Die übrigen geräumigen Grubenbaue werden — wie bereits erwähnt — mit Rücksicht auf ihre lange Lebensdauer ebenfalls im Schachtschutzpfeiler untergebracht: Pumpenkammern, Lokremisen, Materialmagazine, Sprengstofflager, Transformatoren und Dispatcher- (Grubenwarte-) Kabinen (Abb. 24, 25 und 26). Mit Rücksicht darauf, daß in ihnen elektrische Einrichtungen oder brennbare Stoffe (Öl, Wasserstoff, der beim Aufladen von Akkumulatoren für die Lokomotiven entsteht) sich befinden, wird empfohlen, diese Grubenräume so unterzubringen, *daß sie mit einem Durchgangswetterstrom bewettert werden*, obzwar die Vorschriften mancher Staaten sich mit einer separaten Bewetterung begnügen.

Pumpenkammern:

Zur Ermittlung der Pumpenleistung muß vorerst der zu erwartende Wasserzufluß bestimmt werden. Er besteht aus dem *Betriebszufluß* (Wasser aus der Berieselung, der Kohlenstoßtränkung, dem Spülversatz), dessen Wassermenge sich bestimmen läßt, und dem *natürlichen* Wasserzufluß. Beim Projektieren eines neuen Horizontes ist es nicht schwer zu berechnen, welche Wässer und in welcher Menge aus dem vorhergehenden Horizont zum neuen ablaufen werden.

Wenn durch einen neuen Horizont auch das Karbonrelief angeschnitten wird, ist es notwendig, die Mächtigkeit des Karbonschuttes zu überprüfen, ob er durchwässert ist, wieviel Wasser er enthält (15 bis 20% des Inhaltes des Karbonschuttes), unter welchem Druck es steht und wie es sicher entwässert werden kann.

Beim Projektieren einer neuen Grube muß diesbezüglich erwogen werden:

1. ob das Karbongebirge bis obertags ausbeißt, da dann ein Teil der Zuflüsse in die Grube von den obertägigen Niederschlägen abhängt,

2. ob die wasserführenden Diluvialschichten (Schotter und Sand) auf dem Karbon direkt oder auf Karbonschutt liegen, den sie mit Wasser speisen, so daß er wasserführend ist,

3. ob der Karbonschutt, auch wenn er keine Verbindung mit diluvialem Schotter oder Sand hat, mit Wässern aus miozänen Schichten gespeist wird,

4. wieviel an wasserdichter miozäner Überlagerung über dem Karbon vorhanden ist,

5. ob an den Grenzen des projektierten Grubenfeldes ein Kontakt mit aufgestauten Wässern in alten benachbarten Grubenräumen besteht, und

6. ob es sich dabei um Druckwasser handelt.

Im Ostrau-Karwiner Revier mit einer kleinen miozänen Überlagerung von 3 bis 27 m kommt ein Wasserzufluß von 4,3 m^3 bis 7,7 m^3 auf eine Tagestonne. Bei einer Mächtigkeit der miozänen Überlagerung von 100 bis 293 m ist mit einem Wasserzufluß von 0,08 m^3 bis 1,05 m^3 je Tagestonne zu rechnen. Zu einer Pumpenkammer gehören auch Sumpfstrecken (Sammelbehälter), die 4 bis 6 m unterhalb der Pumpenkammer angelegt werden und mit dieser über Schächte für die Saugrohre verbunden sind. Der Rauminhalt der Sumpfstrecken soll für 7 bis 14 Tage ausreichen. Bei größeren Zuflüssen dimensioniert man die Sumpfstrecken nur für eine Zeit von 24 Stunden, allerdings soll dann die Pumpenleistung wenigstens für zwei Schichten garantiert sein. Die Pumpenleistung muß dem drei- bis vierfachen Wasserzulauf entsprechen, denn die tägliche Pumpzeit soll nur 5 bis 6 Stunden dauern und nicht in die Stromspitzen fallen. Die Steigleitungen sollen in den Wetterschächten eingebaut

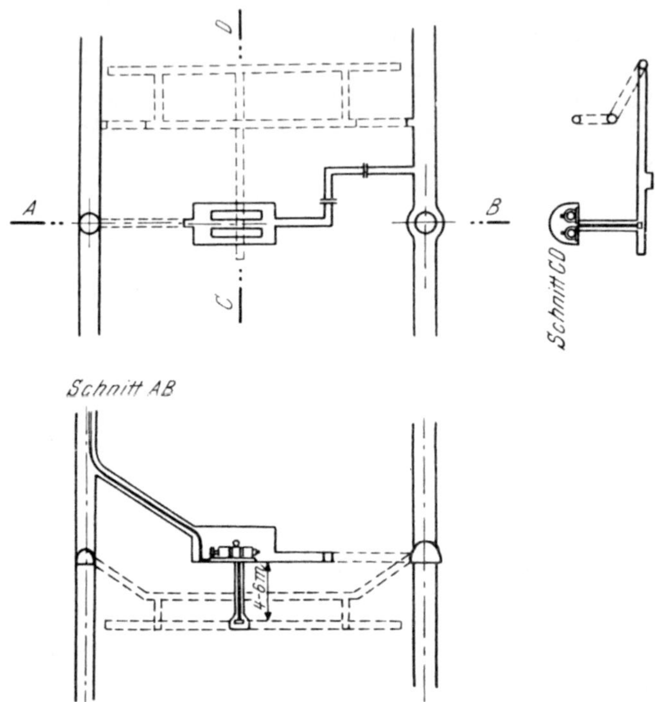

Abb. 32. Schema einer Pumpstation zwischen Förder- und Wetterschacht

werden, da in diesen während des Jahres nur kleine Temperaturunterschiede (zirka 2° C) auftreten, so daß die Rohrleitungen im Winter nicht einfrieren können. Der Kanal (Verbindungsstrecke) zwischen der Pumpenstation und dem Wetterschacht, in dem die Steigleitungen untergebracht sind, dient gleichzeitig als Verbindung für den Durchgangsteilwetterstrom (s. Abb. 32).

Beim Projektieren ist es notwendig, auf den Schlamm und den Feinkornabsatz zu achten, da die Pumpen durch das Verschlämmen und Zusetzen frühzeitig verbraucht würden. Es muß die Möglichkeit bestehen, die Sumpfstrecken zu säubern.

Soweit es sich um Pumpenkammern bei Rand-Wetterschächten handelt, muß wegen des elektrischen Antriebes der Pumpen darauf

Rücksicht genommen werden, daß diese nicht durch einen Ausziehwetterstrom bewettert werden.

An günstigen Plätzen im Grubenfeld werden Zubringepumpen aufgestellt, die das Wasser aus den Grubenfeldern auf die Hauptstrecke oder Querschläge (denen man deshalb ein Einfallen von 2 bis 4 mm je lfm gibt), die mit einer Wassersaige versehen sind, bringen, von wo das Wasser in die Sumpfstrecken abfließt.

Die Schachtsümpfe werden gleichfalls mit Zubringepumpen ausgestattet, die das Wasser in die Sumpfstrecken pumpen. Die Schachtsümpfe sollen unter der sog. „*freien Tiefe*" liegen.

Die Remisen für Grubenloks (Abb. 24, 25 und 26) werden gleichfalls im Schachtschutzpfeiler untergebracht und sollen ebenfalls durch einen Durchgangswetterstrom bewettert werden, obzwar im Sinne der Vorschriften eine Separatbewetterung genügen würde. Sie werden für einen Stand, um eine 20- bis 30%ige Reserve vergrößert, projektiert, damit sie der Grubenkapazität bzw. den verlangten tkm entsprechen. Die Aufstellung der Lokomotiven in der Remise erfolgte früher serienweise, d. h. *hintereinander* auf zwei Geleisen (Abb. 33a, b); in neuerer Zeit werden die Lokomotiven bei größerer Anzahl quer aufgestellt (Abb. 33c), und zwar so, daß jede Lokomotive von ihrem Standort ungehindert ausfahren kann. Für die Reparaturen der tiefliegenden Teile der Lokomotiven braucht man einen Kanal. Im vorderen Teil der Remise werden die notwendigsten Ersatzteile für die Lokomotive bereitgehalten und Aufschreibungen über den Zustand der Lokomotiven u. a. geführt.

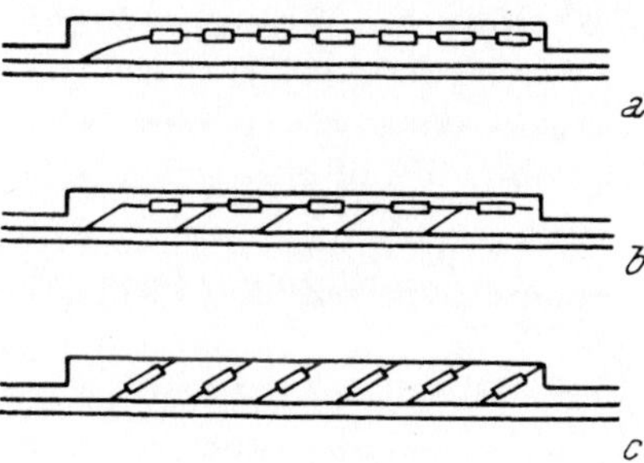

Abb. 33. Schema der Aufstellung von Lokomotiven in der Remise

Das Materialmagazin. Reservemotoren, Antriebsstationen, Schrämmaschinen, verschiedene Maschinenteile u. a. werden für die gesamte Grube in der Nähe des Förderschachtes untergebracht, damit sie von hier aus rasch zum Gebrauchsort transportiert werden können, meist auf Anruf des Dispatchers (der Grubenwarte), der mit allen Abteilungen der Grube telephonisch verbunden ist.

Die Bereitschaftsmagazine mit Artikeln für Unglücksfälle, wie Brettern, Ziegeln, Sand, Zement, Wasser, besonderen Werkzeugen, Pumpen, Reservebestandteilen, Feuerlöschern u. a., sind typisiert.

Die Sprengstoff- und Kapselmagazine (Abb. 24, Zahl 12) werden ebenfalls im Schachtschutzpfeiler angeordnet (am günstigsten auf einem aufgelassenen Horizont). Es empfiehlt sich nicht, das Sprengstofflager in einem mächtigen Flöz mit Kohlenschmitzen im Hangenden zu errichten, denn mit dem Absinken des Hangenden kann es zu Brühungen in diesen Schmitzen kommen. Deshalb werden diese Magazine im Gestein eingerichtet.

Die Kapazität eines Sprengstoffmagazins soll sich auf wenigstens zehn Tage erstrecken, gewöhnlich auf einen Monatsbedarf, der sich nach den Aufschluß- und Vorrichtungsarbeiten und nach dem Bedarf für Sprengarbeiten in der Kohle richten muß.

Die Kennziffer „*Sprengstoffbedarf für 1000 t*", z. B. *67,5 kg/1000 t*, und „*Kapselbedarf für 1000 t*", z. B. *840 Stück/1000 t*, ist für jeden Betrieb eine andere. Für eine Betriebskapazität von 5000 t/Tag ergibt sich ein Verbrauch von $67{,}5 \cdot 5 \cdot 10 = 3375$ kg, d. s. zirka 3500 kg, daher für einen 30tägigen Verbrauch etwa 10000 kg Sprengstoff und 4200 bis 12000 Kapseln. Wegen der Zufuhrschwierigkeiten im Winter und damit die Sprengstoffe in den kalten Monaten in der Grube langsam auftauen können (Nitroglyzerin friert bei $+ 8°$ C), verlangt man, daß die Lagerkapazität überall dort größer sein soll, wo es die Verhältnisse erlauben.

Die Trafostationen. Die Unterlagen für das Projektieren von Transformatoren liefern die Elektrotechniker. Der Projektant soll darauf achten, daß die Transformatoren so angeordnet werden, daß sie mit einem Durchgangswetterstrom bewettert sind und nicht durch eine Sonderbewetterung, auch wenn die Lutten selbstschließende Verschlüsse haben, die sich im Falle eines Brandes von selber schließen würden, und auch wenn gegen die Sonderbewetterung sonst keine Bedenken in den Sicherheitsvorschriften vorhanden sind.

Weiters ist es notwendig, einen geeigneten Platz für die *Bunker für das Versatzmaterial* zu finden und deren Kapazität zu ermitteln für den Fall, daß das Material durch Fallrohre herabgelassen wird, ferner den Raum für die Wagenbeladung und die Rangierung der Züge und den richtigen Platz für die Dispatcherstation (Grubenwarte) zu bestimmen.

17. Bestimmung der Kohlenvorräte

Die verantwortliche Leitung der Gruben muß beim Projektieren von neuen Gruben oder beim Zusammenlegen kleiner Gruben oder beim Projektieren neuer Horizonte umsichtig und sicher vorgehen. Man kann nicht eine Grube z. B. nur auf Grund einer einzigen Tiefbohrung projektieren und die Kohlenvorräte bestimmen, sondern man muß die Grube auf Grund ausführlicher Kenntnis der Kohlenlagerstätte, die durch systematische Untersuchungsarbeit ermittelt wurde, planen.

Während man bis vor kurzem beim Projektieren die abbaufähigen Kohlenvorräte mit $1\ m^3 = 1{,}2\ t - 20\%$, d. s. $960\ kg/m^3$ berechnet hat, werden die Kohlenvorräte beim heutigen Stand des Projektierens viel systematischer und genauer bestimmt. So werden z. B. nach sowjetischem

Muster die Kohlenlagerstätten in fünf grundlegenden Typen auf Grund charakteristischer geologischer Eigentümlichkeiten und bergbautechnischer Daten eingeteilt.

I. Typ. Karbonlagerstätten, von paralischem oder gemischtem Typus (Lagerstätten stellenweise stark gefaltet, verworfen, mit einer großen Anzahl nicht gerade mächtiger Flöze, die auf verhältnismäßig große Entfernungen ihre Mächtigkeit und Qualität beibehalten: Oberschlesien, Niederschlesien, Westfalen, Ruhr, Saar, Donezbecken, Kuznezbecken usw.).

II. Typ. Limnische, permo-karbonische Lagerstätten (kleine Anzahl von Flözen mit schwankenden Mächtigkeiten, stark gestört, in besonderen Senken: Pilsener Senke, Kladno-Rakonitzer und Rossitz-Oslawaner Senke).

III. Typ. Tertiäre Braunkohlenflöze limnischer Herkunft (kleine Anzahl mächtiger Flöze, welche ihre Mächtigkeit und Qualität auf große Entfernungen beibehalten, horizontales oder nur geringes Einfallen, in Senken: Nordböhmische Senke).

IV. Typ. Miozäne Braunkohlenlager limnischer oder gemischter Herkunft (horizontale Ablagerung oder mit geringem Einfallen, gestörte Senken, örtlich durch natürliche Auswaschungen durchbrochen und überlagert von Decken tertiärer Eruptivgesteine: Handlova, Nowaki, südslowakische Becken).

V. Typ. Lignitische (Braunkohlen-) miozäne und pliozäne Lagerstätten von limnischer Bildung (horizontal oder mäßige Neigung, ortsweise große Mächtigkeit, Störungen und Senken: Südmährisches Becken, Wiener Becken, Hausruck/Oberösterreich, Trimmelkam/Oberösterreich).

Für jeden Typus von Lagerstätten wurden Bestimmungen herausgegeben und genaue Richtlinien vorgeschrieben, wie die Erforschung dieser Lagerstätten und deren Vorräte durchgeführt werden soll. Diese werden in fünf Kategorien eingeteilt: A_1, A_2, B, C_1, C_2. Als Beispiel soll der Typ I angeführt werden:

Karbon-Lagerstätten *paralischer oder gemischter Herkunft* (Ostrau-Karwiner und Schatzlar-Schwadowitzer Becken und die meisten Steinkohlenlager der Welt), welche eine große Anzahl verhältnismäßig wenig mächtiger Flöze von gleichbleibender Mächtigkeit, gefaltet und gestört, enthalten und dadurch zwischen 0° und 90° gelagert sind. Die Gesteine in den Flözpartien sind fest, die Begrenzungen der Kohlenlagerstätten kompliziert und in großer Tiefe, wohin die Flöze einfallen, nur zum Teil bekannt.

Bei der Berechnung der Vorräte unterscheiden wir drei Arten, je nach der Beständigkeit der Mächtigkeit:

1. Flöze mit *gleichbleibender Mächtigkeit*, welche nach allen Richtungen ihre Mächtigkeit beibehalten und diese nur an den Grenzen eines bestimmten größeren Abschnittes verlieren. Die Flöze haben einen einfachen Bau und besitzen keine oder nur kleine Zwischenmittel.

2. Flöze mit *verhältnismäßig gleichbleibender Mächtigkeit*, welche eine abbauwürdige Mächtigkeit auf große Ausdehnung beibehalten, aber in manchen kleineren Abschnitten sie entweder verlieren oder durch mehrere taube Zwischenmittel unterbrochen sind.

3. Flöze mit *veränderlicher Mächtigkeit*, welche durch die Schwankungen der Mächtigkeit und durch eine größere Anzahl von Zwischenmitteln unbauwürdig werden.

Die Untersuchung wird mittels Bohrungen durchgeführt, welche in Linien oder Netzen angeordnet werden, und mittels unterirdischer Untersuchungsarbeiten (Schurfarbeiten). Zur Einordnung eines Lagerstättenabschnittes in eine bestimmte Kategorie müssen folgende Bedingungen erfüllt werden:

Kategorie A_1.

1. Der Vorrat an Kohlen wird *von allen Seiten* durch bergmännische Aufschlußarbeiten abgegrenzt, so daß die Mächtigkeit und die Flözlagerung bekannt und auch die Vorratsmenge genau festgestellt ist. Es werden auch die Isohypsen des Flözliegenden genau ermittelt.

2. Die petrographische Zusammensetzung der Nachbarschichten, die Eigenschaften der Firste und Sohle von bergtechnischer Seite sind gründlich bekannt.

3. Die hydrologischen Verhältnisse im Abschnitt der Lagerstätte und die Wasserzuflüsse sind bekannt.

4. Der Grad der Gasentwicklung aus den Flözen und deren Begleitgesteinen wurde festgestellt.

5. Die Verwendung der Kohle für die Industrie wurde im betrieblichen Einsatz erprobt.

Der so ermittelte Flözabschnitt bildet die Grundlage für den Betriebsförderplan der Grube. Die so festgestellten Vorräte setzen den Heimwärtsbau voraus.

Kategorie A_2.

1. Die Vorräte werden auf Grund bergmännischer Arbeiten oder kombiniert durch bergmännische Arbeiten in Verbindung mit Bohrungen festgestellt. Zwischen den Untersuchungslinien oder den Grubenschurfbauen (s. Typ I) ist bei beständigen Flözen eine Entfernung von höchstens 1000 m erlaubt. Nach den geologischen Bedingungen empfiehlt es sich, bei verhältnismäßig beständigen Flözen (Typ II) eine kleinere Entfernung von höchstens 700 m und bei unbeständigen Flözen (Typ III) von höchstens 330 m, besonders dann, wenn diese tektonisch gestört

sind, zuzulassen. Dann allerdings ist es je nach Bedarf notwendig, die Bohrungen dichter anzuordnen, damit die grundlegenden tektonischen Störungen sowie die Flözlagerungsverhältnisse, die Identifizierung der Flöze, die Gasentwicklung aus ihnen sowie aus dem Begleitgestein festgestellt und annähernd der Verlauf der Liegendschichten ermittelt werden können.

2. *Die Gesetzmäßigkeit in der Änderung der Mächtigkeit, der Qua litä und Zusammensetzung* der Kohlenflöze wurde ermittelt, wobei die Qualitätseigenschaften der Kohlen mittels durchschnittlicher Bemusterung nach halbindustriellem Maßstab erprobt worden sind.

3. Die *petrographischen Zusammensetzungen* und die bergtechnischen Eigenschaften des Hangenden und Liegenden der Flöze und ihre grundsätzlichen Änderungen wurden festgestellt.

4. Die wasserführenden Horizonte im ganzen Gebiet sind bekannt und ebenso die zu erwartenden Wasserzuflüsse.

Auf diese Weise untersuchte Flözabschnitte einschließlich der errechneten Vorräte ergeben die Grundlage für die Ausführung der technischen Projekte, der Bauinvestitionen sowie der Rekonstruktion von Gruben.

Kategorie B_1.

1. Die Vorräte werden durch bergmännische Arbeiten oder Bohrungen festgestellt, die Untersuchungsarbeiten sind jedoch schütterer angeordnet als bei der Vorratsberechnung laut A_2. Die Entfernung zwischen den Untersuchungslinien bei beständigen Flözen ist höchstens 2000 m. Bei verhältnismäßig beständigen Flözen empfiehlt sich eine Entfernung von höchstens 1400 m, bei unbeständigen von maximal 660 m. Bei beständigen geologischen Verhältnissen können zu den Vorräten B solche zugezählt werden, die durch eine Extrapolation auf eine Entfernung von 400 m ermittelt wurden.

2. Die möglichen Abgrenzungen bei *schwankenden Flözmächtigkeiten* und in der Flözlagerung sind bestimmt. Weiters ist die Tektonik festgestellt, die Flözidentifizierung wurde genügend genau durchgeführt, an manchen Stellen allerdings nur auf Grund von Analogien[1].

3. Die hydrologischen Verhältnisse wurden orientierungsweise erkundet.

4. Die *Kohlenqualität wurde nur im Laboratorium ermittelt.*

---

[1] J. T. Whetton und I. O. Myers kombinierten bei der Untersuchung der Kohlenablagerung die Bohrarbeiten erfolgreich mit den geophysikalischen Messungen. Es entfiel bei dieser Methode ein Bohrloch auf 1,7 km², dagegen in Revieren, wo die geophysikalische Messung unterblieb, ein Bohrloch auf 0,2 km².

So untersuchte Flözabschnitte einschließlich der zu errechnenden Vorräte ergeben die Unterlage zu den Projektierungsarbeiten oder zur Begründung von finanziellen Aufwendungen und für Investitionen nur im Zusammenhang mit bekannten Vorräten der Kategorie A_2.

Kategorie C_1.

1. Bei systematisch *durchgeführten Untersuchungen* ist es erlaubt, die Entfernung zwischen den Bohrungen auf 4000 m anzusetzen. In Ausnahmsfällen können zu den Vorräten C_1 Abschnitte mit schütteren, ungeordneten Bohrungen oder auch Ausbisse zugerechnet werden. Die zusammenhängende Ausdehnung des Flözes wird durch verläßliche geologische Unterlagen, manchmal auch durch geophysikalische Untersuchungen begründet.

2. Die Qualität der Kohle wurde orientierungsweise *auf Grund von Proben aus Untersuchungsarbeiten* studiert.

3. Die hydrologischen Verhältnisse wurden nach allgemeinen geologischen Studien geschätzt.

Auf diese Weise festgestellte Flözabschnitte können die Unterlage für eine vorausschauende Industrieplanung und Investitionen für Untersuchungsarbeiten (Schürfen) bieten. Nur in Ausnahmefällen bei Zeitdruck können sie als Unterlage für Projektierungsarbeiten dienen.

Kategorie C_2.

1. Die Vorräte wurden auf Grund *allgemeiner geologischer* Daten vorausgesetzt und nach der Kohlenführung benachbarter oder ähnlicher Gebiete berechnet.

2. Die Qualität der Kohle wurde orientierungsweise nach Proben von Ausbissen oder aus vereinzelten Bohrungen oder auf Grund einer Analogie mit benachbarten, besser durchforschten Abschnitten ermittelt.

Solche Ermittlungen geben die Unterlage für volkswirtschaftlich vorausschauendes (perspektives) Planen und für die Planung geologischer Untersuchungen. In den Volksdemokratien bestehen für diese im Auftrag der Regierung durchgeführten Untersuchungen Richtlinien und Verordnungen.

Ein gewissenhafter, verantwortungsbewußter und fachlich gebildeter Techniker wird dieser Frage die größte Sorgfalt widmen, denn sie ist die wichtigste Grundlage für das Projektieren von Gruben.

Vollständigkeitshalber soll hier auch die Aufteilung der Kohlenvorräte nach der wirtschaftlichen Bedeutung angeführt werden:

1. *geologische Vorräte*, welche die verschiedenen bekannten Lagerstättenvorräte aller Kategorien (A, B, C) umfassen,

2. *bilanzfähige Vorräte*, welche einen Teil der geologischen Vorräte bilden und welche beim derzeitigen Stand der Technik und der Volkswirtschaft für die *industrielle Nützung geeignet sind*,

3. *nichtbilanzfähige Vorräte*, die einen Teil der geologischen Vorräte bilden und die beim derzeitigen Stand der Technik und der Volkswirtschaft industriemäßig nicht genützt werden können,

4. *vorübergehend nicht bilanzfähige Vorräte*, welche zur Zeit gebunden sind, aber später für den Abbau freigegeben werden können;

5. *industrielle Vorräte sind die bilanzfähigen Vorräte* der Kategorie A und B (in Ausnahmefällen auch der Kategorie C) nach Abzug von Verlusten in zurückgelassenen Sicherheitspfeilern und nach Abzug der Verluste im Abbau bei der Gewinnung.

Der geologische Teil der Untersuchung muß die wesentlichen Angaben über die Stratigraphie, die petrographische Zusammensetzung der Nebengesteine, die Lagerstättenform, die Tektonik, den Charakter der Schichtlagerung (Verästelung und Auskeilen von Schichten und Flözen), das Gasauftreten und ähnliches enthalten. Auf dieser Grundlage kann man dann verläßlich den Aufschluß und die Vorrichtung projektieren, aber auch künftige Gewinnungsmethoden (ob mit Bruchbau oder mit Versatz gearbeitet wird, ob schwere Dachschichten oder Gasausbrüche vorhanden sind u. a.), weiters die Wetterführung einschließlich der Möglichkeit von Selbstentzündung, d. h. alle Bedingungen für die Gewinnung erwägen und die technologischen und physikalischen Eigenschaften der Kohle in bezug auf ihre Verwendung feststellen. Die Eigenschaften der Kohle, die die sog. „Flözkennkarte" bilden, sind besonders:

a) die Feuchtigkeit der Förderkohle,

b) der Aschengehalt der Förderkohle und der Aschengehalt nach der Trocknung als Grundlage für das Projektieren der Aufbereitung,

c) der Gehalt an flüchtigen Bestandteilen in der Reinkohle,

d) der Schwefelgehalt in der Trockensubstanz,

e) die Backfähigkeit und das Koksausbringen aus der Förderkohle,

f) der Wärmewert der Förderkohle, der lufttrockenen Kohle und der Reinkohle,

g) die Elementaranalyse der Kohle, sowie andere Eigenschaften (Tests), nach denen man über ihre technologische Verwendung wie auch über das Verhalten der Kohle in der Grube selbst (Staubbildung, Explosionsneigung, Hygroskopizität, die Neigung zu Selbstentzündung usw.) urteilen kann.

Für die Bestimmung der Vorräte müssen bekannt sein:

a) die Mächtigkeit und Lagerung der abbaufähigen Kohlenflöze (oder deren Bänke), Anzahl und Mächtigkeit der Zwischenmittel,

b) die Fläche der zusammenhängenden Ausbreitung der einzelnen abbauwürdigen Flöze, aufgeteilt auf die einzelnen Grubenfeldteile (Blöcke) nach Förderhorizonten, aus denen die Kohle von diesen Flächen gefördert wird.

Tabelle 3. Für die Zusammenstellung der bilanzfähigen, industriellen, und bilanzunfähigen [a) der gebundenen in Schutzpfeilern, b) der unbauwürdigen] Kohlenvorräte

Flöz	Block Nr.	Grundrißfläche 1000 m²	Einfallen − °	Wirkliche Fläche 1000 m²	Mächtigkeit in cm	Kubatur in 1000 m³	Durchschnitt. Raumgew. in t/m³	Kohlenvorräte					Insgesamt 1000 t 7 × 8		bilanzunfähige		Anmerkung
								A_1	A_2	B	C_1	C_2	bilanzfähige 1000 t	industrielle 1000 t	in Schutzpfeilern gebundene 1000 t	unbauwürdige 1000 t	
1	2	3	4	$\frac{3}{\cos 4}$	6	7 = 5 × 6	8	9	10	11	12	13	9 + 10 + 11 + 12 + 13	9 + 10 + 11	14	15	15
Schichtenserie																	

c) das spezifische Gewicht der Kohle, d. i. der Kohle im Flöz oder nach Aushalten der mehr als 10 cm starken Zwischenmittel.

Bei der Berechnung der Kohlenvorräte ist es notwendig, die Art der angewendeten Berechnung zu begründen; zumindest sind die minimalen Kohlenmächtigkeiten, der maximale Inhalt an unerwünschten Einlagerungen (Zwischenmittel), die Festsetzung der Grenzen der produktiven Flächen, bzw. die Bestimmung der Schutzpfeiler (Schacht-, Querschlags-, Demarkationspfeiler, die der Stapelschächte u. a.) und die Eliminierung der unbauwürdigen Flächen (tektonisch zerstört und entwertet) anzugeben. Die ermittelten Vorräte stellen wir in einer geeigneten Übersichtstabelle zusammen, in der z. B. in *waagrechter* Richtung (s. schematische Tabelle 3) angeführt sind: Flöze, Mächtigkeit, Block (Abt.) Nr., abbauwürdige Kohle in 1000 t (aufgeteilt nach Horizonten), gebundene Kohle in Schutzpfeilern (z. B. unter industriellen Objekten, bei Randwetterschächten, bei Querschlägen, Förder- und Zentralwetterschächten u. a., ebenfalls nach Horizonten), während in vertikaler Richtung eine stratigraphisch geordnete Übersicht der Flöze gegeben ist. Die Bearbeitung und Zusammenstellung soll so durchgeführt sein, daß sie auch *in Abwesenheit des projektierenden Technikers kontrolliert werden kann.* Dazu dient besonders *eine Skizze mit allen notwendigen technischen Daten* (Flözmächtigkeit, Grenze der produktiven Flächen, Schutzpfeiler, unproduktive Flächen, tektonische Störungen, Flözprofil mit dem Hangenden und Liegenden u. a.).

Beim Projektieren neuer Horizonte oder beim Zusammenlegen kleiner Gruben ist es notwendig, auch die zurückgebliebenen Vorräte verlassener Horizonte festzustellen, damit man die Möglichkeit erwägen kann, noch wertvolle Flözreste abzubauen. In allen Fällen (d. h. auch beim Projektieren neuer Gruben) ist es notwendig, *die*

Kohlenvorräte des nächsten Horizontes unter dem zu projektierenden (d. s. die Vorräte B und C) *informativ festzustellen*, und auf Grund dieser die Dimensionen der Förder- und Wetterschächte und die der Obertagseinrichtungen (Aufbereitung, Schleppgeleise, Holzplatz u. a.) für den Fall zu überlegen, *daß die Kapazität des Betriebes im nächsten Horizont geändert*, d. h. *vergrößert oder verkleinert werden sollte.* Es müßte der Grundsatz gelten, daß die abbaufähigen Vorräte auf die einzelnen Horizonte — soweit dies überhaupt möglich ist — *gleichmäßig* aufgeteilt sein sollen.

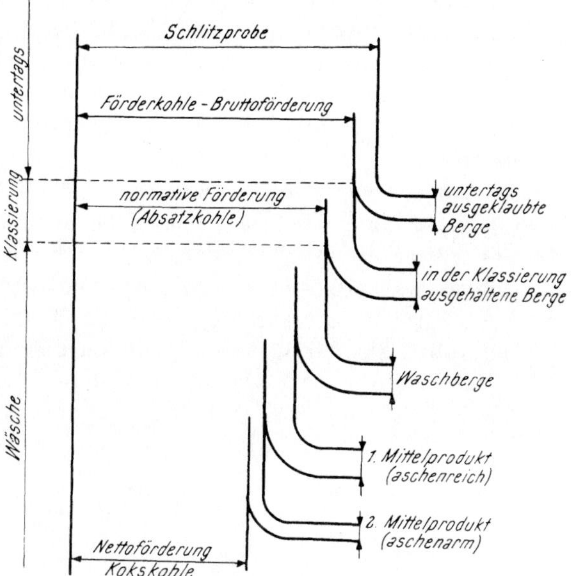

Abb. 34. Schema des Flusses des Fördergutes unter Verwendung des Senkey-Diagrammes

Manche Kohle, die an Schutzpfeiler gebunden ist (Schutzpfeiler von Industrieobjekten, Querschlägen usw.), kann später gewonnen werden. Auf solche Pfeiler nimmt man schon beim Projektieren des Aufschlusses und der Vorrichtung derart Rücksicht, daß sie zugänglich gehalten werden und daß zumindest ihre künftige Bewetterung sichergestellt ist (sog. vorübergehend bilanzunfähige Vorräte).

Die festgestellten abbauwürdigen Vorräte zwischen dem bisherigen und dem zu projektierenden Horizont, geteilt durch die Fläche des Grubenfeldes (ausschließlich der Schutzpfeiler), ergeben das sog. *reine relative Kohlenvermögen* (in Meter). Von diesem und von der Lebensdauer des Horizontes ist die Belastung des Grubenfeldes abhängig. Das ist *die Kennziffer t/ha.* Weitere wichtige Beziehungen sind ersichtlich aus dem Nomogramm Nr. 1. Das reine relative Kohlenvermögen für 100 m des kohlehältigen Gebirges heißt *reines relatives spezifisches Kohlenvermögen.* Es ist notwendig zu unterstreichen, daß bei *steiler Lagerung* der Flöze die Kennziffer t/ha an Bedeutung verliert und damit auch die Kennziffer m^2/ha, weil der Abbauzyklus hier langsam vor sich geht und deshalb nicht zu befürchten ist, daß das Grubenfeld überlastet wird. Andererseits wird auch hier verlangt, daß im Horizont die abbauwürdigen Vorräte auf 20 bis 30 Jahre reichen. Weil bei einer steilen Lagerung die Abbaue weniger leistungsfähig sind, handelt es sich hier um eine große Anzahl von Abbauen bei einer verhältnismäßig kleinen Förderkapazität des Betriebes.

18. Der Begriff der Förderung (Produktion)

Der Begriff der Förderung ist bisher nicht genügend präzisiert und sollte besser mit der Bezeichnung „*Absatzförderung*" oder „*verwertbare Förderung*" umschrieben werden, soweit er sich auf jene Mengen bezieht, die der Investor entweder für die Umwandlung in Energie verlangt (wobei die Kohle nur klassiert wird und die Berge ausgehalten werden) oder die er der Kokserzeugung zuführen will (wobei die Kohle nach der Klassierung noch über die Wäsche geht). Mit der Homogenisierung (Vereinheitlichung) der Kohle, die mit Rücksicht auf den wachsenden Bedarf an gleichmäßigem Koks erforderlich wird, wird man in Zukunft auch zur Präzisierung des Begriffes „Förderung" im Steinkohlenbergbau gelangen.

Außer dem Begriff „Absatzförderung" existiert auch der Begriff „*Rohförderung*", letztere ist jene Menge, die in die Aufbereitung gelangt. Die „Rohförderung" (manchmal auch *Bruttoförderung* genannt) soll qualitativ besser sein als der gewogene Durchschnitt der entnommenen Schlitzproben vor Ort in der Grube, denn die Zwischenmittel sollen bereits im Abbau aus der Kohle ausgehalten und in den Alten Mann geworfen werden (s. Abb. 34). Die Bruttoförderung soll möglichst nicht mehr als 25% taubes Material enthalten. Leider zeigt die Erfahrung, daß mit der fortschreitenden Mechanisierung der Gewinnungs- und Verladearbeiten ein steigender Prozentgehalt an Taubmaterial in der Kohle verbunden ist, dessen Vorhandensein die Kapazität des Schachtes und des Füllortes senkt und den Wagenpark sowie den Transportaufwand erhöht.

Weiters begegnen wir noch dem Begriff der „*normativen Förderung*", welche sich in den meisten Fällen nach dem Aushalten der Berge, also hinter der Separation einordnet; daher heißt diese normative Förderung gelegentlich auch „*verwertbare Förderung*", falls die Kohle in diesem Zustande an die Verbraucher abgegeben wird.

Man rechnet damit, daß in der Separation Berge aus der Bruttoförderung von 24% auf 15% (also etwa 9%) ausgehalten werden. Es ist sicher, daß die Mechanisierung der Gewinnungs- und Ladearbeit im heutigen Stadium einen größeren Anfall von Kleinkorn verursacht (unter 10 mm Durchmesser, darin bis zu 10% der Gesamtförderung mit einem Durchmesser von unter 1 mm Korn). Dadurch kann der Anteil des durch die Aufbereitung ausgeschiedenen Taubgesteins auf 5% und tiefer absinken. In einer Wäsche wird bis auf 8 bis 8,5% Aschengehalt gewaschen, die sog. *gewaschene Kohle*, neben der die *Waschberge* und die *Mittelprodukte* übrig bleiben (Abb. 34). Die Mittelprodukte mit hohem Aschengehalt (bis 60%) lassen sich auf speziellen Rosten mit einem Wirkungsgrad bis 82% ausnützen. Das ist mit Rücksicht auf eine wirtschaftliche Ausnützung von minderwertigen Brennstoffen bedeutsam, denn der Brennstoffpreis z. B. bei der Erzeugung von elektrischen Strom erreicht bis 53% der Gesamtkosten. Mittelprodukte der Aufbereitung sollen an Ort und Stelle ausgenützt werden, weil ihr geringer Heizwert keine Verteuerung durch Transportkosten verträgt.

Die *geplante Förderung* oder die ermittelte Betriebskapazität soll die Absatzkapazität oder die *verwertbare* Förderung sein, welche sich in Zukunft wahrscheinlich auf *die gewaschene Kohle* und auf den *Brennstoff*, der in aschenreichen, aber noch brennbaren Mittelprodukten enthalten ist, beziehen wird. *Nur dies sind Werte, welche als nutzbare Güter in den Wirtschaftsprozeß gelangen.* Deshalb wird künftig der Investor wahrscheinlich seine Forderungen für die notwendige Kapazität des Betriebsobjektes in absetzbarer (verwertbarer) gewaschener Kohle (die sog. *Nettoförderung*) angeben, die dann der Projektant erst in *Bruttoförderung umrechnen muß.*

19. Das Projektieren der Grubenbaue und der Grubenausstattung

Aus unserer Arbeit folgt, daß wir nach der Lebensdauer des Horizontes, nach dem reinen relativen Kohlenvermögen und nach der Größe des Grubenfeldes grundsätzlich zu folgenden Betriebstypen gelangen:

1. Mit *einer* Fördereinrichtung für eine Kapazität

a) von 2000 t bis 2500 t mit *kleinem relativem* Kohlenvermögen, besonders bei größerer Teufe (die sog. Notlösung),

b) von 2500 bis 3000 t und 3500 t mit *größerem relativem* Kohlenvermögen und geringeren Teufen.

2. Mit *zwei* Fördereinrichtungen für eine Kapazität

a) von 4000 bis 5000 t mit *kleinem relativem* Kohlenvermögen bei *größeren* Teufen; hier ist zu bemerken, daß bei schwachen Flözen, wo es viel Gesteinsnachriß gibt (hohe Kennziffer der Vorrichtung), und wo es notwendig ist, die Berge nach obertags zu fördern, die Kapazität eines Förderschachtes mit zwei Fördereinrichtungen durch die Gesteinsförderung überlastet wird, so daß das Überschreiten dieser Kapazität eine *dritte Fördereinrichtung* erfordern würde und damit einen zweiten Förderschacht, was wieder eine übermäßige Erhöhung der Investitionen bedeuten würde,

b) von 6000 bis 7000 t mit *größerem* relativem Kohlenvermögen und kleinerer Teufe.

3. Mit *drei* Fördereinrichtungen für eine Kapazität von 7000, 8000 bis 10000 t mit größerem relativem Kohlenvermögen. Mit diesem Typ rechnen wir bei einem *niedrigen relativen Kohlenvermögen überhaupt nicht,*

denn die Ausdehnung des Grubenfeldes würde dann merkbar über die optimale Größe hinausgehen.

Wir haben schon erwähnt, daß ein Betriebstyp rund um und über 10000 t Tagesförderung übermäßig groß ist, obzwar er unter gewissen Bedingungen im Rahmen der optimalen Größe durchgeführt werden kann. Der Haupteinwand gegen diese Ausführung besteht darin, daß die Schwierigkeiten in der Förderorganisation mit der Größe des Grubenfeldes wachsen und weiters, daß dieser Typ in mächtigen, bankigen Gaskohlenflözen liegt, wo eine Selbstentzündung bei dem großen relativen Kohlenvermögen möglich und eine Explosion von Gasen und Kohlenstaub nicht ausgeschlossen ist. Dieser Typ betrifft Gruben mit erhöhtem Arbeitsrisiko.

Haben wir nun nach der Lebensdauer des Horizontes, dem reinen relativen Kohlenvermögen und der Ausdehnung des Grubenfeldes die Tageskapazität des Betriebes ermittelt, kennen wir weiter die Flözmächtigkeiten sowie die Flözablagerung und somit auch die abbauwürdigen Vorräte und die Länge der Aufschlußquerschläge (Kennziffer des Aufschlusses) und wählen wir dann die richtige Abbaumethode (entweder Bruch- oder Versatzbau, Heimwärts- oder Feldwärtsbau), so kennen wir schließlich auch die notwendige Länge der Vorrichtungsstrecken einschließlich der Durchhiebe und somit die Kennziffer der Vorrichtung, gleichzeitig die Bergemenge aus dem Nachriß und endlich auch die Förderwege aus den Abbauen, aus der Vorrichtung und dem Aufschluß. Damit ist das ganze Problem des Projektierens einer neuen Grube oder des Zusammenlegens kleiner Gruben sowie des Projektierens eines neuen Horizontes *klar und eindeutig*.

Es können daher bestimmt werden:

A. *Für die Grube* (siehe auch Anhang V):

a) *die Anzahl und der Durchmesser der Förderschächte* (mit Rücksicht auf die Zahl der Fördereinrichtungen); die lichten Durchmesser sind da und dort typisiert,

b) *die Anzahl und der Durchmesser der Wetterschächte* (mit Rücksicht auf die Ausdehnung des Grubenfeldes und die notwendige Wettermenge in bezug auf die Zahl der Belegschaft und die Verdünnung von CH_4 unter das unschädliche Maß),

c) *der Horizontabstand*,

d) *das Füllort*, seine Anordnung in bezug auf die vollen Wagen (mit Rücksicht auf Kapazität einschließlich Versatz und sonstigem Material); ferner muß auf die An- und Ausfahrt der Mannschaft Rücksicht genommen werden, weiters auf die Unterbringung und Kapazität des Brechers, die Anordnung der Pumpenkammer, der Lokremisen sowie der Trafostation, der Magazine für Gebrauchsmaterial, auf die Unterbringung des Sprengstoff- und Kapsellagers usw.,

e) die Richtung und Länge der *Aufschlußquerschläge* (einschließlich der Anzahl der nötigen Belegschaft und Aufsicht, der Anzahl der Bohrhämmer, der Menge der Sprengstoffe, der Lademaschinen, des benötigten Geleises, der Anzahl der Hunte, der Lutten und Ventilatoren, des Ausbaues usw.), durch welche die Betriebsflächen des Grubenfeldes zur Erreichung der höchsten Kapazität zugänglich gemacht werden und eine zweckmäßige Entwicklung der Vorrichtung ermöglicht wird, deren Ausmaß sich nach der Kennziffer der Vorrichtung bestimmen läßt,

f) die notwendige *Anzahl von Abbauen* einschließlich der benötigten Belegschaft und Aufsicht für die Arbeit in der Kohle und für die Nebenarbeiten, sowie der Bedarf an Schrämmaschinen oder Kombinen, Schüttelrutschen, Bändern, Kettenförderern, Versatzmaschinen und Versatzmaterial, Antriebsmotoren, Preßluftleitungen, Kabeln usw.,

g) die *Anzahl der Lokomotiven* (einschließlich der Reserven) sowie der Ladestationen bzw. der Fahrdraht-Lokomotiven mit dem zugehörigen Netz und der zugehörigen Elektroinstallation für die Förderung nach den zu erwartenden tkm,

h) das *Rohrnetz* mit dem passenden Durchmesser für die Verteilung der Druckluft nach der Spitzenleistung der Verbraucher im Grubenfeld oder, für die Verteilung der elektrischen Energie, *Kabel* von entsprechendem Querschnitt,

h) der *Wagenpark* nach der Förderung, nach den tkm, nach der Bergebewegung aus dem Aufschluß und der Vorrichtung zum und vom Schacht (Versatz), wobei mit einer Wagenfrequenz von 1-, 2- bis 3mal in der Schicht gerechnet wird; dabei dürfen die „toten" Hunte nicht vergessen werden; nach dem zu erwartenden Holzverbrauch ist die Anzahl der Holzhunte zu bestimmen,

j) der *Bedarf an Wettern* nach der Anzahl der Belegschaft in den einzelnen Grubenabschnitten und nach der zu erwartenden Gasentwicklung, ferner die *Profile auf den Wetterwegen* nach der Wettermenge und ihrer zulässigen Geschwindigkeit; nach der Länge der Wetterwege, dem Querschnitt und Umfang der Strecken, der Wettergeschwindigkeit bzw. nach den Wettermengen werden die Verteilung der Depression im Wetternetz und schließlich die notwendige Depression beim Ventilator bestimmt; aus der Depression und der Wettermenge ermitteln wir die äquivalente Grubenweite und schaffen auf diese Weise die Grundlage für die Bestellung der Ventilatoren;

B. *für obertags:*

a) die *Kapazität der Aufbereitung oder Wäsche* einschließlich der Wagen nach der Förderung und Zusammensetzung der Rohkohle oder nach dem Bedarf an gewaschener Kohle, wobei gleichzeitig auch eine Deponie für Förderkohle auf wenigstens vier bis fünf Tage, eine Lagerung für die Waschberge, die Einrichtungen für die Aufbereitung und für das Mischen des Versatzmaterials, der Platz für den Bergesturz (Halde), für die Verschublokomotiven usw. zu bestimmen sind (s. Abb. 21, 22, 23),

b) die *Größe der Niederdruckkompressoren* nach dem Spitzendruckluftverbrauch für die Grube oder, bei gemischtem Betrieb (Preßluft und elektrischer Strom), der *Strombedarf* nach Betriebsspitzen, ebenso der Strombedarf für obertags nach dem zu erwartenden Spitzenbedarf der Fördermaschinen, der Ventilatoren, der Kompressoren, der Wäsche und der übrigen Verbraucher, d. h. der *Energieverbrauch* im allgemeinen,

c) die *Dimensionen der Bäder, Lampenkammern, Markenkontrolle, Fahrradabstell- und Parkplätze, Werkstätten*, des *Magazins* und des *Verwaltungsgebäudes* nach der Anzahl der Belegschaft und der annähernden Absenz,

d) der *Holzplatz* mit einer Holzreserve für etwa drei Monate und die *Säge* nach der Kapazität des Betriebes,

e) die *Wasserleitung* und *Kanalisierung*, die *Zufahrtswege* und die *Einzäunung*,

f) die *Verlegung* von Straßen und Bahnen, der Wasserläufe, Wasserleitungen, Gasleitungen, des Stromnetzes, bisheriger Siedlungen usw. nach der zu erwartenden Devastierung (Bergschäden), ebenso die Sanierung abgesunkener Mulden,

g) die *notwendige Anzahl der Belegschaft* nach Kategorien für die einzelnen Arbeitsplätze, die Anzahl der niederen, mittleren und höheren technischen und administrativen Beamten, mit Berücksichtigung der annähernden Absenz (Urlaub, Krankheit), ferner der Bedarf an Werkswohnungen und Junggesellenheimen, an Räumen für notwendige Dienstleistungen (ärztliche Betreuung), an Verkaufsläden, Schulen und Gebäuden für kulturelle Einrichtungen, öffentliche Verwaltung usw. (s. Anhang VI).

Aus dieser Übersicht wird ersichtlich, daß mit der Errichtung einer Steinkohlen- oder Braunkohlentiefbaugrube ein tiefer Eingriff in die regionalen und sozialen Verhältnisse des Gebietes verbunden ist und daß eine wenig gelungene oder mißlungene Lösung schwere volkswirtschaftliche Schäden nach sich ziehen kann.

Da der Aufbau der Grube vor allem von den *abbaufähigen Kohlenvorräten* des projektierten Betriebes abhängt, müssen diese Kohlenvorräte möglichst genau festgestellt werden. Die ganze soziale Frage bei der Errichtung einer Grube erweist sich als eine *Funktion der Produktivität* dieser Grube.

Die *bergmännische* Lösung ist der *grundlegende* Faktor des Ausbaues der neuen Grube, denn erst der bergmännischen Lösung passen sich die Maschinen-Investitionen, die elektrotechnischen Einrichtungen, die Bauten

u. a. an. Daher ist es auch eine selbstverständliche Forderung, daß die zu projektierenden Gruben, die neuen Horizonte und die Zusammenlegungen kleiner Gruben nur von den fähigsten, fachlich am besten ausgebildeten Bergbautechnikern mit wirtschaftlichem Weitblick und größter Umsicht ausgeführt werden sollen.

Durch Bestimmung der Kapazität der Grube nach den gegebenen Verhältnissen zerfällt das Problem einer projektierten neuen Grube oder der Zusammenlegung bisheriger kleiner Gruben in eine Reihe von konkreten Teilproblemen, begrenzten Belangen und Aufgaben, welche unter sich durch den Arbeitsbedarf und das Arbeitsgleichgewicht zusammenhängen. Die Vernachlässigung einzelner Punkte würde „*enge oder breite Arbeitsprofile*" hervorrufen, welche die Erreichung der projektierten (geplanten, möglichen) Kapazität gefährden, unmöglich oder unwirtschaftlich machen.

Zahlreiche Autoren, die sich mit der Feststellung der Leistung von Gruben befassen, beachten vor allem jene Faktoren, die auf die Erzeugungskosten Einfluß haben, damit sie die optimale Kapazität mit den optimalen Kosten für gegebene Verhältnisse bestimmen können, um dafür Gesetzmäßigkeiten zu finden. Andere wieder bemühen sich, den Einfluß der Zeit vor dem Erreichen der projektierten Förderung zu ermitteln, da die Gestehungskosten bei den investierten Beträgen höher sind, wenn die Zeit des Aufbaues länger wird (Interkalar-Zinsen). Bei zinsfreiem Kapital, wie dies bei dem Wirtschaftssystem der Volksdemokratien der Fall ist, rechnet man mit einer jährlichen Steigerung der Arbeitsproduktivität. Eine Verlängerung des Aufbaues verursacht eine Verlangsamung der geplanten Steigerung der Produktivität und damit auch des Nationaleinkommens. Abgesehen davon können vorzeitig bestellte Maschinen (Fördermaschinen, Wäschen usw.) bei der Lieferung schon technisch überholt sein. Daher ist es notwendig, die vorbereitende und aufbauende Phase eines Betriebes mit Hilfe neuer Methoden zu verkürzen, so wie es z. B. durch einen Schnellvortrieb des Aufschlusses geschehen kann. Gegenstand der Untersuchung im Interesse rationeller Gewinnung können auch sein: der Verbrauch an Antriebskraft bei kleinen und großen Kompressoren, der Druckverlust bei einem bestimmten Profil und bestimmten Rohrleitungslängen, der Prozentanteil des Druckverlustes bei intensiver Arbeit mit einer kleineren und größeren Anzahl von Bohrhämmern, Abbauhämmern, Schrämmaschinen, Vortriebsmaschinen und Lademaschinen, von Haspeln, Kleinventilatoren u. a., die Wirtschaftlichkeit der Lokomotivförderung, die Wirtschaftlichkeit der Vertikalförderung und ähnliches.

Wir wollen diese wichtigen und notwendigen Untersuchungen hier nicht im Detail zergliedern, da wir voraussetzen, daß wir die nützlichsten, wirtschaftlichsten, technisch vollkommenen, angemessen leistungsfähigen Einrichtungen anschaffen, damit die projektierten Kapazitäten betrieblich verläßlich und wirtschaftlich gesichert sind, wie wir auch die Bauprojekte zur Durchführung dem Baufachmann, die Maschinen einem Maschinenfachmann, die Elektroinstallation einem Elektrofachmann anvertrauen. Die diesen Fachleuten gestellte *Aufgabe muß jedoch vom bergmännischen Standpunkt klar formuliert* und die Ausarbeitung richtig bewertet werden. Auch für diese Arbeit ist allerdings der Bergbautechniker verantwortlich.

Es darf nicht übersehen werden, daß bei einer Steigerung oder Verminderung der Kapazität nicht bei allen Einrichtungen, die betrieblich aufeinander abgestimmt sind, eine lineare Beziehung besteht, sondern auch eine solche höheren Grades, sowie daß der „*Betriebsleerlauf*" bei jedem Betrieb und bei jeder Kapazität ein anderer ist.

Hier müssen wir uns vor allem dessen bewußt sein, daß eine *Erhöhung der Kapazität ohne Erhöhung der Produktivität wenig wirtschaftlich ist*[1], andererseits die Senkung der Kapazität durch Verminderung der Produktivität einen wirtschaftlichen Zusammenbruch bedeutet. Nur ein Anwachsen der Produktivität darf die Betriebskapazität unter der Voraussetzung erhöhen, daß dabei auch der Aufschluß und die Vorrichtung der erhöhten Kapazität angeglichen wurden.

Diese allgemeinen Überlegungen über optimale Betriebsgrößen und deren Kapazität vom Standpunkt des Projektierens bzw. der Investitionen werden notwendigerweise im konkreten Falle durch detailliert bezifferte Entwürfe der verschiedenen Investitionskosten belegt werden müssen (s. Anhang Nr. VII), damit wir die Investitionen bewerten können, die der Bergmann (reine bergmännische Arbeit), der Baumeister, Maschinentechniker, Elektriker usw. durchführen, und welche Position die bergmännischen Arbeiten gegenüber den anderen haben. Für manche der hier angeführten Betriebstypen ist der relative Anteil annähernd wie folgt:

a) bei Gruben mit kleinem relativem Kohlenvermögen

Art der Kosten	bei einem neuen Horizont	bei einem neuen Betrieb
Bergmännische Investition mit Erstausrüstung, (z. B. Ausbau)	24,5%	48,8%
Maschineneinrichtung	50,0%	34,0%
Bauten mit Einrichtung	25,5%	17,2%
	100,0%	100,0%

[1] Der westdeutsche Verfasser H. H. Bischoff [Produktivität, Löhne und Preise im Steinkohlenbergbau, Glückauf 1/2 (1957)] berichtet, daß sich im westdeutschen Steinkohlenbergbau in den Jahren 1950 bis 1955 der Stundenlohn um 33%, dagegen die Stundenproduktivität nur um 15% er-

b) bei Gruben mit größerem relativem Kohlenvermögen

Art der Kosten	bei einem neuen Horizont	bei einem neuen Betrieb
Bergmännische Investitition mit Erstausrüstung (z. B. Ausbau)	16,5%	30,5%
Maschineneinrichtung	55,0%	45,0%
Bauten mit Einrichtung..................	28,5%	24,5%
	100,0%	100,0%

Bei beiden Typen zeigt sich die Investitionsbelastung je Tonne abbauwürdiger Vorräte bei einer Lebensdauer von 20, 25 und 30 Jahren, wobei als Grundlage einmal die Lebensdauer von 20, das andere Mal von 30 Jahren angenommen wurde, also:

20 Jahre ..... 100% 150%
25 „ ..... 80% 120%
30 „ ..... 66,7% 100%

Wir sehen hier deutlich den großen Einfluß der Schwerindustrie auf die Grubeninvestitionen. Wenn wir die Investitionskosten überprüfen, müssen wir feststellen, was unumgänglich notwendig und was zweckmäßig ist. Besonders die *Bauinvestitionen* überschreiten manchmal das Maß des zweckdienlichen Bedarfes, d. h. sie sind unnötig hoch. In den Gesamtinvestitionen erreichen die bergmännischen Arbeiten — das Schachtabteufen, der Füllortsausbau einschließlich aller geräumigen Grubenbaue, der Querschläge samt dem Ausbau, d. h. auch einschließlich aller Lieferungen der Schwerindustrie — 16 bis 48%, während für das übrige 84 bis 52% verbleiben. Bei näherer Untersuchung der Investitionskosten sehen wir erst, wie wichtig die Beurteilung des richtigen Preises für 1 t Kohle ist, bzw. welche Wechselbeziehung zu den anderen Werten, insbesondere zu den Lieferungen der Maschinenindustrie, besteht.

20. Obertagssituation eines Betriebes und des Grubenfeldes

Von den Betriebseinrichtungen und Objekten müssen notwendigerweise *durch Schutzpfeiler* geschützt werden: der Förder- und Wetter-

höhte, also ein Verhältnis 2 : 1. In manchen nichtdeutschen Revieren war das Verhältnis noch ungünstiger. Bischoff erklärt diese Erscheinung damit, daß das Anwachsen des Lohnes sich nicht nach dem Anwachsen der Produktivität richtet, sondern nach dem Anwachsen der Löhne in anderen Industriezweigen.

Nach Ansicht des Autors ist das Anwachsen der Produktivität in anderen Industriezweigen rascher als im Bergbau, aber die erhöhten Löhne der anderen Industriezweige, die sich leichter mechanisieren und automatisieren lassen und deren Arbeitsaufwand sich herabsetzen läßt, üben einen sozialen Druck auf die Löhne im Bergbau aus.

schacht, deren Fördermaschinen, das Kesselhaus, die Umspann- und Verteilerstation, die Ventilatoren, Kompressoren, Wäsche und Geleise. Damit mit der Kohlensubstanz im Schutzpfeiler gespart wird, d. h. damit der Pfeiler tunlichst klein gehalten werden kann, werden die Förder- und Wetterschächte nahe nebeneinander angeordnet und innerhalb ihres Raumes werden die angeführten Einrichtungen einschließlich des Wasserbehälters, des Fluchtstollens u. a. sparsam untergebracht. Verwaltungsgebäude, Bad, Lampenkammer, Werkstätten, Markenkontrolle, Fahrradabstellung, Parkplätze, Lagerplatz, Pförtnerhaus, Holzplatz, Säge usw. können ähnlich wie andere öffentliche und wichtige Obertagsobjekte (Fabriken, Kirchen, Schulen, Siedlungen) durch Vollversatz geschützt werden (Abb. 21, 22, 23).

Wenn über das Grubenfeld eine Eisenbahn führt, wenn auf ihm ein Bahnhof oder ein Fluß sich befindet, dann ist es notwendig, schon im vorhinein die Abbauwirkungen je nach dem Abbausystem (ob Bruchbau oder Versatzbau), nach der Teufe des Abbaues, nach der Mächtigkeit des überlagernden Gebirges, nach der Mächtigkeit der abzubauenden Flöze und des Zeitfaktors zu berechnen, damit diese Auswirkungen möglichst sanft ablaufen und man ihnen auch obertags rechtzeitig entgegenwirken kann, so daß z. B. der Betrieb der Eisenbahn oder eines Bahnhofes nicht gefährdet wird. Diese Untersuchung wird heutzutage z. B. nach der Methode von Bals durchgeführt, die festgestellten Absenkungen werden nach einem zeitlichen Absenkungsfaktor auf einzelne Jahre aufgeteilt, wobei eruiert wird, in *welchen Zeitabschnitt die größte*, d. h. die gefährlichste Absenkung obertags fällt, damit rechtzeitig Sicherheitsvorkehrungen getroffen werden können.

21. Alternative Lösungen

Bei der Bearbeitung mancher Teilprobleme zeigt sich die mögliche oder notwendige Lösung in zwei oder drei Varianten, welche oft nicht ohne Einfluß auf die Sicherheit der Arbeitnehmer oder des Volksvermögens, auf die Kapazität, auf die Betriebssicherheit und schließlich auf die Kosten bleiben. Hauptsächlich bei Grenzfällen sind *alternative* Lösungen notwendig, z. B.: die Entscheidung, ob zwei oder drei Fördereinrichtungen gebaut werden; eine dritte Fördereinrichtung verlangt einen weiteren Förderschacht und verursacht eine übermäßige Erhöhung der Investition, ohne daß dies im gegebenen Falle zu einer Erhöhung der Betriebskapazität führen würde. Oder: die Entscheidung, ob zwei oder drei Wetterschächte zu errichten sind, wenn die Errichtung des dritten Wetterschachtes sehr kostspielig wird und außerdem der Schutzpfeiler dieses Schachtes weitere Mengen abbauwürdiger Kohle bindet. Für zwei oder drei Wetterschächte ist die Lösung in einem gegebenen Grubenfeld verschieden und deshalb soll jede Variante in technischer und wirtschaftlicher Hinsicht besonders durchdacht werden, aber auch in bezug auf die Sicherheit gewissenhaft abgewogen sein. Von den Obertagseinrichtungen ist es meistens *das Problem der Wäsche*, welches gewöhnlich alternativ gelöst wird, ob allein für einen Betrieb oder gemeinsam für zwei oder drei Betriebe. Es sollen nicht alle Fälle angeführt werden, welche alternativ gelöst werden können oder müssen. Mit den alternativen Lösungen lassen sich die Probleme *besser und genauer* beleuchten, so daß wir die Vorteile und Nachteile eines bestimmten alternativen Falles erkennen. Bei der endgültigen Wahl wird man entscheiden nach:

1. größerer Sicherheit für Menschen und Volksvermögen,
2. höherer Betriebssicherheit bei Einhaltung der Kapazität,
3. niedrigeren Investitionen und damit späterhin günstigeren Betriebskosten.

22. Schönheit der technischen Arbeit

In einem gewissen Sinne wird man sagen können, daß eine Aufgabe, wenn sie den gewünschten Voraussetzungen entsprechend richtig gelöst ist, zugleich „schön" gelöst ist. Natürlich liegt der Schwerpunkt des Projektierens von Bergwerken in der Grube („Der Wohlstand kommt aus der Grube"), doch wird der projektierende Techniker auch der Obertagsanordnung sein Augenmerk zuwenden. Wenn er, über die Einzelheiten hinaus, vom Anfang an ein Bild dessen vor sich hat, was er in der Gesamtheit erreichen will, wird er auch zu einer geordneten und zweckmäßigen Anordnung der Obertagsbauten gelangen. Darüber hinaus wird sich in der Obertagsanlage fast immer die besondere Eigenart der kohleproduzierenden Länder zeigen: solide, den großen Wärmeschwankungen zwischen Winter und Sommer Widerstand leistende Bauten in der UdSSR, in geometrischer Ordnung angelegte Bauten in Deutschland, improvisiert wirkende Leichtigkeit in den französischen und belgischen, einfache Zweckmäßigkeit in den englischen Anlagen.

Zweiter Teil

Wirtschaftliche Erwägungen beim Projektieren und Rationalisieren

Das Resultat des technischen Projektierens und Rationalisierens soll ein prosperierender Betrieb sein, der zum materiellen Wohlstand und damit auch zum Anwachsen des Volksvermögens dadurch beiträgt, daß der Wert seiner Erzeugnisse höher ist als deren Gestehungskosten. Kann das nicht erreicht werden, dann muß der Staat direkt oder indirekt den Betriebsverlust ersetzen, was zu einer Minderung des Volkseinkommens führt.

Es sollen im folgenden bei der Untersuchung der wirtschaftlichen Probleme der Steinkohlengewinnung die Unterschiede zwischen den beiden herrschenden Wirtschaftssystemen, die wir kurz als „*sozialistisch*" und „*kapitalistisch*" bezeichnen wollen, dargestellt werden. Mit diesen beiden *Hilfsbegriffen* ist in dem einen Fall als „sozialistisch" jenes Wirtschaftssystem bezeichnet, in dem die Investitionen aus dem Nationaleinkommen getätigt werden und man nicht mit einer Verzinsung rechnet, sondern nur auf Tilgung der Investitionen abzielt. In dem anderen Falle, den wir hier als „kapitalistisches" Wirtschaftssystem bezeichnen, muß das investierte Kapital samt den in der Aufbauzeit auflaufenden Interkalarzinsen verzinst und getilgt werden und es wird außerdem ein dem Bergbaurisiko angemessener Gewinn angestrebt. Der Begriff „sozialistisch" deckt sich also hier mit der Staatswirtschaft der Volksdemokratien, während der Begriff „kapitalistisch" das Wirtschaftssystem jener Länder bezeichnet, deren Betriebe, auch wenn sie verstaatlicht sind, nach privatwirtschaftlichen Grundsätzen geführt werden. Zur Unterscheidung dieser beiden Wirtschaftssysteme dient auch, daß im kapitalistischen der Preis der Produktionsgüter durch den Markt geregelt wird, während im sozialistischen der Preis durch Regierungsverordnung festgelegt wird, wenn auch hier getrachtet wird, ihn in einer vernünftigen Beziehung zu den Preisen der übrigen Produktionsgüter zu halten. Aufgabe dieses Abschnittes ist die rechnerische Behandlung der Investitionen im Bergbau nach beiden Wirtschaftssystemen.

Da der Bergbau ein Raubwirtschaftszweig (und keine regenerative Wirtschaft) ist, tritt hier bei einer Lebensdauer eines Horizontes von 20 Jahren eine 5%ige und bei einer solchen von 30 Jahren eine 3,33%ige jährliche Entwertung der Investitionsgüter ein. Bei den nach sozialistischer Ordnung geführten Betrieben besteht kein Interesse an einem Reingewinn, wohl aber daran, daß wenigstens die Gesamtkohlenproduktion des Staates an der Prosperitätsgrenze liegt, d. h. daß der Verkaufspreis den Produktionspreis deckt, damit ein durch höhere Gestehungskosten entstandener Verlust nicht aus dem Nationaleinkommen ersetzt werden muß. Die Festsetzung eines richtigen Verkaufspreises ist daher auch in Ländern sozialistischer Ordnung wichtig. In der kapitalistischen Ordnung wird der Verkaufspreis, wie schon erwähnt, durch den Markt oder durch Produzentenvereinbarung gebildet. Für beide Ordnungen ist aber die Erreichung einer hohen Arbeitsproduktivität oberstes Gesetz.

In einem nach kapitalistischer Ordnung geführten Betrieb steigen im Laufe des Aufbaues die Investitionen um die Zinsen, so daß deren Endhöhe „K_k" nach Fertigstellung des Betriebes oder Horizontes mit Zins und Zinseszinsen (sog. Interkalarzinsen) größer ist als die Summe aller für Einrichtungen und Arbeit notwendigen Kosten[1]. Da der Aufbau eines Betriebes einige Jahre dauert, ist diese Erhöhung durch den Zinsendienst bedeutend.

Zur Tilgung der Investitionen kommt es erst dann, wenn der neu errichtete Betrieb oder Horizont zu fördern beginnt, bzw. wenn die geplante Kapazität erreicht ist, denn erst aus der gewonnenen Kohle werden die Gestehungskosten gedeckt und darüber hinaus die Investitionen amortisiert. Deshalb haben beide Ordnungen Interesse an einem raschen Aufbau des Betriebes oder des Horizontes.

---

[1] Šmolka ergänzt diese Studie folgendermaßen: Bei einer sozialistischen Staatsordnung mit zinsfreien Investitionen übernimmt die Funktion der interkalaren Verzinsung die planmäßige Erhöhung der Produktivität und des nationalen Einkommens je nach den Aufgaben des betreffenden Sektors. Da alle Investitionen aus dem Nationaleinkommen finanziert werden, dessen alljährliche Erhöhung geplant ist, verkürzt eine längere Bauzeit das Nationaleinkommen um den Unterschied zwischen dem Einkommen zur Zeit der Ausgabe der Investitionen und dem erhöhten Einkommen zur Zeit, wo die fertig gewordene Kapazität in Betrieb kommt (gerechnet mit jährlichen Zinseszinsen).

Wenn z. B. der Aufbau einer Grube 8 Jahre dauert und die Kosten für die Investitionen nach Plan 750 Mio betragen, und zwar:

im 1. Jahr	25 Mio	im 5. Jahr	120 Mio
„ 2. „	60 „	„ 6. „	135 „
„ 3. „	90 „	„ 7. „	140 „
„ 4. „	120 „	„ 8. „	60 „

und die Steigerung des Nationaleinkommens 2% pro Jahr ist, so erhöht sich der Wert K bei den verzinslichen wie auch bei den unverzinslichen Investitionen gleich.

1. Verzinsung und Tilgung der Investitionen und andere wirtschaftliche Beziehungen

Diese Frage lösen wir zuerst allgemein:

Sind die Kapitalkosten für die Investitionen einschließlich der Interkalarzinsen K_k, die Lebensdauer des Horizontes n Jahre und a die Jahresannuität, d. i. die jährliche Verzinsung und Tilgung, p der Zinsfuß, dann wächst dieses Kapital K_k nach dem ersten Jahre auf

$$K_k + \frac{K_k \cdot p}{100} = K_k\left(1 + \frac{p}{100}\right),$$

oder, wenn man für $1 + \frac{p}{100} = q$ einsetzt .... $= K_k\, q$,

nach dem zweiten Jahre auf $K_k\, q + \frac{K_k\, q \cdot p}{100} = K_k\, q\left(1 + \frac{p}{100}\right) = K_k\, q^2$,

„ „ dritten „ „ K_{k3} .... $= K_k\, q^3$,

„ „ n-ten „ „ K_{kn} .... $= K_k\, q^n$.

Ist die Jahresannuität a, dann soll mit diesen Annuitäten in n Jahren der Betrag $K_{kn} = K_k\, q^n$ getilgt sein. Wenn man die Annuitäten am *Jahresende* zahlt, wächst die

erste	Annuität a nach	n-Jahren auf	....	$a \cdot q^{n-1}$,
zweite	„ a „	$(n-1)$- „	„	$a \cdot q^{n-2}$,
dritte	„ a „	$(n-2)$- „	„	$a \cdot q^{n-3}$,
$(n-1)$-te	„ a „	1 Jahr auf	....	$a \cdot q$,
n-te	„ a	bleibt	....	a

und alle Annuitäten einschließlich der Verzinsung sind K_{kn} oder:

$$K_{kn} = a \cdot q^{n-1} + a \cdot q^{n-2} + a \cdot q^{n-3} + \ldots\ldots a \cdot q + a. \qquad (1)$$

Multiplizieren wir diese Gleichung mit q, so erhalten wir

$$K_{kn} \cdot q = a \cdot q^n + a \cdot q^{n-1} + a \cdot q^{n-2} + \ldots\ldots a \cdot q^2 + a \cdot q. \qquad (2)$$

Subtrahieren wir die erste von der zweiten Gleichung, so ergibt sich:

$$K_{kn} \cdot q - K_{kn} = a\, q^n - a,$$

$$K_{kn}\,(q-1) = a\,(q^n - 1),$$

$$K_{kn} = a\,\frac{q^n - 1}{q - 1}.$$

Setzen wir für $K_{kn} = K_k\, q_n$

$$K_k\, q^n = a\,\frac{q^n - 1}{q - 1},$$

$$K_k = a\,\frac{1}{q^n} \cdot \frac{q^n - 1}{q - 1},$$

wobei der Ausdruck $\frac{1}{q^n} \cdot \frac{q^n - 1}{q - 1}$ der sog. Einsparungskoeffizient R_n ist, so kann man schreiben:

$$K_k = a \cdot R_n,$$

woraus sich die Jahresannuität mit $a = \frac{K_k}{R_n}$ ergibt. Die Jahresannuität, d. h. die Verzinsung und Tilgung vom Kapital K_k in Prozent ist:

$$\frac{a}{K_k} \cdot 100 = \frac{a}{a\,R_n} \cdot 100 = \frac{100}{R_n},$$

wobei $\frac{1}{R_n} = U_n$ der sog. Amortisationskoeffizient ist.

Man erhält für den Zinsfuß p vom Kapital K_k für die Lebensdauer des Horizontes $n = 20$ oder 30 Jahre folgende Tabelle:

Zinsfuß p in %	Lebensdauer des Horizontes 20 Jahre		Lebensdauer des Horizontes 30 Jahre	
	R_{20}	Zinsen und Tilgung in %	R_{30}	Zinsen und Tilgung in %
0	—	5	—	3,33
1	18	5,5	25,75	3,85
2	16,4	6,09	22,4	4,42
3	14,87	6,7	19,6	5,1
4	13,59	7,3	17,292	5,7
5	12,5	8,0	15,4	6,5
7	10,6	9,45	12,45	8,05
10	8,514	11,75	9,427	10,6

Diese Werte zeigt uns die linke Seite des Nomogrammes 5.

Sind die Investitionen in der *sozialistischen* Ordnung K_s (ohne Interkalarzinsen!), dann beträgt die Tilgung bei Lebensdauer von

n-Jahren .... $\frac{100}{n}$,
d. h. bei 30 Jahren 3,33%,
„ 25 „ 4,0%,
„ 20 „ .... 5,0% usw.

Die Beträge der Verzinsung *und* Tilgung in der kapitalistischen Ordnung liegen also naturgemäß höher als die der bloßen Tilgung in sozialistischer Ordnung.

Die Tilgung bzw. die Verzinsung und Tilgung, d. h. die Jahresannuität wird durch einen Teil der Jahres- bzw. der Betriebskapazität beglichen.

a) Nach kapitalistischer Ordnung geführte Betriebe

Ist die Jahresverzinsung und Tilgung x % des Investitionskapitals K_k, dann braucht man zur Deckung dieser Summe einen Teil m % Kohle der Jahreskapazität P_j bei einem Preis c.

Die Jahresamortisation (Annuität) beträgt dann

$$\frac{K_k \cdot x}{100}$$

und der notwendige Gegenwert in Kohle

$$P_j \cdot \frac{m}{100} \cdot c,$$

somit

$$\frac{K_k \cdot x}{100} = P_j \frac{m}{100} \cdot c$$

oder

$$K_k \cdot x = P_j\, m \cdot c.$$

Wir geben der Gleichung folgende Form

$$K_k = P_j \frac{m}{x} \cdot c.$$

Rechnet man für die Abschreibung durchschnittlich $m = 10\%$ (minimal 9%, maximal 11%) und nach der Tabelle ..... $x = 8$, 9,45, 8,75, 8,05, so erhält man:

$$\frac{m}{x} = \frac{10}{8} = 1{,}25, \quad \frac{m}{x} = \frac{10}{9{,}45} = 1{,}05, \quad \frac{m}{x} = \frac{10}{8{,}75} = 1{,}14,$$

$$\frac{m}{x} = \frac{10}{10{,}6} = 0{,}94.$$

Bei $m < 10\%$, was in der Praxis auch vorkommt, ist $\frac{m}{x} \doteq 1$, bei manchen Gruben mit günstigen Lagerstättenverhältnissen auch kleiner als 1. Besonders die sorgfältige Berechnung der abbauwürdigen Kohlenvorräte trägt dazu bei, daß der Wert $\frac{m}{x}$ sich dem Werte 1 sehr nähert.

Setzt man die oben berechneten Werte in die Gleichung ein, so erhält man

$$K_k = 1{,}00 \text{ bis } 1{,}25\, P_j \cdot c,$$

d. h. daß die Höhe der Investitionen dem Werte einer 1- bis 1,25fachen Jahresproduktion gleich ist. Daraus resultiert der Kohlenpreis für die Prosperitätsgrenze oder für die Höhe der Gestehungskosten

$$c = \frac{K_k}{1 \text{ bis } 1{,}25\, P_j}$$

Zu diesem $\frac{m}{x} \doteq 1$ gelangte der Verfasser durch die Untersuchung von mehreren Gruben noch vor dem Jahre 1938, und es ist zu bemerken, daß x vom Zinsfuß p abhängig ist, der in kapitalistischer Ordnung nach der Wirtschaftslage und nach der Lebensdauer der Grube oder des Horizontes schwankt. Auch der Wert m schwankt in mäßigen Grenzen und ist z. B. von der Zusammensetzung der Sorten abhängig. Die Beziehung zwischen dem Zinsfuß p, der Lebensdauer der Grube oder des Horizontes, der Amortisationsquote x und dem Kohlenanteil m der Jahreskapazität zeigt das Nomogramm 5 im I. und II. Quadranten.

Nach „Glückauf", 7/8 (1952) ist im Durchschnitt

für westdeutsche Gruben $x = 8{,}9\%$, was DM 3,20,
für amerikanische Gruben $x = 8{,}7\%$, was DM 1,79

an Gestehungskosten darstellt.

Die Untersuchung dieser Werte zeigt im Nomogramm 5

den Zinsfuß $p = 6\%$ bei einer Lebensdauer von 20 Jahren,
„ „ $p = 7\%$ „ „ „ „ 25 „ ,
„ „ $p = 7{,}8\%$ „ „ „ „ 30 „ ,

und für $m = 8{,}9$ bzw. $m = 8{,}7$ das Verhältnis

$$\frac{m}{x} = \frac{8{,}9}{8{,}9} \text{ bzw. } \frac{8{,}7}{8{,}7} = 1,$$

für $m = 10\%$

$$\frac{m}{x} = \frac{10}{8{,}9} = 1{,}123 \text{ bzw. } \frac{10}{8{,}7} = 1{,}15.$$

Die Erzeugungskosten in *Deutschland* betragen:

$$\frac{3{,}2}{8{,}9} \cdot 100 = 35{,}95 \text{ DM}.$$

Die Erzeugungskosten in *Amerika* betragen:

$$\frac{1{,}79}{8{,}7} \cdot 100 = 20{,}57 \text{ DM}.$$

Höhe der Investitionen auf 1 Mio t Jahreskapazität:

$$\text{allgemein} \ldots\ldots K_k = P_j \cdot \frac{m}{x} \cdot c,$$

in Deutschland . . 1 Mio · (1,0 bis 1,123) · 35,95 = 36 bis 40,4 Mio DM,
in Amerika . . . . . 1 Mio · (1,0 bis 1,15) · 20,57 = 20,57 bis 23,7 Mio DM.

Nach Manukjan (Agoschkow: Bestimmung der Grubenkapazität) betragen die Investitionen auf Steinkohlengruben Deutschlands bei einer Förderung von

1000 t/24 Std.	4	6	8	10
d. i. Jahreskapazität	1,2 Mio t	1,8 Mio t	2,4 Mio t	3,0 Mio t
Investitionen auf 1 t Jahresförderung in DM .	48	41	37	35

Man sieht, daß die Investitionen mit steigender Kapazität sinken und daß die Angaben für 6000 bis 10000 t mit den hier errechneten Werten ziemlich gut übereinstimmen.

In Deutschland wird ein Steigen der Investitionskosten erwartet, und wie „Glückauf", 13/14 (1957), S. 358, berichtet, rechnet man im

Ruhrgebiet für neue Gruben mit 10000 Tagesförderung mit 100 bis 120 Mio DM auf 1 Mio t Jahresförderung. Nach Angaben einer Publikation aus dem Jahre 1956 betrug der Durchschnittpreis pro Tonne loco Grube DM 51,80.

Man sieht, daß hier die Investitionskosten $\frac{100}{35}$ bis $\frac{120}{35}$ d. i. 2,86- bis 3,46mal so hoch liegen, wie wir errechnet haben, oder wie MANUKJAN für 10000 t Tageskapazität anführt.

Eine Jahresförderung von 3 Mio t erfordert danach 300 bzw. 360 Mio DM Investitionsausgaben. Setzen wir in die Gleichung

$$K_k \cdot x = P_j \cdot m \cdot c,$$

als c den Kohlenpreis loco Grube mit DM 51,80 ein, so ergibt sich

a) $K_k = 300$ Mio DM

$$300 \cdot 8{,}9 = 3 \text{ Mio} \cdot m \cdot 51{,}80,$$

$$m = \frac{300 \cdot 8{,}9}{3 \cdot 51{,}80} = \frac{100 \cdot 8{,}9}{51{,}80} = \frac{890}{51{,}80} = 17{,}2\%$$

und

$$\frac{m}{x} = \frac{17{,}2}{8{,}9} = 1{,}93.$$

b) $K_k = 360$ Mio DM

$$m = \frac{360 \cdot 8{,}9}{3 \cdot 51{,}80} = \frac{120 \cdot 8{,}9}{51{,}80} = \frac{1068}{51{,}80} = 20{,}62\%$$

und

$$\frac{m}{x} = \frac{20{,}62}{8{,}9} = 2{,}317.$$

Es entfallen von der Jahreskapazität im ersten Falle 17,2%, im zweiten 20,62% auf die Deckung von Verzinsung und Tilgung.

Wie hoch könnten die Investitionskosten für 1 Mio t Jahresförderung sein, wenn die Amortisation mit nur 10% der Jahresförderung gedeckt werden sollte?

Auf 3 Mio t

$$K_k \cdot 8{,}9 = 3 \cdot 10 \cdot 51{,}80,$$

$$K_k = \frac{3 \cdot 10 \cdot 51{,}80}{8{,}9} = \frac{1554}{8{,}9} = 174{,}606 \text{ Mio DM}\cdot$$

auf 1 Mio t jährlich — ein Drittel = 58,2 Mio DM.

Diese erhöhten Investitionen hängen wahrscheinlich mit kleinerem Kohlenreichtum der neuen Grubenfelder und damit auch mit kürzerer Lebensdauer, größeren Teufen und schwierigen Verhältnissen, aber auch mit den gegenüber dem Kohlenpreis sehr stark gestiegenen Preisen der Zulieferindustrie zusammen.

Wenn sich der Kohlenpreis von c auf c_1 ändert, ändert sich auch der Kohlenanteil m auf

$$m_1 = \frac{c}{c_1} \cdot m.$$

Zum Beispiel:

a) $$c_1 = 1{,}1\,c \;\ldots.\; m_1 = \frac{c}{1{,}1\,c} \cdot m = \frac{1}{1{,}1} \cdot m = 0{,}909\,m.$$

Der Preis $c = 400$ We (Währungseinheiten) wird auf $c_1 = 440$ We erhöht

$$m_1 = \frac{400}{440} \cdot m = \frac{10}{11} \cdot m = 0{,}909\,m.$$

b) $$c_1 = 0{,}9\,c \qquad m_1 = \frac{c}{0{,}9\,c} \cdot m = \frac{1}{0{,}9} \cdot m = 1{,}11\,m.$$

Der Preis $c = 400$ We wird auf $c_1 = 360$ We gesenkt

$$m = \frac{400}{360} \cdot m = \frac{10}{9} \cdot m = 1{,}11\,m.$$

b) Sozialistische Ordnung

In sozialistischer Ordnung, wie wir sie auf S. 136 definiert haben, kennt man keine Interkalarzinsen und keine Verzinsung der Investitionen, sondern nur die Tilgung derselben nach der Lebensdauer der Grube oder des Horizontes. Bei einer Lebensdauer von n Jahren beträgt die Tilgung $\frac{100}{n}\%$, und es ist für

$$n = 10 \text{ Jahre} \qquad x = \frac{100}{10} = 10\% \text{ Tilgung},$$

$$n = 20 \;\;,, \qquad x = \frac{100}{20} = 5\% \;\;,, \;\;,$$

$$n = 25 \;\;,, \qquad x = \frac{100}{25} = 4\% \;\;,, \;\;,$$

$$n = 30 \;\;,, \qquad x = \frac{100}{30} = 3{,}33 \;\;,, \;\;.$$

Setzt man in die Gleichung für $x = \frac{100}{n}$, also

$$K_s \frac{100}{n} = P_j \cdot m \cdot c,$$

$$K_s = n\,P_j \frac{m}{100} \cdot c,$$

und sind $n\,P_j$ die berechneten abbauwürdigen Kohlenvorräte in der projektierten Grube oder auf dem Horizont, dann ist $\frac{m}{100}$ der Anteil der Jahresförderung, der die Höhe der Investitionen abgrenzen soll. Diesen Anteil schätzt der Verfasser durchschnittlich mit 10% für einen rentablen Betrieb. Danach kann man die obere Gleichung schreiben:

$$K_s = n\, P_j \frac{1}{10} c$$

oder

$$\frac{K_s}{c} = \frac{1}{10} n\, P_j,$$

was besagt, daß die Investitionen nicht den Wert eines Zehntels der abbauwürdigen Kohlenvorräte überschreiten sollen, bzw. daß sie höchstens dem Werte der Produktion eines Zehntels der Lebensdauer einer Grube oder eines Horizontes gleich sein können, also bei einer Lebensdauer von $n = 30$ Jahren der Produktion von 3 Jahren oder bei $n = 25$ Jahren der Produktion von 2,5 Jahren usw. *Je kleiner die Lebensdauer, desto wirtschaftlicher muß daher das Projekt ausgearbeitet werden.* Das wird uns eine einfache Erwägung beweisen: Wir setzen einen typisierten Betrieb von 1,5 Mio t Jahreskapazität voraus und nehmen einmal 30, dann 25 und 20 Jahre Lebensdauer an. Es ist klar, daß der typisierte Betrieb für jede angenommene Lebensdauer fast genau dieselben Investitionen haben wird, die mit 10% der abbauwürdigen Kohlenvorräte für die Lebensdauer von 30 Jahren geschätzt werden sollen.

Man erhält folgende Vergleichstafel:

Betrieb	Kapazität Mio t im Jahr	Lebens-dauer n Jahre	Abbauwürdige Vorräte Mio t	Höhe der Investitionen in Mio t	$m\%$	$x\% = \frac{100}{n}$	$\frac{m}{x}$
1	1,5	30	45	4,5	10	3,33	3
2	1,5	25	37,5	4,5	12	4,0	3
3	1,5	20	30	4,5	15	5,0	3

Wenn man die Investitionen mit 10% der abbauwürdigen Kohlenvorräte für die Lebensdauer von 20 Jahren schätzt, stellt sich die Vergleichstafel folgendermaßen:

Betrieb	Kapazität Mio t im Jahre	Lebens-dauer n Jahre	Abbauwürdige Vorräte Mio t	Höhe der Investitionen in Mio t	$m\%$	$x\% \frac{100}{n}$	$\frac{m}{x}$
1	1,5	30	45	3,0	6,67	3,33	2
2	1,5	25	37,5	3,0	8	4,0	2
3	1,5	20	30	3,0	10	5,0	2

Die Analyse von sieben tatsächlich projektierten Betrieben zeigt den wirklichen Wert von $\frac{m}{x}$.

1. $\frac{m}{x} = 5{,}2145$,
2. $\frac{m}{x} = 4{,}003$,
3. $\frac{m}{x} = 3{,}3083$,
4. $\frac{m}{x} = 3{,}19$,
5. $\frac{m}{x} = 3{,}063$,
6. $\frac{m}{x} = 2{,}4802$,
7. $\frac{m}{x} = 2{,}101$.

Der gewogene Durchschnitt von allen sieben Fällen beträgt $\frac{m}{x} = 3{,}283 \cong 3{,}3$.

Der gewogene Durchschnitt $\frac{m}{x} = 3{,}3$ entspricht dem unter 3. angeführten Betriebe. Der Betrieb 1 und 2 sind unter, die Betriebe 4, 5, 6 und 7 über dem Durchschnitt. In Position 5 ist $m = 9$ bis 11%, d. i. im Durchschnitt 10%, welche als angemessener Anteil der Jahresförderung zur Tilgung der Investitionen geschätzt werden. Dann muß die Lebensdauer sein:

für ..... $m = 9\%$ $n = 36{,}5$ Jahre,
$m = 10\%$ $n = 33$ „ ,
$m = 11\%$ $n = 30$ „ ,

was dem Nomogramm zu entnehmen ist.

Sollte z. B. die Lebensdauer 25 Jahre sein, dann ist $m = 13{,}25\%$ für $\frac{m}{x} = 3{,}3$. Die Höhe der Investitionen ist im unteren linken Quadranten desselben Nomogramms für $m = 9\%$ und 10% und für den Preis von 90, 100 und 110 Währungseinheiten (We) angegeben. Zum Beispiel: Ein Betrieb von 2 Mio t Jahreskapazität und 30 Jahren Lebensdauer hat abbauwürdige Kohlenvorräte $2 \cdot 30 = 60$ Mio t. Bei einem Preise von 110 We und $m = 10\%$ können die Investitionen höchstens $\frac{60}{10} \cdot 110 = 660$ Mio We betragen.

Die Jahrestilgung beträgt 0,2 Mio · 110 We = 22 Mio We, d. s. in 30 Jahren ... $30 \cdot 22 = 660$ Mio We, was der tatsächlichen Höhe der Investitionen entspricht.

Es ist aber hier notwendig darauf zu achten, daß die Jahreskapazität nicht nur im Hinblick auf die gegebenen Lagerstättenverhältnisse, sondern auch auf die Wirtschaftlichkeit des Projektes bestimmt ist.

Das betrifft z. B. die Gewinnung verlassener Schutzpfeiler (Schacht-, Bahnhof-, Fabriksschutzpfeiler usw.), wo die Investitionen nicht den Wert eines Zehntels der gewinnbaren Kohlenvorräte überschreiten sollen.

Besonders aber ist die Beachtung der Wirtschaftlichkeit wichtig, wenn die Kapazität eines Förderschachtes überschritten werden soll. Projektiert man z. B. eine Anlage auf eine Kapazität von 2 Mio t jährlich, wobei durch einen Förderschacht mit zwei Fördereinrichtungen eine Kapazität von etwa 1,5 Mio t bewältigt werden kann, dann würde der zweite Förderschacht mit einer Fördereinrichtung im gegebenen Falle nur den Rest, d. i. 0,5 Mio t decken können. Dadurch wäre die Wirtschaftlichkeit des Projektes in Frage gestellt, da die Kapazität des zweiten Förderschachtes mit zwei Fördereinrichtungen nicht voll ausgenützt werden könnte.

Sollte aber z. B. der Staat diese 0,5 Mio t Kohle jährlich brauchen und wäre er sonst gezwungen, diese gegen Devisen aus dem Auslande zu beziehen, ist es nicht ausgeschlossen, daß eine solche Anlage doch gebaut wird, um den Bedarf aus eigenen Quellen auch bei höheren Investitionen zu decken. Die Gründe für solche Entschlüsse sind *politischer* und nicht wirtschaftlicher Natur.

Wie wir gesehen haben, hängen die Investitionen direkt von der Jahresförderung (verwertbare Kohle) oder von der Betriebskapazität P_j und dem Kohlenpreis c ab. Daraus resultiert der Investitionsanteil für 1 t abbaufähiger Vorräte.

$$\text{Anteil} = \frac{\text{Investitionen}}{\text{abbaufähige Vorräte}} =$$

$$= \frac{\text{Investitionen}}{\text{Lebensdauer des Horizontes} \cdot \text{Jahreskapazität}} = \frac{K}{n \cdot P_j}.$$

Für

a) kapitalistische Ordnung gilt $\frac{1 \text{ bis } 1{,}25 \cdot P_j \cdot c}{n \cdot P_j} = 1 \text{ bis } 1{,}25 \frac{c}{n}$

b) sozialistische Ordnung gilt $\frac{n \cdot P_j \frac{m}{100} \cdot c}{n \cdot P_j} = \frac{m \cdot c}{100} = \frac{1}{10} c.$

Der Investitionsanteil pro Tonne dient beim Projekt als Kennziffer.

Es wurde bereits erwähnt, daß die Durchführung der Investitionsarbeiten z. B. von neuen Gruben einige Jahre dauert; innerhalb dieser Zeit, d. h. vor Einsetzen der Förderung und auch noch während der Anlaufzeit, in der der Betrieb noch nicht seine volle Kapazität erreicht hat, erhöhen sich die Investitionen um den Zinsendienst. Diese Erhöhung beträgt z. B. für eine Zeit von 5 Jahren und bei einem Zinsfuß von 5% etwa 13 bis 15%; das ergibt bei Investitionskosten, die in die Millionen gehen, sehr hohe Beträge. Deshalb ist es ein Gebot für den Techniker, die Zeit des Aufbaues, worin das Schachtabteufen den größten Zeitaufwand erfordert, unter Anwendung erfolgreicher Mittel (Mechanisierung, Schnellvortrieb, Organisation, ausgesuchte Arbeitsküren) auf ein Mindestmaß zu verkürzen.

Später wird gezeigt werden, daß es hier eine Beziehung zwischen dem Kohlenpreis je Tonne, der Lohnkomponente bzw. den Gestehungskosten und der Schichtleistung gibt.

Agoschkow sagt in seinem Buche: „Optimale Jahresleistung hängt von vielen Faktoren ab, unter ihnen ist der Preis einer der hauptsächlichsten, niemals aber der entscheidende"[1].

Das ist verständlich, denn in einer sozialistischen Staatsform gilt als Grundsatz, daß man mit einem günstigen Ergebnis in einem Wirtschaftsektor ein eventuell ungünstiges in einem anderen Sektor ausgleichen und damit das wirtschaftliche Gleichgewicht herstellen bzw. nach den Staatsbedürfnissen und Staatsinteressen zielbewußt regeln kann.

Sollte aber der ganze Kohlensektor wegen eines niedrigen Preises (d. h. niedriger als die Gestehungskosten) unter die Prosperitätsgrenze gelangen und sollte er nur durch einen richtigen (d. h. höheren) Preis wieder rehabilitiert werden, würde dies bedeutsame Auswirkungen in den Gestehungskosten aller Kohlenverbraucher, wie der Energiewirtschaft, der Schwerindustrie, der Chemie, des Transportwesens usw., haben.

Soweit die Verbrauchersektoren die Kohle zu Preisen unter den Gestehungskosten beziehen, täuschen sie gute Betriebsergebnisse nur vor. Es folgert daraus, daß es umsichtig und vernünftig ist, den Kohlenpreis in einem angemessenen Verhältnis zu den übrigen Wirtschaftsgütern zu halten, um die Prosperität der Grube zu *sichern*. Das ist allerdings nicht nur eine wirtschaftliche, sondern auch eine politische und technische Frage insofern, als zur Hebung der Produktivität alle Möglichkeiten ausgenützt werden sollen, um eine Senkung der Gestehungskosten (und demzufolge auch der Kohlenpreise) zu erzielen. In einem prosperierenden Betriebe arbeitet sich der Techniker leichter. Je mehr ein Staat industrialisiert ist, desto höher ist der Anteil der Kohle in Tonnen pro Kopf, wenn keine anderen Energieträger (Wasser, Erdöl oder Erdgas) vorhanden sind. Bei unrichtig niedrigen Kohlenpreisen trägt die Bevölkerung durch einen höheren Anteil des Nationaleinkommens zur Deckung der Differenz zwischen Gestehungskosten und Kohlenpreisen bei.

2. Analyse der Betriebsprosperität

Alle zur Gewinnung und Aufbereitung der Kohle aufgewendeten Kosten müssen oder sollen aus dem Erlös der Kohle gedeckt werden und der Betrieb ist dann im Gleichgewicht, d. h. an der Grenze der Prosperität, wenn der Ertrag für die Kohle (Markt-, Absatz- oder Um-

[1] Das gilt nur bei einem kleinen Anteil der Kohle pro Kopf der Bevölkerung im Staate. Ist aber der Anteil größer, dann ist der Ausgleich schwieriger, und es sagte z. B. Sudoplatow, daß die UdSSR nicht mehr die Kohle um jeden Preis brauche, sondern nur bei gewisser Produktivität.

rechnungspreis ohne Steuern und Abgaben an Dritte) allen aufgewendeten Kosten gleich ist. Dafür ist die Gesamtleistung des Betriebes maßgebend, d. i. jene Kohlenmenge, welche je Kopf (Schicht) aller im Betrieb Beschäftigten unter- und obertags fällt. Nach volkswirtschaftlichen Grundsätzen soll der Absatzpreis höher liegen als die Summe aller Gestehungskosten.

Wenn

e_u die Leistung in der Gewinnung,

p_u der Prozentsatz der Schichten in der Gewinnung, d. h. der Prozentsatz der produktiven Schichten, z. B.
a) 25%, b) 30%,

0,9 die Kohlenmenge aus den Abbauen (aus der Aus- und Vorrichtung dann 0,1),

η das Verhältnis aller Untertagschichten zu den Gesamtschichten im Betrieb, z. B. 78%, ist,

dann ist die Gesamtleistung des Betriebes e_s

$$e_s = \frac{e_u \cdot p_u}{100 \cdot 0{,}9} \cdot \eta,$$

für a) eingesetzt $p_u = 25\%$, $\eta = 78\%$,

$$e_s = \frac{e_u \cdot 25}{100 \cdot 0{,}9} \cdot \frac{78}{100} = 0{,}2166\, e_u,$$

für b) eingesetzt $p_u = 30\%$, $\eta = 78\%$,

$$e_s = \frac{e_u \cdot 30}{100 \cdot 0{,}9} \cdot \frac{78}{100} = 0{,}26\, e_u.$$

Daraus sieht man vor allem, daß sich die Gewinnungsleistung auf 21,66%, bzw. 26% der ursprünglichen Leistung senkt. Die Gesamtleistung e_s wird um so größer,

1. je größer der Prozentanteil an produktiven Schichten (in der Gewinnung) ist,

2. je größer der Anteil der Belegschaft in der Grube gegenüber dem Gesamtstand im Betriebe, d. h. je wirtschaftlicher der Obertag belegt ist,

3. je höher die Gewinnungsleistung ist.

Zergliedern wir daher für die Berechnung die Gestehungskosten je Tonne Kohle auf die einzelnen Posten, die noch weiter detailliert werden können, z. B.

$X\%$ für Löhne und Gehälter einschließlich aller sozialen Lasten des Betriebes,

$Y\%$ für den Energiebedarf,

$Z\%$ für Material,

$u\%$ für die Amortisation,

$s\%$ für sonstiges,

$w\%$ als Reingewinn,

und wollen wir dann die Kosten und den Reingewinn *in Kohle* ausdrücken, dann können wir schreiben:

$$\text{a)}\qquad 1\,\mathrm{t} = \frac{X}{100}\,\mathrm{t} + \frac{Y}{100}\,\mathrm{t} + \frac{Z}{100}\,\mathrm{t} + \frac{u}{100}\,\mathrm{t} + \frac{s}{100}\,\mathrm{t} + \frac{w}{100}\,\mathrm{t}$$

oder

$$\text{b)}\qquad 1 = \frac{X}{100} + \frac{Y}{100} + \frac{Z}{100} + \frac{u}{100} + \frac{s}{100} + \frac{w}{100}.$$

Diese Gleichung können wir nacheinander multiplizieren:

c) einmal mit e_s, d. i. mit der Gesamtleistung des Betriebes (Werksleistung) und erhalten:

$$e_s = \frac{X}{100}\,e_s + \frac{Y}{100}\,e_s + \frac{Z}{100}\,e_s + \frac{u}{100}\,e_s + \frac{s}{100}\,e_s + \frac{w}{100}\,e_s,$$

d) weiters mit c, d. i. mit dem Tonnenpreis der Kohle und erhalten:

$$c = \frac{X}{100}\cdot c + \frac{Y}{100}\cdot c + \ldots + \frac{w}{100}\cdot c,$$

e) schließlich mit $e_s \cdot c$, d. h. mit dem Wert der Schichtproduktion und erhalten:

$$e_s \cdot c = \frac{X}{100}\cdot e_s \cdot c + \frac{Y}{100}\,e_s \cdot c + \ldots + \frac{w}{100}\,e_s\,c.$$

Wir können also die Gestehungskosten und den Reingewinn nach allen fünf hier angeführten Gesichtspunkten auf dieselbe Art betrachten. Dabei müssen wir uns bewußt sein, daß:

$\frac{X+Y+Z+u+s}{100}$ die Gestehungskosten (100%) sind,

$\frac{X+Y+Z+u+s}{100} + \frac{w}{100}$ die Gestehungskosten plus Reingewinn (100%) bedeuten, d. h. den Verkaufspreis ab Betrieb bei erfolgreicher Führung desselben.

Man setzt voraus, daß bei einer gewissen Gesamtleistung e_s die Gestehungskosten mit dem Verkaufspreise gerade im Gleichgewichte stehen. Diese Gesamtleistung e_s ist in den Gestehungskosten aufgeteilt:

$$e_s = \frac{X}{100}\,e_s + \frac{Y}{100}\,e_s + \frac{Z}{100}\,e_s + \frac{u}{100}\,e_s + \frac{s}{100}\,e_s,$$

wobei z. B. der Lohnanteil $\frac{X}{100}\cdot e_s$ ist, aber wo $\frac{w}{100}\cdot e_s = 0$ ist, da mit einem Reingewinn nicht gerechnet wird.

Erhöht man z. B. durch Mechanisierung, Rationalisierung oder Organisation die Gesamtleistung e_s um Δe_s auf $e_s + \Delta e_s$ und *bleibt die Kapazität des Betriebes dieselbe*, so bleiben auch — wie gezeigt wird — die gesamten Kosten die gleichen. Man kann die Gleichung in folgender Art schreiben:

$e_s + \Delta e_s$ = frühere Gestehungskosten plus Reingewinn in der Höhe von Δe_s. Waren die Gestehungskosten e_s (= 100%), so sind sie bei der erhöhten Leistung in Prozenten:

$$\frac{e_s}{e_s + \Delta e_s} \cdot 100.$$

Bei einer Erhöhung der Leistung um 10%, d. i. auf 1,1 e_s, sinken z. B. die Gestehungskosten auf $\frac{e_s}{1{,}1 \cdot e_s} \cdot 100 = \mathit{90{,}9}\%$, bei einer Leistungssteigerung um 20%, d. i. von e_s auf 1,2 e_s, sinken die Gestehungskosten auf

$$\frac{e_s}{1{,}2 \cdot e_s} \cdot 100 = 83{,}5\%,$$

bei einer Steigerung um 30%, d. i. auf 1,3 e_s, sinken die Gestehungskosten auf

$$\frac{e_s}{1{,}3 \cdot e_s} \cdot 100 = 77{,}0\%$$

usw. bis zu einer Leistungssteigerung um 100%, d. i. auf 2 e_s .... $\frac{e_s}{2\,e_s} \cdot 100 = \mathit{50}\%$.

Sollte jedoch die Gesamtleistung e_s um Δe_s auf $e_s - \Delta e_s$ fallen, würden die Gestehungskosten von der früheren Leistung e_s = 100% zur gesenkten Leistung auf

$$\frac{e_s}{e_s - \Delta e_s} \cdot 100$$

anwachsen.

Zum Beispiel:

Bei Senkung der Leistung um 10%, d. i. von e_s auf 0,9 e_s, erhöhen sich die Gestehungskosten bei der verminderten Leistung auf

$$\frac{e_s}{0{,}9 \cdot e_s} \cdot 100 = 111{,}1\%,$$

bei einer Senkung um 20%, d. i. auf 0,8 e_s, erhöhen sich die Gestehungskosten auf

$$\frac{e_s}{0{,}8\,e_s} \cdot 100 = 125\%,$$

bei einer Senkung der Leistung um 30%, d. i. auf 0,7 e_s, erhöhen sich die Gestehungskosten auf

$$\frac{e_s}{0{,}7\,e_s} \cdot 100 = 142\%,$$

bei einer Senkung auf 0,5 e_s wachsen sie auf 200% an.

Den Verlauf des Absinkens und des Ansteigens der Gestehungskosten sieht man in der obersten Kurve in Abb. 35.

Hier ist auffallend, daß bei einer

Leistungssteigerung	um	10%	die Gestehungskosten	um 9,1%	fallen,
Leistungssenkung	„	10%	„ „	„ 11,1%	steigen,
Leistungssteigerung	„	20%	„ „	„ 16,5%	fallen,
Leistungssenkung	„	20%	„ „	„ 25,0%	steigen,
Leistungssteigerung	„	30%	„ „	„ 23,0%	fallen,
Leistungssenkung	„	30%	„ „	„ 42,8%	steigen.

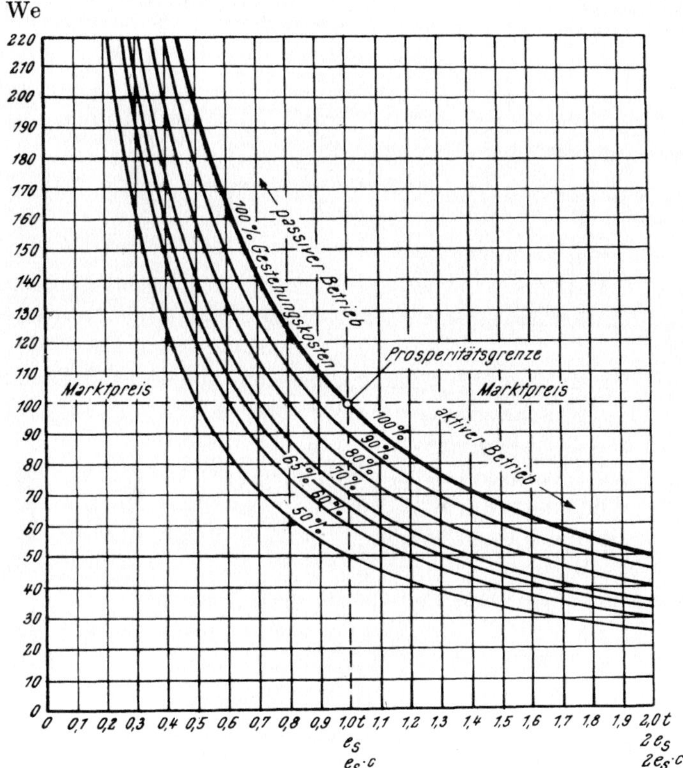

Abb. 35. Fallen und Steigen der Gestehungskosten in Beziehung zur Leistungssteigerung

Man sieht, daß ein Sinken der Betriebsprosperität rascher vor sich geht als eine Besserung, was aus der Praxis bekannt ist.

Zur Analyse der einzelnen Posten wollen wir hinzufügen: Die Analyse wurde unter der Annahme durchgeführt, daß die Betriebskapazität die gleiche bleibt, während sich die Leistung ändert. Es bleibt vor allem *der Anteil der Amortisation* $\frac{u}{100} \cdot e_s$ der gleiche, denn derselbe bezieht sich auf die Jahreskapazität, außer es würde eine Leistungserhöhung durch Einsatz von neuen Maschinen (neue Investitionen) eintreten, die man gleich abschreiben möchte. Der Anteil würde allerdings in der gesamten Abschreibungsquote unbedeutend sein.

Der Energieanteil (Fördermaschinen, Ventilatoren, Kompressoren usw.) bleibt ebenfalls der gleiche, denn die Kapazität des Betriebes bleibt gleich, außer es würden neue Maschinen in Betrieb genommen, welche vorher nicht im Betrieb waren, und zwar neben den alten, aber niemals an Stelle dieser; oder wenn der Abbau in einem mächtigen Flöz zu Ende geht und an seiner Stelle ein Flöz von halber Mächtigkeit käme. Aber auch diese Energieerhöhung würde im Grenzfalle nicht hoch sein.

Der Materialanteil bei gleicher Betriebskapazität ändert sich in einem geordneten Betriebe ebenfalls nicht.

Der Anteil „Sonstiges“ dürfte ebenfalls keine auffallenden Ausschläge nach oben machen.

Der Lohnanteil ist $\frac{X}{100} \cdot e_s$ und bei einem Kohlenpreis c ist der Durchschnittslohn $\frac{X}{100} \cdot e_s \cdot c$.

Wurde die Leistungssteigerung durch neue leistungsfähigere Maschinen erreicht, dann müssen neue Gedingesätze bzw. neue Normen erstellt werden.

Wurde die Leistungssteigerung durch eine Senkung der Belegschaft erzielt, d. h. durch Erhöhung der individuellen Leistung, kann der Lohn der eingesparten Schichten zugunsten der produktiven Bergleute verwendet werden (gewöhnlich nur ein Teil davon), und es bleibt noch immer die Lohnsumme gleich. Dabei lassen wir die Verminderung der Regie (Senken der Kosten bei der An- und Ausfahrt, der sozialen Lasten, Urlaub, der Deputate, Lampen usw.), die sich teilweise hier, teilweise in anderen Komponenten der Gestehungskosten zeigt, außer acht. Es kann daher die Summe der Löhne absolut gleich bleiben wie vor der Leistungssteigerung, eventuell auch höher werden, und doch ergibt sich eigentlich eine Senkung der Gestehungskosten.

Wenn wir daher die frühere Gleichung $e_s = \frac{e_u \cdot p_u}{100 \cdot 0{,}9} \cdot \eta$ aufschreiben, so sehen wir, daß eine Erhöhung der Gesamtleistung durch Erhöhung der Gewinnungsleistung e_u (ob nun durch Besserung der Verhältnisse, Mechanisierung, Organisation, bessere Arbeitsintensität usw.) und durch Erhöhung des produktiven Schichtenanteiles p_u in der Gewinnung [d. h. durch eine zielbewußte und durchdachte Betriebsführung des Aufschlusses, der Vorrichtung, des Transportes und der Erhaltung und durch ein günstigeres Verhältnis der Belegschaft der Grube innerhalb des Gesamtstandes des Betriebes (η)] zustande kommen kann.

Wenn man sich daher bewußt ist, daß 100% der Gestehungskosten einer Tonne gerade den Erlös für eine Tonne Kohle bilden, d. h. den Verkaufspreis (ohne Abgaben und Rabatte an Dritte), so bedeutet dieser

Punkt die Prosperitätsgrenze des Betriebes. Ebenso gut kann man auch sagen, daß die Prosperitätsgrenze des Betriebes *durch eine bestimmte Gesamtleistung* gebildet wird, deren Erhöhung zu einem erfolgreichen (aktiven) und deren Senkung zu einem Verlustbetrieb (passiven Betrieb) führt. Bei einem Verlustbetrieb sind die Erzeugungskosten höher, bei einem erfolgreichen Betrieb kleiner als der Verkaufspreis. In einem erfolgreichen Betrieb sind die Gestehungskosten in bezug auf den Verkaufspreis um den Reingewinn kleiner, was im Diagramm Abb. 36 zu sehen ist.

Dasselbe sieht man im Nomogramm Nr. 2, IV. Quadrant, wo die errechneten Anteile der einzelnen Komponenten der Gestehungskosten eingezeichnet sind. Ein wichtiger Punkt in diesem IV. Quadranten ist die *Prosperitätsgrenze* für eine bestimmte Gesamtleistung e_s, bei der die Gestehungskosten gleich groß sind wie der Erlös. Von diesem Punkte an in der Richtung nach aufwärts liegt zufolge der Steigerung der Gesamtleistung über e_s der *erfolgreiche* (aktive), in der Richtung nach *abwärts* zufolge der Senkung der Gesamtleistung unter e_s der *Verlustbetrieb*.

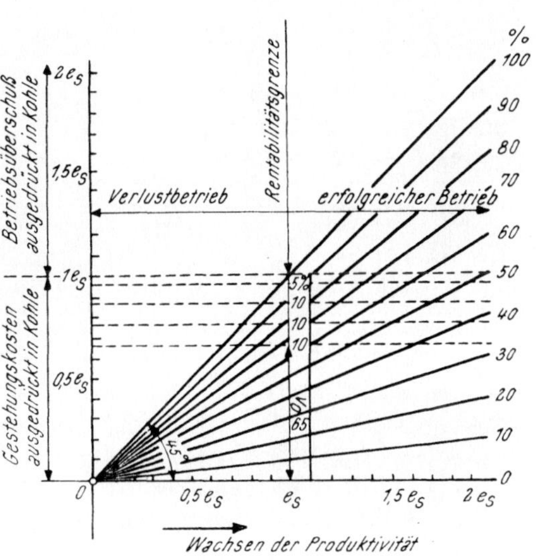

Abb. 36. Beziehungen zwischen Leistung und Erfolg (statt V_0 lies e_s)

Im Nomogramm Nr. 2 sind im I. Quadranten auf der waagrechten Achse die Flözmächtigkeiten von 0 bis 3,5 m aufgetragen, denen die zuständigen Gewinnungsleistungen nach der Kohlenfestigkeit[1] *a*, *b*, *c* entsprechen. Auf der senkrechten Achse sind die Gewinnungsleistungen, die im II. Quadranten reduziert dargestellt sind — nach dem Prozentsatz der eingesetzten produktiven Schichten —, und die aus der Gewinnung resultierende Grubenleistung ersichtlich.

(Es sei nebenbei bemerkt, daß die Gaussschen Kurven der Kohlenfestigkeit *a*, *b*, *c* auch dadurch interessant sind, daß die höchsten Gewinnungsleistungen bei Flözmächtigkeiten von zirka 1,6 ~ 1,75 m liegen, und daß deshalb die Teilung der mächtigen Flöze auf zwei oder mehrere

[1] = Lösbarkeit.

Scheiben von diesem Standpunkt zwecks Hebung der Leistung überhaupt und der Sicherheit vorgenommen werden soll.)

Im III. Quadranten ist die aus der Gewinnungsleistung resultierende Grubenleistung unter Berücksichtigung der Kohle aus der Vorrichtung $\left(e_g = \frac{e_u \cdot p_u}{100 \cdot 0,9}\right)$ mit gleichzeitiger Reduzierung auf die Gesamtleistung ($\eta = 0,78$) dargestellt. Zum Beispiel: Ist die Grubenleistung 2 t, dann ist die Gesamtleistung (Werksleistung) $2 \cdot 0,702 = 1,404$ t. Setzt man voraus, daß diese Leistung von 1,4 t gerade noch die Gestehungskosten deckt, d. h. der Betrieb steht gerade an der Prosperitätsgrenze, so sind:

Löhne und Gehälter . .	65% = 0,91 t	Kohle bei einem Preis von	400 We/t	364,0 We
Energie	12% = 0,167 t	„ „ „ „ „	400 We/t	66,8 We
Material	11% = 0,153 t	„ „ „ „ „	400 We/t	61,2 We
Sonstiges . . .	5% = 0,07 t	„ „ „ „ „	400 We/t	28,0 We
Amortisation	7% = 0,10 t	„ „ „ „ „	400 We/t	40,0 We
Zusammen .	100% = 1,40 t	Kohle bei einem Preis von	400 We/t	560,0 We

Wir untersuchen nun die Auswirkungen einer Leistungssteigerung und einer Leistungssenkung um 30% der angenommenen Gesamtleistung von 1,4 t.

Im ersten Falle steigt die Leistung von 1,4 t um 30%, d. s. 0,42 t, auf 1,82 t. Bei einem Kohlenpreis von 400 We/t ergibt das einen Überschuß von $400 \cdot 0,42 =$ *168 We.*

Umgekehrt entsteht bei Senkung der Leistung von 1,4 t um 30%, d. s. 0,42 t, auf 0,98 t ein Verlust von *168 We.*

Die Beziehung zwischen den Gestehungskosten (in Tonnen Kohle ausgedrückt) und der erzielten Gesamtleistung ist durch tg α im Nomogramm 2, IV. Quadrant, gegeben. Bei $\alpha = 45°$ oder tg $\alpha = 1 = 100\%$ liegt die Prosperitätsgrenze.

Bei tg $\alpha < 1$ ist der Betrieb erfolgreich (aktiv),
bei tg $\alpha > 1$ „ „ „ verlustig (passiv).

Auf der waagrechten Achse im selben Quadranten sind die Tonnen aufgetragen, welche die Gestehungskosten darstellen, unter dieser Achse im Quadranten IV a ist auf der senkrechten Achse der Preis für 1 t in We vermerkt; die Kurven im Quadranten zeigen die Durchschnittslöhne an.

Das Nomogramm 2 zeigt im IV. Quadranten als Fall A einen Betrieb, der mit $e_s = 1,4$ t an der Prosperitätsgrenze liegt, als Fall B einen Betrieb mit einer um 30% höheren Leistung und als Fall C einen Betrieb mit einer um 30% niedrigeren Leistung.

Bei einer angenommenen Betriebskapazität von 4000 t (s. Nomogramm 2, V. Quadrant) beträgt

bei einer Leistung von 1,4 t die Schichtanzahl........ $\frac{4000}{1,4} = 2857$

„ „ „ „ 1,82 t „ „ .... $\frac{4000}{1,82} = 2198$

das entspricht einer Verringerung um........................ 659

Bei gleicher Schichtanzahl von 2857 und einer Leistungssteigerung auf 1,82 t würden wir die Kapazität von 4000 auf 5200 t erhöhen können, welche sich mit den bestehenden Einrichtungen unter der Voraussetzung erreichen ließe, daß:

a) der Aufschluß und die Vorrichtung der erhöhten Förderung angepaßt werden,

b) die produktive Arbeitszeit beibehalten wird, was hier möglich ist, denn *die gleiche Anzahl* der Belegschaft bei erhöhter Kapazität *wird die An- und Ausfahrt nicht verlängern.*

Bei einem Absinken der Leistung auf 0,98 t und bei Einhalten der Kapazität von 4000 t müßte die notwendige Schichtzahl betragen: $4000 : 0{,}98 = 4081$, d. i. um $4081 - 2857 = 1224$ Schichten mehr, d. s. für die Grube um $1224 \cdot 0{,}78 = 955$ Arbeiter mehr. Es wären also je Förderschicht $955 \cdot \frac{2}{5} = 382$ Arbeiter mehr in der Grube notwendig, was eine ungewöhnliche Betriebsstörung hervorrufen würde: Die verlängerte Ein- und Ausfahrt bei erhöhter Belegschaft würde eine Verkürzung der produktiven (effektiven) Arbeitszeit und damit ein weiteres Sinken der Grubenleistung mit sich bringen. Da aber ein weiteres Sinken der Förderkapazität untragbar wäre, müßte *zur Rettung der produktiven (effektiven) Arbeitszeit und der Leistung erwogen werden, die Betriebskapazität herabzusetzen.*

Mit dieser Analyse wollen wir nur andeuten, daß die Verschlechterung eines Betriebes in Wirklichkeit rascher fortschreitet als dies die Analyse zeigt. Würde man eine Verschlechterung des Betriebes dulden, so würde es zum Zusammenbruch der Betriebsprosperität führen. Daher muß sich die Betriebsleitung von Zeit zu Zeit überzeugen, ob die Stabilität der erforderlichen Gesamtleistung gesichert ist.

Endlich zeigt der Quadrant VI des Nomogramms Nr. 2 die Beziehung zwischen dem Kohlenpreis, der jährlichen Betriebskapazität und der Höhe der Investitionen für die Grenze der Prosperität einschließlich der Interkalarzinsen (in Betrieben kapitalistischer Ordnung), wie wir diese Beziehung bereits früher abgeleitet haben. Zum Beispiel sollen bei einem Kohlenpreis von 400 We und einer Jahreskapazität von 1,2 Mio t die Investitionen nicht höher sein als 480 bis 600 Mio We. Die Investitionshöhe für einen Betrieb sozialistischer Ordnung ist in Nomogramm 5, unterer linker Quadrant, enthalten. Hier ist eine wirtschaftliche Beziehung als Ausgangspunkt für eine bergtechnische Planung angegeben.

Das Nomogramm Nr. 2 ermöglicht, die Voraussetzungen oder die ausschlaggebenden Faktoren für die Prosperität einer bestimmten Grube zu verfolgen und die schwachen Stellen des Betriebes frühzeitig festzustellen, wie: eine zu niedrige Gewinnungsleistung, einen niedrigen Prozentsatz produktiver Schichten untertags, einen zu hohen oder zu niedrigen Stand der Grubenbelegschaft, zu hohe Investitionen usw. Dieses Nomogramm ermöglicht es auch, die Entwicklung der Leistung beim Übergang von günstigen in weniger günstige Flöze und umgekehrt abzuschätzen.

Der Autor war bemüht, den Zusammenhang zwischen der technischen Arbeit und deren wirtschaftlichen Ergebnissen festzustellen und die Gesetzmäßigkeiten nachzuweisen. Diese technisch-wirtschaftlichen Gesetzmäßigkeiten, die überall Gültigkeit haben, bilden den Leitfaden der Arbeit des Bergbautechnikers, d. h. sie bestimmen die wirtschaftliche Strategie; alles andere ist wirtschaftliche Taktik, die von der Art, dem Zeitpunkt und dem Entwicklungsstadium des Bergbaues in den einzelnen Ländern abhängig ist.

Die zur Verfügung stehenden Angaben der einzelnen Staaten sind nicht einheitlich und es ist daher schwer, eine vergleichende Analyse anzustellen. Aus diesen Angaben kann wohl meist ein Bild vom gesamten Stand des Kohlenbergbaues eines Landes gewonnen werden, aber nicht Aufschluß über die Verhältnisse in einem bestimmten Revier oder gar in einem einzelnen Betrieb.

Nichtsdestoweniger sei informativ wenigstens dies angeführt:

Frankreich (1953)

Löhne	73,4%
Material und Energie	21,4%
Generalregie	5,2%
	100,0%

England (1951)

Löhne	73,0%
Material	8,8%
Energie	5,7%
Erhaltung	3,6%
Generalregie	8,9%
	100,0%

Ostrau-Karwiner Revier (1954)

Löhne	62,2%
Energie	7,7%
Material	9,7%
Erhaltung und Reserveteile	9,5%
Verwaltung und Sonstiges	10,9%
	100,0%

3. Analyse der Lohnkomponente und des Kohlenpreises

Der in Kohle ausgedrückte Lohnanteil in den Gestehungskosten beträgt an der Prosperitätsgrenze

$$\frac{X}{100} \cdot e^s,$$

wobei X den prozentuellen Anteil der Löhne an den Gesamtkosten, e_s eine bestimmte Gesamtkopfleistung (Werksleistung) darstellt.

Der durchschnittliche Schichtlohn L (einschließlich aller Abgaben und der sozialen Lasten, die der Betrieb trägt) kann bei einem Kohlenpreis c für 1 t Kohle höchstens

$$L = \frac{X}{100} \cdot e_s \cdot c$$

betragen, nach Möglichkeit soll er kleiner sein.

Für 1 Tonne:

	$X =$	50%	$=$ 60%	$=$ 65%	$=$ 70%
	$L =$	0,5 c	$=$ 0,6 c	$=$ 0,65 c	$=$ 0,7 c
und $c = 100$ We	$L =$	50	$=$ 60	$=$ 65	$=$ 70
$c = 200$ We	$L =$	100	$=$ 120	$=$ 130	$=$ 140
$c = 300$ We	$L =$	150	$=$ 180	$=$ 195	$=$ 210
$c = 400$ We	$L =$	200	$=$ 240	$=$ 260	$=$ 280 usw.

$L = 0{,}5\,c$, $L = 0{,}6\,c$ usw. sind Gleichungen von Geraden, welche in Abb. 37 eingezeichnet sind und uns die direkte Beziehung zwischen dem Kohlenpreis für 1 t und dem maximalen Lohn bei einer zugehörigen (Grenz-) Leistung e_s zeigen.

Sind wir bei der Grenzleistung $e_s = 1{,}4$ t und einem Preise von 400 We für 1 t, dann folgt aus diesem Diagramm bei einem:

50%igen Lohnanteil ein maximaler Lohn von $1{,}4 \cdot 400 \cdot 0{,}5 = 280$ We
60%igen „ „ „ „ „ $1{,}4 \cdot 400 \cdot 0{,}6 = 336$ We
65%igen „ „ „ „ „ $1{,}4 \cdot 400 \cdot 0{,}65 = 365$ We
70%igen „ „ „ „ „ $1{,}4 \cdot 400 \cdot 0{,}7 = 392$ We

Das ist im Diagramm dargestellt. Es ist bereits gesagt worden, daß sich diese Lohnfaktoren auf Deutschland, USA, England und auf einen Betrieb im Karwiner Revier vor dem Jahre 1938 beziehen.

Eine solche Lohnpolitik, d. i. solche unterschiedliche Durchschnittslöhne könnte man auf den Betrieben in *einem Revier* unmöglich anwenden. Es ergibt sich daher eine andere Frage: Wie soll die Gesamtleistung in den einzelnen Betrieben sein, damit der Durchschnittslohn bei gleichen Kohlenpreisen der gleiche ist?

Wir nehmen einen Durchschnittslohn pro Schicht von 350 We und einen Preis von 400 We für eine Tonne Kohle an (d. h. der Lohn kostet $350 : 400 = 0{,}875$ t Kohle).

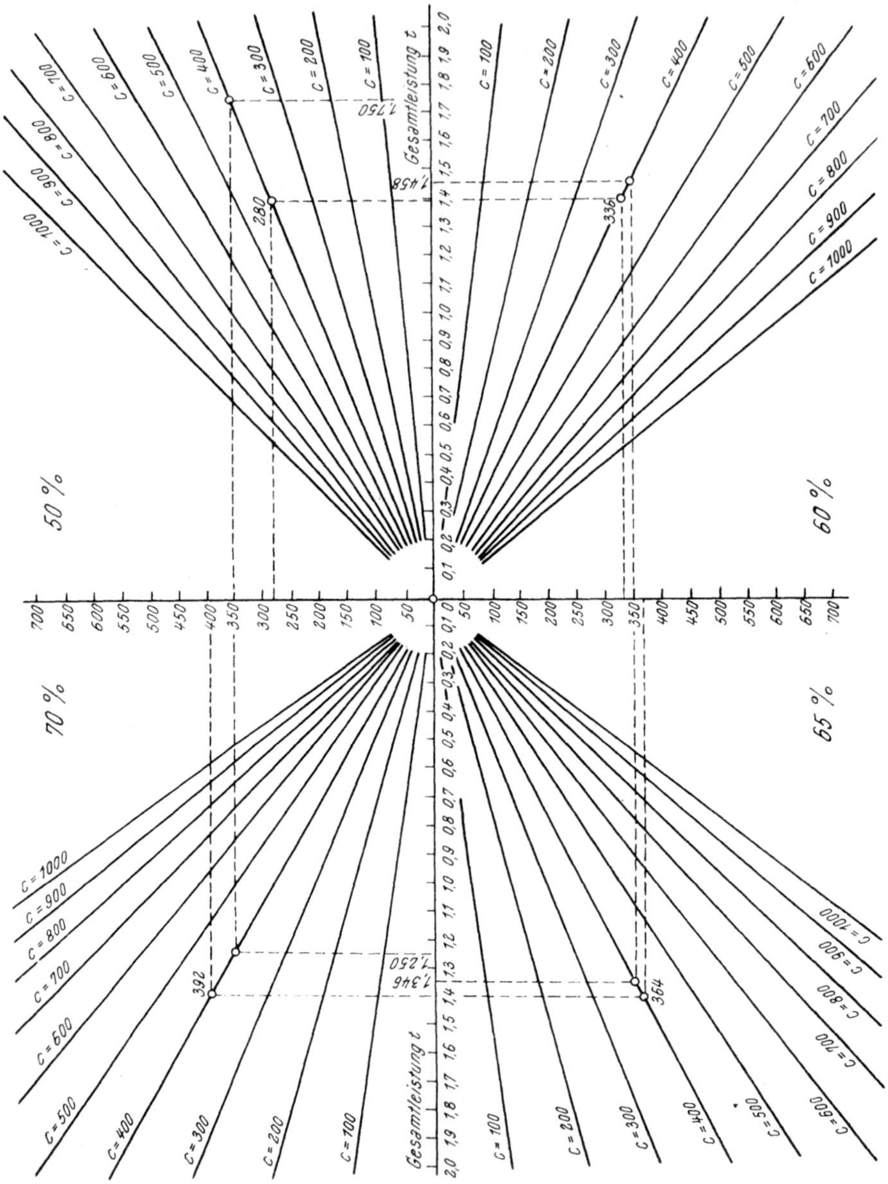

Abb. 37. Diagramm der Beziehungen zwischen Kohlenpreis und Maximallohn bei verschiedener Gesamtleistung

Im Diagramm kann man weiters ablesen, daß bei einem

50%igen Lohnanteil die Werksleistung $\frac{0,875}{0,5}$ t $= 1,75$ t,

60%igen ,, ,, ,, $\frac{0,875}{0,6}$ t $= 1,48$ t,

65%igen Lohnanteil die Werksleistung $\frac{0{,}875}{0{,}65}$ t $= 1{,}346$ t,

70%igen ,, ,, ,, $\frac{0{,}875}{0{,}7}$ t $= 1{,}25$ t

ist.

Das ist gleichfalls in Abb. 37 dargestellt.

Die höchste Leistung ist gegenüber der niedrigsten um $\frac{1{,}75 - 1{,}25}{1{,}25} \cdot 100 = \frac{0{,}5 \cdot 100}{1{,}25} = 40\%$ höher.

Wenn man annimmt, daß bei diesen beiden Betrieben das Verhältnis der Grubenschichten zu den Gesamtschichten gleich ist und auch der Anteil der Kohle aus der Vorrichtung in der Gesamtförderung gleich groß ist, dann entspricht z. B. eine Gewinnungsleistung von 5 t im schwächeren Betrieb einer Gewinnungsleistung von 7 t im stärkeren Betrieb. Nach dieser Analyse können wir daher nicht nur einen einzelnen Betrieb, sondern auch ein ganzes Revier beurteilen, in welchem der Durchschnittslohn — unter der Voraussetzung gleicher Arbeitsbedingungen — überall der gleiche sein sollte. Diese Überlegung kann daher als Hilfsmittel zur Orientierung für das Planen von Gestehungskosten entsprechend den Grubenverhältnissen dienen, d. h. entsprechend der Gewinnungsleistung, die neben den menschlichen Faktoren (physischen, seelischen, fachlichen, Charaktereigenschaften) eine Funktion der Flözmächtigkeit, der Lagerung, der Abbaumethoden einschließlich der Mechanisierung usw. ist.

Damit sich der Betriebsverlauf prosperierend entwickelt, muß die Gesamtleistung höher sein als e_s, d. i. höher als die Grenzleistung, z. B. $n \cdot e_s$, worin $n > 1$ ist. Dann ist der Lohnanteil im Absatzpreis:

$$\frac{\frac{X}{100} \cdot e_s \cdot c}{n \cdot e_s \cdot c} \cdot 100 = \frac{100}{100} \cdot \frac{X}{n} = \frac{X}{n}.$$

Soll der Reingewinn des Betriebes 10% vom Erlös betragen, so müssen die Gestehungskosten um 10% fallen, z. B. der Lohnfaktor von 65% auf $\frac{65 \cdot (100 - 10)}{100} = \frac{65 \cdot 90}{100} = 58{,}5\%$ des Absatzpreises.

Die Gesamtleistung (Werksleistung) e_s muß daher um $58{,}5 = \frac{65}{n} \ldots$ $n = \frac{65}{58{,}5} = 1{,}111$, d. i. um 11,11% erhöht werden und ebenso die Grubenleistung. Dieses Beispiel zeigt die Bedeutung der Produktivität der Arbeit, auf deren Steigerung alle Bemühungen des projektierenden Technikers gerichtet sein sollen.

Es ist nicht nötig zu betonen, daß L die Lohnsumme einschließlich aller sozialen Lasten ist; betragen diese Lasten z. B. 25% der Lohnsumme, dann ist der Bruttolohn $L_1 = 0{,}75\,L$, und wenn die weiteren Abzüge, z. B. Steuern und Sonstiges, 5% sind, dann ist der Rein- (Netto-) Lohn $L_2 = 0{,}95\,L_1 = 71{,}12\%$ des Gesamtlohnes.

Im Bergbau sollen stets die höchsten Schichtlöhne der gesamten Industrie bezahlt werden, der Lohnanteil an den gesamten Gestehungskosten soll jedoch kleiner sein als $L = 0{,}5$ bis $0{,}7\,c$. Da die Kohlengewinnung lohnintensiv ist, ist der Kohlenpreis von jeder Lohnbewegung abhängig. Dafür sei noch als Beispiel angeführt:

Bei der Behandlung von Verzinsung und Tilgung der Investitionen wurde abgeleitet, daß der Kohlenanteil aus der Jahresförderung für die Amortisation der Investitionen (m) sich zur Amortisationsquote (x) wie $\frac{m}{x} = 1$ bis $1{,}25$ (in kapitalistischer Ordnung) verhält, und daß der Preis pro Tonne Kohle an der Prosperitätsgrenze

$$c = \frac{K_k}{1 \text{ bis } 1{,}25\, P_j} = \frac{K_k}{1 \text{ bis } 1{,}25 \cdot 300 \cdot e_s \cdot s}$$

ist, wobei 300 die Anzahl der Arbeitstage im Jahr, e_s die Gesamtleistung, s den Durchschnitt aller in der Grube und obertags verfahrenen Schichten im Tag bedeutet.

Für die Gesamtleistung e_s gilt:

$$e_s = \frac{e_u \cdot p_u}{100 \cdot 0{,}9} \cdot \eta,$$

hierin ist e_u = Leistung in der Gewinnung,

$$p_u = \frac{\text{Schichten in der Gewinnung}}{\text{Grubenschichten}} \cdot 100 = \frac{s_u}{s_g} \cdot 100,$$

$$\eta = \frac{\text{Grubenschichten}}{\text{Gesamtschichten}} \cdot 100 = \frac{s_g}{s},$$

was, in die oben angeführte Gleichung $e_s = \frac{e_u \cdot p_u}{100 \cdot 0{,}9} \cdot \eta$ eingesetzt,

$$e_s = \frac{e_u \cdot \frac{s_u}{s_g} \cdot 100}{100 \cdot 0{,}9} \cdot \frac{s_g}{s} = \frac{e_u \cdot s_u}{0{,}9\, s}$$

ergibt. Eingesetzt in die Gleichung

$$c = \frac{K_k}{1 \text{ bis } 1{,}25 \cdot 300 \cdot e_s \cdot s}$$

ergibt dies weiter

$$c = \frac{K_k}{300 \text{ bis } 375\, \frac{e_u \cdot s_u}{0{,}9 \cdot s} \cdot s} = \frac{K_k \cdot 0{,}9}{300 \text{ bis } 375\, e_u \cdot s_u} =$$

$$= \frac{0{,}3\, K_k}{100 \text{ bis } 125\, e_u \cdot s_u} = \frac{3\, K_k}{1000 \text{ bis } 1250\, e_u \cdot s_u}.$$

Dies bedeutet, daß der Kohlenpreis für 1 t an der Prosperitätsgrenze (d. h. der den Gesamtkosten entsprechende Preis) um so niedriger sein kann, je niedriger die Investitionen (K_k im Zähler), je höher die Gewinnungsleistung und je höher die produktiven Schichten (e_u und s_u im Nenner) sind.

Angemessen niedrige Investitionen bedeuten nicht nur eine richtige, wirtschaftliche, technisch zweckmäßige und gediegene Lösung des gegebenen Projekts, sondern auch die richtige wechselseitige Relation zwischen der Kohle als dem Endprodukt des Kohlenbergbaues und den übrigen Gütern, welche der Bergbau zu seinem Betriebe benötigt. Es ist dies insbesondere der Maschinenpark, der an den Investitionen mit bis zu 70% partizipiert.

Eine hohe Gewinnungsleistung e_u und einen hohen Stand bzw. eine Steigerung der produktiven Schichten s_u zu erreichen, ist ständige Aufgabe des Betriebes. Diese Aufgabe wird durch Mechanisierung, Rationalisierung, gute Organisation, Ermittlung und Einhaltung eines günstigen Rhythmus, Verhütung von technischen Störungen, durch Erhöhung der Arbeitsmoral, gesunden Wettbewerb und Nützung des Fachwissens der Mitarbeiter zu lösen sein. Zweckmäßiger Aufschluß, sparsame Vorrichtung, geringe Erhaltung und rationelle Förderung sind Voraussetzung für einen erfolgreichen Grubenbetrieb. Optimale Ergebnisse werden sich aber nur erreichen lassen, wenn durch gründliches und vorausschauendes Projektieren die optimale Grubengröße mit optimaler Kapazität, die richtige Lebensdauer des Horizontes oder der Grube und die günstigsten Gestehungskosten ermittelt wurden.

4. Wirtschaftliche Bedeutung optimaler Grubengrößen und deren Kapazität

Worin liegt die Einsparung bei der Ausdehnung eines Grubenfeldes bis zur optimalen Größe und wie äußert sich dies in den Gestehungskosten?

1. *Einsparung durch genaue Bestimmung der Betriebskapazität.* Nach dieser dimensionieren wir die Schächte, Füllörter, Grubenräume, die Bewetterung, Abbaue, Vorrichtung, Förderung usw., die in gegenseitiger Abhängigkeit voneinander (ob Grubenbaue oder Arbeitsarten) stehen, so daß weder eine Unter- noch eine Überdimensionierung, d. h. weder „enge“ noch unnötig „weite“ Profile im Betriebe entstehen können.

2. *Schonung der Kohlensubstanz* bei den notwendigen Schachtpfeilern. Setzen wir voraus, daß die optimale Ausdehnung eines Grubenfeldes F ist, welche eine Schachtpfeilerfläche von f verlangt, dann sind die Schachtpfeilerflächen in $\% = \frac{f}{F} \cdot 100$ des Grubenfeldes. Würden wir dieses Grubenfeld auf zwei kleinere Betriebe aufteilen, jeder mit $\frac{F}{2}$, so würde die Fläche der Schutzpfeiler für jeden einzelnen Betrieb fast die gleiche (f) bleiben und in $\% = \frac{f}{\frac{F}{2}} \cdot 100 = \frac{2\,f}{F} \cdot 100$ betragen, d. h. doppelt soviel wie bei einem großen Betrieb von optimaler Größe, wo also eine f-Fläche

mit abgebaut werden kann, was eine Verlängerung der Lebensdauer eines Horizontes und somit ein Senken der Amortisationsquote durch längere Amortisationszeit bedeutet. Bezogen auf die ganze Lebensdauer des Horizontes oder der Grube fallen die Gestehungskosten dadurch um etwa 1,5%. Wir nehmen auch an, daß die künftig durchzuführenden Randwetterschächte, besonders bei tieferen Gruben, nicht mehr durch Schachtpfeiler geschützt werden, sondern daß dort die Kohlensubstanz abgebaut wird und die ausgekohlten Räume mit Versatz ausgefüllt werden.

3. *Einsparung von Querschlägen im Aufschluß.* Bereits im Kapitel „Aufschluß" haben wir darauf hingewiesen, daß man auf eine Fläche von 200 ha für den Aufschluß etwa 4000 m Querschläge braucht. Dagegen kann eine Fläche von 800 ha durch 8000 m Querschläge aufgeschlossen werden. Es entfallen also in dem Bet ieb größerer Ausdehnung auf 100 ha 1000 m Querschläge, während in dem kleineren Betrieb auf 100 ha 2000 m Querschläge entfallen.

Anders ausgedrückt:

Auf eine Grubenfläche von einer optimalen Größe F entfallen x m Querschläge; ist diese Fläche auf zwei Betriebe mit einer Fläche von je $\frac{F}{2}$ aufgeteilt, so kommt auf jeden kleinen Betrieb $x\sqrt{\frac{1}{2}} = x\sqrt{\frac{2}{4}} = \frac{x}{2}\sqrt{2} = \frac{x}{2} \cdot 1{,}4142 = 0{,}7071 \cdot x$ m Querschläge oder auf beide Betriebe $2 \cdot 0{,}7071 \cdot x$ m $= 1{,}4142 \cdot x$ m, d. s. um 41,42% mehr. Zum Beispiel entfallen auf einen Betrieb mit einer Ausdehnung von 2400 ha nach dem Nomogramm 1 13864 m, bei zwei Betrieben mit je 1200 ha $2 \cdot 9803 = 19606$ m, d. i. um 5742 m mehr, was in Prozent ausgedrückt $= \frac{5742}{13864} \cdot 100 = 41{,}4\%$ bedeutet. *Da Betriebe mit großer Ausdehnung vor allem bei einem kleinen relativen Kohlenvermögen vorkommen, können wir ersehen, daß optimale Größen und Kapazitäten besonders armen Betrieben zugute kommen, die aber meist Qualitätskohlen produzieren.*

4. *Geringere Investitionskosten bei größeren Betriebseinheiten.* Noch weit deutlicher zeigen sich die Vorteile eines größeren Betriebes, wenn man als Vergleichsgrundlage die Kosten zum Aufbau zweier kleiner Einheiten mit der Gesamtkapazität eines einzigen Betriebes optimaler Größe heranzieht.

Sind die Kosten für einen Betrieb von halber Kapazität K_1, entfallen somit auf zwei solche Betriebe $2\,K_1$, so sind dann die Kosten für *einen* Betrieb von der Gesamtkapazität dieser zwei Betriebe bei optimaler Ausdehnung — was in der Praxis in vier Beispielen ermittelt wurde — 1,3 bis 1,35 K_1.

Im Abschnitt „Abbau“ (S. 74) wurde gesagt, daß zwischen der Führung einer Abbaueinheit auf einem kleinen oder großen Betrieb kein Unterschied besteht, da hier und dort für eine gleiche Abbaueinheit auch der gleiche Rhythmus bzw. dasselbe Harmonogramm gelten muß. Selbst wenn ein kleiner und ein großer Betrieb die gleiche Gewinnungsleistung hätten und zwei kleine Betriebe zusammen die gleiche Anzahl Schichten wie der große Betrieb, so würde trotzdem der Minimalpreis für 1 t Kohle an der Prosperitätsgrenze (d. s. die Gestehungskosten) betragen:

a) Allgemein

$$c = \frac{3\,K_k}{1000 \text{ bis } 1250 \cdot e_u \cdot s_u}$$

b) für zwei kleine Betriebe

$$K_k = 2\,K_1 \ldots c_1 = \frac{3 \cdot 2\,K_1}{1000 \text{ bis } 1250\, e_u \cdot s_u} = \frac{6\,K_1}{1000 \text{ bis } 1250\, e_u \cdot s_u}$$

c) für einen gemeinsamen Großbetrieb

$$K_k = 1{,}35\,K_1 \ldots c_2 = \frac{3 \cdot 1{,}35\,K_1}{1000 \text{ bis } 1250\, e_u \cdot s_u} = \frac{4{,}05\,K_1}{1000 \text{ bis } 1250\, e_u \cdot s_u}$$

Der Preisunterschied zwischen c_1 und c_2 ist dann:

$$c_1 - c_2 = \frac{K_1}{1000 \text{ bis } 1250\, e_u \cdot s_u}(6 - 4{,}05) = \frac{1{,}95\,K_1}{1000 \text{ bis } 1250\, e_u \cdot s_u}$$

d. i. in $\% = \frac{c_1 - c_2}{c_1} \cdot 100 = \frac{1{,}95}{6} \cdot 100 =$ *32,5%*.

Der Preis für 1 t bzw. die Gestehungskosten für 1 t Kohle an der Prosperitätsgrenze können also bei Betrieben mit optimaler Größe um 32,5% niedriger gehalten werden als bei zwei kleinen Betrieben *mit gleicher Geamtkapazität,* die unter sonst gleichen Verhältnissen arbeiten.

Bei Investitionen für einen gemeinsamen Großbetrieb

$K_k = 1{,}4\,K_1$ zeigt sich eine Senkung um 30%
und bei $K_k = 1{,}5\,K_1$ „ „ „ „ „ 25%.

Wir nehmen Abstand von der Auswertung einzelner Betriebstypen, denn sie bewegen sich in den angeführten Grenzen. Die Senkung der Investitionskosten in einem größeren Betrieb ermöglicht es, die wichtigsten Einrichtungen (z. B. Förderung, Ausstattung der Abbaue usw.) mit einer größeren Reserve auszurüsten, als dies bei einem kleineren Betrieb möglich wäre.

Betrachten wir eine Tagesförderung (nach MANJUKAN, s. S. 141)

von 4000 t mit Investitionen von . . DM 48.—/t Jahresförderung
und „ 8000 t „ „ „ . . DM 37.—/t „ ,

so ergibt sich ein Unterschied von . . . . . DM 11.—/t,

d. i. in Prozent ausgedrückt $\frac{11}{37} \cdot 100 = 29{,}8\%$, um die die Investitionen bei kleineren Kapazitäten höher oder $\frac{11}{48} \cdot 100 = 23\%$, um die die Investitionen bei höheren Kapazitäten niedriger werden.

Beim Projektieren ist es notwendig, die Werte auf Grund der zur Zeit geltenden Preise zu ermitteln, insbesondere, wenn die wechselseitige Beziehung zwischen der Kohle und der Anlieferindustrie, hauptsächlich der Maschinenindustrie, nicht stabilisiert ist.

Für das Projektieren selbst wird vorausgesetzt, daß das Prüfen und die Analyse der Unterlagen gewissenhaft erfolgt, mit dem Ziele, günstige Bedingungen für den neuen Betrieb, der leistungsfähig, technisch richtig, betriebssicher und wirtschaftlich arbeiten soll, zu schaffen. Dies kann eine gut organisierte Arbeitsgruppe mit einer gewissenhaften und zielbewußten Führung erfüllen. Endlich ist es die *Aufgabe der Wirtschaftspolitik eines jeden Landes, den Kohlensektor organisch in den gesamtstaatlichen Energieplan einzusetzen, d. h. die Interessen bestimmter Fachgebiete mit den Gesamtinteressen zu vereinen, damit die Prosperität im Kohlenbergbau mit eigenen Kräften, d. h. ohne Stützung, verwirklicht und erhalten werden kann.*

5. Praktische Zusammenstellung der Gestehungskosten

Setzen wir als Beispiel einen Betrieb mit einer Tageskapazität, d. h. Absatzkohle von 5000 t, was einer Jahreskapazität von 1,5 Mio t entspricht, voraus, nehmen wir weiters eine Absenz von 17% untertags und 14% obertags an und rechnen wir schließlich nach den benachbarten Gruben mit einem Durchschnittsverdienst von 9100 We/Monat und Kopf. Beim Projektieren hat man den notwendigen Stand der Belegschaft ermittelt:

untertags 2366 Mann, was bei einer Absenz von 17% (= 484 Mann)

$$\frac{2366}{83} : 100 = 2850 \text{ Mann Belegschaft,}$$

obertags 602 Mann, was bei einer Absenz von 14% (= 98 Mann)

$$\frac{602}{86} \cdot 100 = 700 \text{ Mann Belegschaft entspricht}$$

---

insgesamt 2968 Mann, was einschließlich der Absenz (582 Mann) 3550 Mann Gesamtbelegschaft entspricht.

Grubenleistung 5000 : 2366 = 2,113 t,
Werksleistung 5000 : 2968 = 1,68 t.
Jahresproduktivität pro Kopf 1 500 000 : 3550 = 422,58 t,
Tagesproduktivität ,, ,, 422,58 : 300 = 1,4086 t.

Löhne:

Monatsdurchschnitt 9100 We,
Jahresdurchschnitt 9100 We · 12 = 109200 We;

bei 3550 Mann Belegschaft ergibt dies 109200 · 3550 = 387660000 We, d. s. pro Tonne 387660000 : 1500000 = *258,44 We.*

Die *Energie* einschließlich Wasser und Dampf wurde mit 81 Mio We ermittelt, d. s. pro Tonne 81 : 1,5 = *54 We.*

Das *Material* (Grubenholz, Stahlausbau, Geleise, Schmiermittel, Sprengstoffe usw.) wurde mit 96 Mio We ermittelt, d. s. pro Tonne 96 : 1,5 = *64 We.* Sonstiges mit 50 We/t.

Die *Erhaltung* (hierher gehören nur Ersatzteile, laufende und mittlere Reparaturen, aber nicht die Löhne der für die Erhaltung eingesetzten Belegschaft, da diese bereits im Gesamtlohn enthalten sind) wurde auf *30 We/t* geschätzt.

Die *Abschreibungen* wurden mit *100 We/t* errechnet.

Die Gestehungskosten zeigen sich daher folgendermaßen:

Löhne	258,44 We	46,5%
Energie	54 We	9,71%
Material	64 We	11,51%
Erhaltung	30 We	5,39%
Sonstiges	50 We	8,99%
Abschreibungen	100 We	17,90%
	556,44 We	100,00%
Absatzpreis je Tonne Kohle mit 8% Asche	570,00 We	
Überschuß	13,56 We,	d. s. 2,44%

der Gestehungskosten und 2,38% vom Absatzpreis, was bei einer Jahresförderung von 1,5 Mio t 20340000 We ergibt. Der Wert der Jahresförderung ist 1,5 Mio · 560 = 850 Mio We, der Wert der Jahresproduktion pro Kopf 422,58 · 570 = 240087 We.

Wenn auch das angeführte Beispiel nur fiktiv ist und auch nur in fiktiven Geldeinheiten (We) gerechnet wurde, so zeigt es nichtsdestoweniger die wirtschaftliche und soziale Bedeutung der Kohlenproduktion und daher die Verantwortung beim Projektieren von Gruben. Der Reingewinn von 2,44% bzw. 2,38% ist viel zu gering gegenüber den Schwankungen eines Betriebes bei einem Wechsel der Naturbedingungen, den nicht vorhersehbaren und unverschuldeten Störungen und dem erhöhten Risiko der bergmännischen Arbeit, so daß in diesem Punkte das Projekt empfindlich und leicht verwundbar ist. Deswegen ist auch die Erhöhung der Arbeitsproduktivität die einzige Möglichkeit, die Prosperitätsgrenze nicht zu unterschreiten.

6. Kritische Beurteilung der Grundsätze des Projektierens

Dieses Buch soll das Projektieren neuer Gruben, neuer Horizonte oder das Zusammenlegen kleinerer Gruben erleichtern, indem es die Beziehungen zwischen der optimalen bzw. notwendigen Größe des Grubenfeldes, der Kapazität des projektierten Betriebes, der Höhe der Investitionen, des Kohlenpreises, der Gestehungskosten usw. nachweist. Es soll im besonderen die Grundlagen für eine systematische technische Arbeit und für ein richtiges Dimensionieren beim Projektieren liefern, wobei als Voraussetzung die Bestimmung der optimalen Größe des Grubenfeldes und der optimalen Kapazität des zu projektierenden Betriebes dient.

Selbstverständlich wird sich in der Praxis die theoretisch ermittelte Größe des Grubenfeldes durch den Einfluß der Tektonik und der natürlichen Grenzen in gewissem Ausmaße ändern, so daß mancher Betrieb aus dem Rahmen der optimalen Größe „auslaufen" und ein anderer wieder nicht bis zur optimalen Größe gelangen wird. Auch die Obertagssituation (Flußläufe, Eisenbahnanschlüsse, wichtige öffentliche Bauten und so weiter) beeinflußt die Größe des Grubenfeldes und die Größe der Schutzpfeiler und führt, wenn auch nicht in bedeutendem Ausmaß, zu einer Divergenz gegenüber den theoretisch ermittelten Größen. Schließlich üben auch die Auffassung und Fähigkeit des Projektanten Einfluß auf das Konzept des Projektes aus. Dieses Buch wird ihm jedoch eine Kontrolle seiner Arbeit ermöglichen.

Unsere Untersuchung und Ermittlung der optimalen Größe stützt sich auf die wechselseitige Beziehung zwischen der Lebensdauer eines Horizontes (bei einem Flöz oder einer Flözgruppe) oder einer neuen Grube und dem reinen relativen Kohlenvermögen, der Belastung t/ha oder m^2/ha, der Kapazität des Schachtes (abhängig von der Teufe) und der Flächenausdehnung unter Berücksichtigung des Aktionsradius der Förderung, der produktiven Arbeitszeit und der Gasentwicklung (und damit der Anzahl der Wetterschächte, des Profils der Querschläge und Strecken), so daß wir von konkreten Daten ausgehen, die uns die Einhaltung eines genauen technischen Konzeptes ermöglichen. Es ist daher selbstverständlich, daß dieses Buch mit manchen Schlußfolgerungen fremder Autoren übereinstimmt, in anderen Punkten zu genaueren Schlüssen kommt und auch manche Vorurteile rechnerisch widerlegen kann. Das ausgedehnte Gebiet des Projektierens schließt auch in der Struktur unserer Methode gewisse Vorbehalte und Schwächen nicht aus; wir glauben aber mit diesem Buch ein geschlossenes System gegeben zu haben, das alle Faktoren gebührend berücksichtigt.

Wir haben die Gesetzmäßigkeit der Produktivität abgeleitet. In ihrem Mittelpunkt steht die Ermittlung der Jahreskapazität aus der

Gesamtleistung des Betriebes e_s, die eine Funktion der Gewinnungsleistung e_u ist. Multipliziert mit der Schichtenanzahl in der Gewinnung s_u sowie der Zahl der Arbeitstage und dividiert durch etwa 0,9 (diese Zahl wechselt in den einzelnen Betrieben), ergibt sich die Jahresförderung mit

$$P_j = \frac{300 \cdot e_u \cdot s_u}{0,9}.$$

Ein Betrieb A mit einem kleinen relativen Kohlenvermögen, welcher gewöhnlich an niedrige Flöze mit kleiner Gewinnungsleistung gebunden ist, gelangt rascher in die Tiefe als ein Betrieb B mit einem größeren relativen Kohlenvermögen, der in mächtigeren Flözen gewöhnlich eine höhere Gewinnungsleistung hat. Wir vergleichen daher den Betrieb A (tiefer, mit kleinem relativem Kohlenvermögen, in optimaler Größe und Kapazität) mit dem Betrieb B (weniger tief, mit größerem relativem Kohlenvermögen, gleichfalls in optimaler Ausdehnung und Kapazität):

Betrieb A:

Investitionen K_k,
Gewinnungs- (Pfeiler-) Leistung e_u,
Schichten/Tag in der Gewinnung s_u,

$$\text{Jahreskapazität } P_j = \frac{300 \cdot e_u \cdot s_u}{0,9} = \frac{1000 \cdot e_u \cdot s_u}{3}.$$

Somit ist der Kohlenpreis an der Prosperitätsgrenze (= Gestehungskosten ohne Gewinn)

$$c = \frac{3\,K_k}{1000 \text{ bis } 1250 \cdot e_u \cdot s_u}.$$

Betrieb B:

Investitionen $0,85\,K_k$,
Gewinnungsleistung $e_u' = 1,72\,e_u$ des Betriebes A,
Schichten/Tag in der Gewinnung s_u,

$$\text{Jahreskapazität } P_j' = \frac{1,72 \cdot 300 \cdot e_u \cdot s_u}{0,9} = \frac{1720\,e_u \cdot s_u}{3}.$$

Somit ist der Kohlenpreis an der Prosperitätsgrenze

$$c' = \frac{3 \cdot 0,85\,K_k}{1000 \text{ bis } 1250 \cdot 1,72\,e_u \cdot s_u} = \frac{2,55\,K_k}{1000 \text{ bis } 1250 \cdot 1,72\,e_u \cdot s_u} =$$

$$= \frac{1,48\,K_k}{1000 \text{ bis } 1250 \cdot e_u \cdot s_u};$$

$$c - c' = \frac{K_k}{1000 \text{ bis } 1250 \cdot e_u \cdot s_u}(3 - 1,48) = \frac{1,52\,K_k}{1000 \text{ bis } 1250 \cdot e_u \cdot s_u}$$

$$\frac{c - c'}{c} \cdot 100 = \frac{1,52}{3} \cdot 100 = 50,66\%.$$

Es können daher auf dem Betriebe B die Gestehungskosten um 50,66% günstiger liegen als auf dem Betriebe A.

Den Bemühungen um Erhöhung der Produktivität kommt daher, vor allem in niedrigen Flözen, besondere Bedeutung zu. Das gründliche Planen der Gestehungskosten auf Schächten in einem Revier mit verschiedenen relativen Kohlenvermögen kann auch arme Gruben (besonders mit Kokskohlen) lebensfähig gestalten, vor allem durch Einsparung von Kohlensubstanz, was besonders in steinkohlenarmen Staaten wichtig ist.

Man kann außerdem die Bedeutung eines richtigen Kohlenpreises im Revier oder im Staate nicht hoch genug einschätzen, denn von ihm hängen nicht nur der Investitionsbedarf und die gesamte Lohnpolitik, sondern auch die Gestehungskosten in allen kohlenverbrauchenden Sparten und endlich der Lebensstandard des Volkes ab.

Kommt z. B. in einem Industrieland auf eine Million Einwohner ein Kohlenbedarf von 3200000 t und ist die Anzahl der Arbeitstage im Jahre 306 bei einer 17%igen Absenz, dann ist die Anzahl der produktiven Schichten im Jahre 254, die bei einer Gesamtleistung (Werksleistung)

1. von 1,4 t eine Jahresproduktivität von $254 \cdot 1{,}4 = 355{,}6$ t ergeben und eine Belegschaft von $\frac{3\,200\,000}{355} = 9014$ Mann verlangen,

2. von 1 t eine Jahresproduktivität von 254 t ergeben und eine Belegschaft von $\frac{3\,200\,000}{254} = 12\,500$ Mann verlangen,

3. von 0,7 eine Jahresproduktivität von 177,8 t ergeben und eine Belegschaft von $\frac{3\,200\,000}{177{,}8} = 18\,020$ Mann notwendig machen.

Mit dem Sinken der Produktivität steigen die Gestehungskosten und damit auch die Gefahr, daß die Kohlenpreise überschritten werden, was ein Sinken des Lebensstandards der Bevölkerung zur Folge hat. Weitere und detaillierte Analysen würden erst die grundsätzliche Bedeutung der Kohle in der Wirtschaft, besonders in einem Industrieland, klarmachen. Deshalb muß die Sorge um die höchste Produktivität und Wirtschaftlichkeit der Mittelpunkt des Interesses des Projektanten sein, damit der richtige Preis erhalten bleiben kann.

Die Problematik des Projektierens von Kohlengruben reicht, über die technischen und wirtschaftlichen Fragen weit hinaus, auch in die Politik. Das Projektieren des Aufbaues von Kohlentiefbaugruben ist in der Wirtschaft eine sehr gewichtige Angelegenheit; es handelt sich hier um das Fundament der industriellen Erzeugung, um Milliardenbeträge, um eine größere oder geringere wirtschaftliche Unabhängigkeit und schließlich um den Lebensstandard der Bevölkerung. Es ist deshalb verständlich, daß auch jeder Staat nach seinem Bedarf und seinen Kohlenvorräten in dieser Frage verschiedene Ansichten und Ziele hat, denn Kohle (und davon besonders die Fettkohle) gehört heute noch zu den wichtigsten Mitteln der Wirtschaft und damit der Macht eines Staates.

7. Bemerkungen zu einigen anderen nutzbaren Mineralien

Es erhebt sich die Frage, wie man die für das Projektieren von Steinkohlengruben abgeleiteten und verwendeten Grundsätze für das Entwerfen von Tiefbaugruben auf die Gewinnung anderer nutzbarer Mineralien anwenden kann.

Wir können sagen, daß jedes nutzbare Mineral seine eigene, individuelle Problematik hat, jedoch im ganzen eine unverhältnismäßig *engere* als die Kohle im Tiefbau. Immer geht es darum, die *Betriebskapazität auf Grund der abbauwürdigen Vorräte* zu bestimmen, weiters um den Aufbau eines *gedeihlichen* Betriebes mit hoher *Arbeitsproduktivität* bei Wahrung der *Sicherheit von Leben und Eigentum.*

Bei der Braunkohle[1] (spezifisches Gewicht 1,2 t/m^3, Wärmewert 4000 kcal, Ausbringen 50%, Flözmächtigkeit z. B. 15 m, Tiefe 100 bis 400 m, durchschnittliche Lebensdauer 30 Jahre) zeigt eine informative Analyse folgendes Ergebnis:

Bei einer Tagesförderung 5000 t, d. s. 1,5 Mio im Jahr, besteht ein Bedarf an abbaufähigen Vorräten für

30 Jahre .... $1{,}5 \cdot 30 = 45$ Mio t oder 37,5 Mio m^3
bei einem Ausbringen von 50% sind das ... 90 Mio t „ 75 Mio m^3
bei einer Flözmächtigkeit von 15 m ist das eine Fläche
von .... $\frac{75}{15} = 5\,000\,000$ m^2
auf Schacht- und andere Schutzpfeiler zirka 30% .... 1 500 000 m^2

Gesamtfläche .... 6 500 000 m^2
d. s. 650 ha.

Reines relatives Kohlenvermögen $\frac{37{,}5 \text{ Mio m}^3}{6{,}5 \text{ Mio m}^2} = 5{,}77$ *m.*

Belastung des Grubenfeldes durch die Tagesförderung in t/ha $\frac{5000}{650} = 7{,}69.$

Belastung des produktiven Grubenfeldes durch die Tagesförderung in m^2/ha $\frac{5000}{1{,}2} = 4166 \text{ m}^3 : 500 \text{ ha} = 8{,}33 \text{ m}^2/\text{ha}.$

Nach der Länge der Strebfronten, der Höhe der zu bauenden Etagen und der Feldesbreite bestimmt man die Kapazität des Abbaues; nach der Kapazität der Abbaue deren Anzahl und die Längen der Abbaufronten, den Bedarf an Schrämmaschinen bzw. Gewinnungsmaschinen, die Längen der Schüttelrutschen, Bänder oder Kettenförderer, die Anzahl der Antriebsmotoren, den Bedarf an Ausbau und die übrige Abbauausrüstung, den Preßluftbedarf oder den Bedarf an elektrischem Strom usw. Auf demselben Wege gelangt man zur Kennziffer der Vorrichtung, zum Kohlenanteil aus der Vorrichtung und aus den Abbauen,

[1] Siehe auch den anschließenden Abschnitt von F. LOCKER (S. 176).

zu der notwendigen Höhe der Belegschaft und deren Kategorien im Abbau und in der Vorrichtung, zur Gewinnungs- und Grubenleistung usw., aber auch zur notwendigen Kapazität des Füllortes, der Fördereinrichtungen, der Wettermenge usw. Man sieht, daß von der technischen Seite ein großer Teil des systematischen Vorganges sowohl bei der Steinkohle als auch bei der Braunkohle gleich ist. Gewiß kommen wir auch hier mit einem Förderschacht mit zwei leistungsfähigen Fördereinrichtungen aus, deren verlangte Stundenkapazität in zwei Schichten zu je 7 Stunden $\frac{5000}{2 \cdot 2 \cdot 7} = \frac{5000}{28} = 179\text{ t} \doteq 180\text{ t/h}$ betragen muß, dies bei einer Belastung des Förderkorbes je Aufzug mit 6 t $= \frac{180}{6} = 30$ Aufzüge in der Stunde. Hier besteht noch eine bedeutende Kapazitätsreserve sowohl im Hinblick auf eine Vergrößerung der Förderkorblast als auch nach der Anzahl der Aufzüge bei dem verhältnismäßig kleinen Ladegwicht von 6 t.

Es ist selbstverständlich, daß hier der Projektant zwei Förderschächte mit kleinerem Durchmesser, jeden mit einer Fördereinrichtung, erwägen kann, aber die größere Bedienung in den Füllorten untertags, der größere Wagenumlauf obertags, die Rücksicht auf eine hohe produktive Arbeitszeit in Verbindung mit einer konzentrierten Mannsfahrt sprechen zugunsten *eines* leistungsfähigen Förderschachtes mit zwei Fördereinrichtungen. Auch die kleineren Investitionskosten und die künftige Erhaltung sind hier maßgebend.

Auch die Berechnung der Wetterführung zeigt die Anwendbarkeit unserer früheren Überlegungen. Die Fläche von 650 ha kann mit zwei Wetterschächten bewettert werden, es werden sich daher hier zwei Wettersysteme ergeben.

Bei einer Grubenleistung von 3 t pro Schicht (die richtige Grubenleistung ermittelt man durch Berechnung) beträgt die Anzahl der verfahrenen Schichten pro Tag in der Grube $\frac{5000}{3} = 1666$, die aufgeteilt sind

auf die I. Schicht	666 Mann
„ „ II. „	666 „
„ „ III. „	334 „
zusammen	1666 Mann

In der am stärksten belegten Schicht fahren auf zwei Fördereinrichtungen 666 Mann ein, d. i. auf einer 333, was einer Förderkorbbesatzung von $4 \cdot 14 = 56$ Mann entspricht, daher als Anzahl der Aufzüge $334 : 56 = 6$ ergibt. Soll die Ein- und Ausfahrt in 15 Minuten durchgeführt werden, dann dauert ein Aufzug $15 : 6 = 2$ min, 30 sek; dauert der Einstieg in den Förderkorb 1 Minute, dann entfallen auf einen Aufzug 1 min,

30 sek = 90 sek, oder bei einer Tiefe von 400 m eine *mittlere* Geschwindigkeit von 400 : 90 = 4,45 m/sek, die annehmbar ist.

Die Ausdehnung eines Wettersystems (-bereiches) ist $\frac{650}{2} = 325$ ha, in dem 666 : 2 = 333 Mann beschäftigt werden können. Aus diesem Bereich kommt eine Tagesförderung von 5000 : 2 = 2500 t, d. i. je Schicht 1250 t. Der längste Förderweg bei einer Ausdehnung von 650 ha ist zirka $\frac{1}{2}\sqrt{6500000} = 1300$ m, die maximale Tagestransportleistung ist etwa 5000 t · 1,3 km = 6500 Nutztonnenkilometer, d. s. pro Schicht etwa 3250 tkm und daher auf einen Wetterbereich 1625 tkm. Rechnet man mit 450 bis 500 Nutztonnenkilometern je Lokomotive, dann braucht man 3250 : 450 bis 500 = 7 Lokomotiven plus 20% Reserve, d. s. zirka 9 Lokomotiven.

Sind in der am stärksten belegten Schicht eines Wetterbereiches 333 Mann tätig und rechnet man pro Kopf mit Rücksicht auf Gasentwicklung oder auf höhere Temperatur einen Minutenbedarf von 7 m³/min, so ist der Gesamtwetterverbrauch 2331 bis 2400 m³/min, d. s. 40 m³/sek. Bei einem äquivalenten Grubenquerschnitt von 3 m² eines Wetterbereiches ist eine Depression h notwendig:

$$A = 0{,}38 \frac{Q}{\sqrt{h}},$$

$$3 = 0{,}38 \frac{40}{\sqrt{h}},$$

$$\sqrt{h} = 0{,}38 \frac{40}{3} = 0{,}38 \cdot 13{,}33 = 5{,}06,$$

$$h = 5{,}06^2 = 25{,}6 \text{ mm Wassersäule.}$$

Um wieviel steigt die Wettermenge, wenn im Sinne der Vorschriften die Depression um 25% erhöht werden soll?

$$h_1 = R \cdot Q_1^2,$$

$$h_2 = 1{,}25\, h_1 = R \cdot Q_2^2,$$

$$\frac{h_1}{h_2} = \frac{R \cdot Q_1^2}{R \cdot Q_2^2},$$

$$\frac{h_1}{1{,}25\, h_1} = \frac{Q_1^2}{Q_2^2},$$

$$\frac{1}{1{,}25} = \frac{Q_1^2}{Q_2^2},$$

$$Q_2^2 = 1{,}25\, Q_1^2,$$

$$Q_2 = Q_1 \sqrt{1{,}25} = 1{,}116\, Q_1, \text{ d. s. zirka } 12\%.$$

Die theoretische Arbeit des Ventilators ergibt sich mit

$$E_{th} = \frac{Q \cdot h}{75} = \frac{40 \cdot 26}{75} = \frac{1040}{75} \doteq 13 \text{ PS};$$

bei einem Wirkungsgrad $\eta = 0{,}6$ ist die wirkliche Arbeit $\frac{13}{0{,}6} \doteq 22$ PS, d. s. jährlich bei 8760 Betriebsstunden $8760 \cdot 22 = 190740$ PS-Stunden; bei einer Jahresförderung in einem Wetterbereich von $\frac{1{,}5 \text{ Mio}}{2}$ t = = 750000 t kommt auf eine Tonne eine Belastung von 190740 : 750000 = = 0,26 PS-Stunden.

Die Wettermenge ist verhältnismäßig klein, die Profile der Schächte und Strecken sind mehr oder weniger geräumig, so daß die Wettergeschwindigkeit günstig ist.

Wir können unsere Untersuchungen analog wie auf S. 164 noch weiter verfolgen:

Ist die Anzahl der Belegschaft untertags = 1666 Mann, was bei einer Absenz von 17% (= 341 Mann) $\frac{1666}{83} \cdot 100 = 2007$ Mann Belegschaft und obertags = 556 Mann, was bei einer Absenz von 14% (= 91 Mann) $\frac{556}{86} \cdot 100 = 647$ Mann Belegschaft entspricht, so ergeben sich zusammen 2222 Mann, was einschließlich der Absenz (432 Mann) einem Gesamtstand von 2654 entspricht.

Die Grubenleistung wurde mit 3 t pro Kopf angenommen.

Die Gesamt- (Werks-) Leistung ist 5000 : 2222 = 2,25 t pro Kopf, daher ist die Produktivität eines Arbeiters

pro Jahr 1500000 : 2654 = 565,5 t,

pro Tag 565,5 : 300 = 1,885 t.

Der Durchschnittsverdienst im Monat beträgt 9100 We. Im Jahr $9100 \cdot 12 = 109200$ We, bei 2654 Beschäftigten $109200 \cdot 2654 = 289816800$ We, d. s. pro Tonne 282173000 : 1500000 = 188,11 We.

Weiters kann man die *Energie* zusammen mit dem Dampf- und Wasserverbrauch, *Material* (Holz, Ausbaumaterial, Geleise, Schmiermittel, Sprengstoffe usw.), *Erhaltung*, *Sonstiges* und endlich die *Abschreibungen* zusammenfassen und so die Gestehungskosten zusammenstellen. Auf Grund der Gestehungskosten und der Absatzpreise wird der Reingewinn, der Wert der Jahresförderung und ihr Wert pro Kopf der Belegschaft ermittelt.

Rechnet man beim derzeitigen Stand der Technik auf 15 Arbeiter einen Beamten (technisch oder administrativ), dann kommen in unserem Falle

auf 2222 Arbeiter .... $\frac{2222}{15}$ = 148 Beamte
davon auf Urlaub und sonst abwesend 15% = 22 „

insgesamt 170 Beamte

Nach der Struktur der Belegschaft (verheiratet, ledig, Männer, Frauen, Ortsansässige und Fremde) setzen wir den Wohnungsbedarf fest, die Jugendheime, Geschäfte, Schulen usw.

Von der *technischen* Seite sind für die Braunkohle charakteristisch: die Sand- und Schwimmsandschichten im Hangenden, ein plastisches und halbplastisches Hangendes, besonders daß die Braunkohlen und Lignite wesentlich fester und nicht so leicht lösbar sind als die Hangend- und Liegendschichten, während bei den Steinkohlen das Umgekehrte der Fall ist, andere Auswirkungen des Gebirgsdruckes, eine andere Absenkungsproblematik als bei der Steinkohle, was beim Projektieren angemessen berücksichtigt werden muß.

Von der *wirtschaftlichen* Seite gilt, wenn wir nur den kalorischen Wert erwägen (bei Steinkohle 7000 kcal, bei Braunkohle 4000 kcal), folgende Beziehung:

$$1 \text{ kg Steinkohle} = \frac{7000}{4000} = 1{,}75 \text{ kg Braunkohle, oder:}$$

$$1 \text{ kg Braunkohle} = \frac{4000}{7000} = \frac{1}{1{,}75} = 0{,}571 \text{ kg Steinkohle.}$$

Sollte man ein Gleichgewicht in den kalorischen Werten zwischen der Stein- und Braunkohle erzielen, müßte die Gruben- und Gesamtleistung bei der Braunkohle um 75% höher sein als bei Steinkohle, der Kohlenpreis bei Braunkohle müßte 57,1% des Steinkohlenpreises betragen, ebenso die Gestehungskosten, aber auch die Höhe der Investitionen. Ebenso werden auch die technisch-wirtschaftlichen Kennziffern andere sein.

Wir ersehen daraus, wie wichtig hier die Arbeitsproduktivität und wie dringend die Untersuchung der Abbaumethoden ist, damit das Ausbringen höher als bisher oft nur 50% wird und die Braunkohle nicht nur ein Brennmaterial bleibt, sondern womöglich ein Rohstoff für die Erzeugung wertvoller Produkte wird, bei denen dann die Gestehungskosten der Braunkohle nur einen Bruchteil bilden und man so zu einem Preis kommt, der höher als der jetzige Absatz- bzw. Wärmepreis liegt. Hier gibt es besonders für die wissenschaftliche Forschung dankbare Aufgaben mit weittragenden Möglichkeiten.

Lignit hat wegen seines niedrigen Heizwertes (etwa 2300 kcal, wegen des hohen H_2O-Gehaltes) folgende kalorische Beziehung zur Steinkohle: $1 \text{ kg Steinkohle} = \frac{7000}{2300} = 3 \text{ kg Lignit}$ bzw. $1 \text{ kg Lignit} = 0{,}33 \text{ kg}$ Steinkohle. Seine technisch-wirtschaftlichen Kennziffern sind besonders ungünstig. Soweit es geht, schließt man lignitische Flöze an der Stelle der kleinsten Überlagerung mit einem Schrägstollen auf, der mit einer Bandförderung ausgerüstet wird, die bis zur höchsten Stelle der Aufbereitung führt. Die Problematik ist der der Braunkohle ähnlich, manchmal ist sie noch schwieriger wegen der Einlagerungen von Schwimmsandschichten, oft auch im Liegenden des Flözes. Wegen des hohen Wassergehaltes (bis 45% und mehr) verträgt der Lignit keine Bahnfracht und muß an Ort und Stelle verwendet werden. In normalen Zeiten hat er meist nur örtliche Bedeutung.

Die Eisenerze (spezifisches Gewicht etwa 4) haben, wenn sie als Massenmineral vorkommen und ihre technologischen Eigenschaften günstig sind, einen Rauminhalt von 31% der Steinkohle. Ohne diese Erze hier näher zu analysieren, kann man sagen, daß mit Rücksicht auf ihr Volumen z. B. der Förderschacht, das Füllort für dieselbe *Gewichtskapazität* gegenüber der Steinkohle kleiner, der täglich abgebaute Raum und damit auch die Ausdehnung des Grubenfeldes ebenfalls geringer und dadurch auch der Bedarf an Ausrüstung für die Erzgewinnung niedriger sein wird usw. Es ist die Eigenart der Problematik des Eisenerzes, daß die Bewetterung einfacher und auf eine kleinere Fläche verteilt ist. Zum Schluß dieses Kapitels sei auch angeführt, daß seit Beendigung des ersten Weltkrieges bis zum Jahre 1950 auf der Welt mehr Erze gefördert wurden, als in der ganzen Geschichte der Menschheit vorher. Da man gezwungen ist, immer mehr ärmere Erze zu gewinnen, wird die Erzaufbereitung in der Zukunft immer mehr an Bedeutung gewinnen. JIČINSKÝ zitiert in seinem Buche „Einführung in die Bergbaukunde" STOČES und führt an:

Für europäische Verhältnisse gelten für die jetzige Zeit annähernd folgende Zahlenwerte der Abbauwürdigkeit:

Bei *Gold* auf primären Lagerstätten 5 bis 15 g/t, in Kupfer- und Bleierzen 2 g/t, bei Goldseifen 0,2 g/t, beim Baggern 0,15 g/t; bei *Platin* 0,2 g/t; bei *Silber* in Erzen, welche sich durch Amalgamation aufbereiten lassen, 0,1%, in Kupfererzen 0,01%, in Bleierzen 0,05%; bei *Kupfer* 1 bis 3%; bei *Blei* 2,5 bis 10% je nach der Möglichkeit der Aufbereitung; bei Mangan 25%, bei *Mangan* in Eisenmanganerzen 12 bis 18% Mn, falls die Erze 18 bis 25% Fe enthalten; bei *Eisenerzen* mehr als 28%; bei *Zink* 12%, bei *Schwefel* im Schwefelkies 40%; bei *Quecksilber* 0,5%, bei *Kohle* der Anteil C = 25 bis 50% je nach den Möglichkeiten der Aufbereitung und den technologischen Eigenschaften; beim *Salz* aus der Sole 10%, beim *Erdöl* aus Bitumenschiefern bis 5%.

Diese Angaben sind jedoch nicht vollständig. Es ist unbedingt notwendig, die *Menge* eines bestimmten Erzes anzuführen, den *Preis* ab Betrieb, die *Tiefe* der Lagerstätte, damit auf Grund der *Kapazität und Lebensdauer* der Grube die zulässige Höhe der notwendigen Investitionen als Voraussetzung eines wirtschaftlichen Betriebes bestimmt werden kann.

Die Investitionen sollen das Maß der Zweckmäßigkeit nicht überschreiten, sich also möglichst niedrig halten und mit der Erschöpfung der Lagerstätte zur Gänze amortisiert sein.

Bei den meisten Erzen schwankt der Preis in großen Grenzen und ist nicht stabil, welcher Umstand die Problematik der Erzgruben erschwert.

Der hohe Preis mancher Mineralien bzw. Metalle führt zur Suche nach Ersatzstoffen, die manchmal besser sind als das aus dem Naturmineral gewonnene Produkt. In manchen Fällen macht wieder ein zweites oder drittes mitvorkommendes Mineral die Grube rentabel. Gerade die Erzgruben muß in den meisten Fällen der Staat in seine Verwaltung übernehmen, da für ein Privatunternehmen diese Gruben die Rentabilität und demzufolge die Anziehungskraft verloren haben, bzw. muß der Staat solche Gruben mit Subventionen stützen.

Projektierungsvorgang bei einer Erzgrube

1. Geologie der Lagerstätte, Größe des Grubenfeldes, seine Vorräte an nutzbaren Mineralien.
2. Bestimmung der Jahreskapazität des Betriebes und seiner Lebensdauer.
3. Entwurf des Aufschlusses und der Vorrichtung des Grubenfeldes.
4. Bestimmung des Anschlagpunktes für den Förderschacht und die Wetterschächte
   a) Entwurf des Füllortes,
   b) der Untertag-Lokremise,
   c) der Pumpstation einschließlich der Wasserlösung der Grube,
   d) des Sprengstoff- und Kapselmagazins.
5. Wahl der Abbaumethode einschließlich der Versatzwirtschaft.
6. Untertageförderung (Transport)
   a) in der Lagerstätte,
   b) zwischen der Lagerstätte und dem Füllort.
7. Projektieren der Wetterführung.
8. Vertikale (Schacht-) Förderung.
9. Situation obertags:
   a) Fördermaschinen,
   b) Ventilatoren,
   c) Kompressoren,
   d) Schachtanlagen, Versorgung mit elektrischer Energie und Preßluft untertags und obertags,
   e) Aufbereitung und Aufbereitungstechnologie,
   f) Schleppbahn,
   g) Holzplatz,
   h) Bergehalde.
10. Transport obertags.
11. Werkstätten, Magazine, Bäder, Kanzleien, Lampenstube, Rettungsstation, Fahrräder- und Parkplatz, Nutz- und Trinkwasserversorgung, Zentralheizung usw.

12. Der nötige Belegschaftsstand (Techniker und administrative Kräfte):
    a) untertags,
    b) obertags.
13. Bestimmung der Gruben- und Werksleistung.
14. Bereitschafts- (betriebsnahe) Siedlung, betriebsentfernte Siedlung.
15. Höhe der Investitionen, Prozente der Amortisation, Gestehungskosten, Betriebsrentabilität.
16. Haupt-TW-Kennziffern.
17. Bewertung.

8. Das Projektieren von Braunkohlentiefbaugruben

Von Dipl.-Ing. Dr. mont. FRIEDRICH LOCKER

Von ŘIMAN wurde im vorhergehenden Abschnitt bereits auf die abweichende Problematik des Projektierens von Braunkohlengruben hingewiesen; die Systematik läßt sich jedoch auch hier anwenden.

Rein von der technischen Seite her besteht die Verschiedenheit schon darin, daß das Hangend- und Liegendgebirge bei Braunkohlen aus unverfestigten und weichen Gesteinen, wie Sand, Schotter, Schwimmsand, Tonen, besteht und meist in einem Ausmaß wasserführend ist, daß es oft die Abbauwürdigkeit von Lignit- und Braunkohlenflözen fraglich erscheinen läßt. Auch die Gebirgsdruckerscheinungen unterscheiden sich wesentlich von denen in einem Steinkohlengebirge und führen zu einer besonderen Anwendung des Ausbaues im Abbau und in den Strecken, so daß hier auch die Verwendung von Stahl (im Ausbau) andere Wege geht. Ebenso ist die sinngemäße Konstruktion von Vortriebs- und Gewinnungsmaschinen für Lignit- und Braunkohlen, besonders was die Fräs- und Schneidevorrichtungen betrifft, stark unterschiedlich, da es sich dabei um Kohlen von einer Festigkeitsziffer $f = 2{,}0$ bis $3{,}5$ (ungefähr 250 bis 350 $\mathrm{kg/cm^2}$) handelt. Die Maschinen werden im allgemeinen in der Braunkohle mehr beansprucht als in der Steinkohle. Später wird noch auf die Unterschiede beim Hartmetallverbrauch an den Maschinen bei Braun- und Steinkohle eingegangen werden. Dasselbe gilt auch für den Energieverbrauch bei den Vortriebs- und Gewinnungsmaschinen.

Was die Wirtschaftlichkeit der Gewinnung von Ligniten und Braunkohlen betrifft, so muß man sich ständig vor Augen halten, daß die Werte des gewonnenen Rohstoffes zirka auf der Hälfte des Wärmewertes der Steinkohle liegen. Meist ist der Verbrauch an Material, wie Holz und Sprengstoff, in der Lignit- und Braunkohle gleich hoch wie in der Steinkohle. Jeder Handgriff in der Braunkohlengrube hat daher nur den halben Wert, und da die Konkurrenz der anderen Energieträger (Öl, Erdgas) durch deren steigende Produktion immer größer wird, zwingt dies gerade die Braunkohlenbetriebe zu immer größeren Rationalisierungsmaßnahmen durch Mechanisierung und Konzentration. Durch den Anpassungswärmepreis zu den flüssigen Energieträgern verschiebt sich auch die Abbauwürdigkeitsgrenze der Lignit- und Braunkohlenflöze nach oben und dementsprechend sinkt die Rentabilität. Ein Vorteil gegenüber der Steinkohle ist die meist geringe Teufe der Lignit- und Braunkohlenlagerstätten.

Was die Kosten anbelangt, kann man das Projektieren einer Braunkohlengrube am ehesten mit dem eines Steinkohlenhorizontes vergleichen. Říman führt im vorhergehenden Abschnitt ein Beispiel eines Braunkohlenflözes an, das 14 m mächtig ist. Viele der heute in Betrieb befindlichen Lignit- und Braunkohlen-Tiefbaugruben bauen nur ein bis drei Flöze von geringerer Mächtigkeit, z. B. von 1,0 bis 4,0 m, die dann von oben nach unten gewonnen werden.

Die schon erwähnte und heute immer stärker werdende Konkurrenz der flüssigen Energieträger macht manche Lignit- und Braunkohlenflöze unbauwürdig und zwingt die Betriebe, gewisse, etwas vertaubte oder schwächere Flözpartien von der Gewinnung auszuklammern und zurückzulassen, was volkswirtschaftliche Verluste bedeutet. Immer mehr wird es notwendig, Lignit- und Braunkohlen mit einem Wärmewert zwischen 2000 und 4000 kcal vom Transport zum Verbraucher zu befreien, d. h. die Kohlen sofort im Bereich der Grube zu verwerten oder sie durch Herabtrocknung des meist erheblichen Wassergehaltes zwischen 30 bis 50% und mehr transportfähig zu machen. Die Trockenanlagen können mit Abfallkohle von 1500 bis 2000 Kalorien betrieben werden, was noch über ein Kraftwerk mit Gegendruckturbinen zur Erzeugung des eigenen Stromverbrauches geschehen kann. In Zukunft muß man sich darauf einstellen, daß diese Kohlenarten überhaupt nur mehr an Ort und Stelle in kalorischen Kraftwerken in elektrischen Strom umgewandelt oder in Strom und Dampf verbrauchenden Industrien in ihrem Bereich, ohne auf die Schiene zu gehen, verwendet werden. Der Transport mit Gummigurtförderern oder über Rohrleitungen wird auf gewisse Entfernungen zur Verbraucherstätte auch hier mehr und mehr angewendet werden. Meist wird es nicht rentabel sein, diese Kohle mit einem geringen Heizwert gegenüber der Steinkohle besonders aufzubereiten, es sei denn die Grobsorten allein über eine Naß- oder Schwerflüssigkeitswäsche. Die Klaubarbeit wird oft genügen, die anfallenden Grobkohlen 40 bis 120 mm für den Absatz im Hausbrand in einem gewissen Bereich der Grube interessant zu gestalten, soweit die Rohförderung nicht mehr als maximal 13 bis 15 Gewichtsprozente an tauben Stücken enthält.

Beim Projektieren von Lignit- und Braunkohlengruben wird es in den einzelnen Ländern darauf ankommen, wieviel eigene große Steinkohlenlagerstätten das betreffende Land besitzt oder dazu noch Erdöl-

und Erdgaslagerstätten ausbeutet, um sagen zu können, ob die Errichtung einer Lignit- oder Braunkohlengrube noch in Betracht kommt. Anders ist es bei Ländern, die Kohlen und Heizöl importieren müssen; hier kann die Inbetriebnahme und Gewinnung von Lignit- und Braunkohlen Devisen einsparen. Auch in Ländern, wo nur Lignit- oder Braunkohlenlagerstätten sind, jedoch für die Erzeugung von elektrischem Strom Wasserkräfte großzügig ausgebaut werden, muß man sich auf kalorische Werke für die Stromgewinnung mit 25 bis 30% der Gesamtstromerzeugung einstellen, damit in Zeiten der Trockenheit oder im Winter die Stromerzeugung des Landes gesichert bleibt. Dazu sei noch vermerkt, daß die Stromkosten der Wasserkraftwerke wegen der hohen Investitionen (drei- bis viermal größer als bei kalorischen Werken) gleich hoch sind wie die Stromkosten aus mit Kohle betriebenen kalorischen Werken bei entsprechend hohen Jahresbetriebsstunden, falls 1 Million Kohle-Wärme-Einheiten nicht mehr als zirka 2 US-Dollar kosten. Unter diesen Gesichtspunkten ist es für ein Land, welches seine Erdöl- und Gasvorräte zu stürmisch abbaut, nicht richtig, gerade seine Kohlenvorräte bzw. deren Gewinnung zu vernachlässigen. Die Erdgasvorräte sind nicht so leicht in die Zukunft abzuschätzen (in Österreich werden sie auf 15 Jahre geschätzt), wie dies bei den Kohlenlagerstätten der Fall ist. Jedenfalls stellen die Kohlenlagerstätten eine zu jeder Zeit absolut sichere Energiebasis dar, die für die Zukunft, aus volkswirtschaftlichen Gründen, größte Bedeutung hat, um so mehr, als man mit einer verbreiteten Erzeugung von Atomenergie nicht vor zwei Jahrzehnten rechnen kann.

Es wird daher die Planung und Inbetriebnahme sowie die Weiterführung von Lignit- und Braunkohlengruben, besonders mit einer Verwertung bzw. Umwandlung in elektrischen Strom auf den Gruben, unter Anwendung besonderer rationeller Gewinnungsmethoden auch weiterhin am Platz sein, sofern es gelingt, den Wärmepreis der Kohle dem der übrigen Energieträger näher zu bringen. Die Kohle wird immer noch ein sicherer, zu jeder Zeit zur Verfügung stehender Brennstoff bleiben, wenn auch der Anteil des Primärenergieverbrauches an Kohle gesunken ist, z. B. in Österreich seit 1950 von 66,3% auf 42,6% (1959). Auch der chemischen Verwertung der Lignit- und Braunkohlen ist noch besonderes Augenmerk zu widmen, wie auch das Erdgas nicht verheizt, sondern der Petrochemie zur Nützung zugeführt werden sollte.

a) Ermittlung der reinen relativen Kohlenhältigkeit und des reinen relativen Kohlenvermögens von Lignit- und Braunkohlenlagerstätten

Die Kohlenhältigkeit wird ähnlich wie bei den Steinkohlen als Prozentsatz der gewinnbaren Kohlenflözmächtigkeit im Verhältnis zur gesamten Überlagerung ausgedrückt. Es ist bekannt, daß diese Kohlenvorkommen meist seicht liegen, so daß sie tagbaumäßig gewonnen werden können.

Wo dies wegen eines zu ungünstigen Verhältnisses Flözmächtigkeit : Überlagerung nicht möglich ist, werden diese Lagerstätten tiefbaumäßig gewonnen.

Die Kohlensubstanz wird durch Ausbißlinien und durch Bohrpunkte bestimmt. Auch Erosionen des Flözes durch Flüsse oder glaziale Erosionsvorgänge müssen festgestellt werden. Die Dichte der anzulegenden Bohrlöcher wird beeinflußt von der Gebirgsart, die zu durchbohren ist. Handelt es sich vorwiegend um Sande oder Tone, werden die Kosten niedrig sein und die Bohrlöcher können dichter angelegt werden. Müssen Schotter oder verfestigte Schotterbänke durchteuft werden, steigen die Kosten und man wird versuchen müssen, mit einer geringen Bohrlochdichte auszukommen. Die Teufe wird sich meist zwischen 50 und 300 m bewegen, was gleichfalls die Dichte der Bohrlöcher beeinflußt. Es muß bei diesen Bohrlöchern möglichst durchgehend gekernt, d. h. drehend gebohrt werden. Besonders die Kerne, die aus den kohlenführenden Schichten gezogen werden, sollen mit Doppelkernrohr gebohrt sein, da die Kohlenqualität mit den auftretenden Zwischenmitteln für die Ermittlung des Wärmewertes der zu gewinnenden Kohle von größter Wichtigkeit ist. Bei einer Teufe des Kohlenvorkommens um 100 m herum liegt die anzustrebende Dichte der Bohrungen bei 400 bis 500 m Abstand von einem Bohrloch zum anderen. Die Bohrungen sollen stets unter der Aufsicht der Bergbehörde durchgeführt und ihre Ergebnisse behördlich konstatiert werden. Dies schon deswegen, weil bei der späteren Verleihung von Grubenmassen die Bohrungen als Aufschlußpunkte dienen und die Abbauwürdigkeit an den gezogenen Kernen nachgewiesen wird. Die Kosten der Bohrungen sowie der sonstigen Schurfarbeiten (Grabenziehen am Ausbiß) sind auf die ganze festgestellte abbauwürdige Substanz aufzuteilen. Ist es der Fall, daß der Eigentümer des Grubenfeldes eine vom Bergbauunternehmer verschiedene, eventuell juristische Person ist, so wird letzterer einen Tonnenzins bezahlen, der sich in einer Größenordnung von 0,5 bis 1,5% des Nettoverkaufswertes bewegt. Wo Vertaubungen oder ein Auskeilen der Flöze auftreten, ist die Anbringung von Interpolationsbohrungen für die genaue Erfassung der Lagerstätte für die spätere Aus- und Vorrichtung dieser Flözpartien erforderlich.

Man wird mit diesen Bohrungen bei den meist seicht liegenden Lagerstätten das Kohlenvermögen feststellen können, also die Kohlenvorräte, die als sicher vorhanden zu bezeichnen sind. Als wahrscheinliche Vorräte sind nur Streifen am Rand des Ausbisses oder entlang der Vertaubungen zu bezeichnen und schließlich als mögliche Vorräte jene, die sich außerhalb des Bohrlochnetzes befinden, wo zwar die kohlenführende geologische Formation vorhanden ist, auf die sich aber das Bohrlochnetz noch nicht erstreckt. Nach Abzug der Schutzpfeiler für Ortschaften, Straßen, Eisenbahnen, Obertagsbauten der Grube und sonstige Kunstbauten, sowie nach dem Aushalten der bis unter die Abbauwürdigkeitsgrenze verdünnten Flöze ergibt sich das reine Kohlenvermögen mal der Fläche (Ausdehnung), was als abbauwürdiger Kohlenvorrat zu bezeichnen ist. Die gerade noch abbauwürdige Mächtigkeit bei Flözen mit einem Heizwert von 2500 bis 3500 Kalorien wird mit Rücksicht auf das meist schlechte und oft rollende Hangende mit 1 m angenommen. Die notwendige Substanz an gewinnbarer Kohle zur Errichtung einer Grube hängt in den verschiedenen Ländern auch davon ab, wie weit das Land über andere Energieträger (Wasser, Erdöl, Erdgas) oder über andere Kohlenvorräte, vor allem Steinkohlenlagerstätten, verfügt. Es kann in einem Land ein Lignit- oder Braunkohlenvorrat von 10 Mio t schon interessant sein, wenn das betreffende Land überhaupt arm an Energieträgern ist, andererseits ist in einem reichen Land eine Lignit- oder Braunkohlenlagerstätte erst ab 100 Mio t beachtenswert. Außerdem wird die notwendige Substanzgrenze von der allgemeinen wirtschaftspolitischen Lage, besonders der in den Nachbarländern, abhängen. Es kann jedoch vorkommen, daß auf der Basis eines solchen Kohlenvorkommens von 10 Mio t als untere Grenze eine elektrischen Strom oder Dampf verbrauchende Industrie errichtet wird oder überhaupt die Kohle in Sekundärenergie umgewandelt wird. In letzterer Zeit werden vorwiegend an Braunkohlenlagerstätten kalorische Kraftwerke in Größenordnungen von 30 bis 100 MW je Einzelaggregat gebaut, da es sich, wie bereits erwähnt, im allgemeinen nicht rentiert, Kohlen dieser Qualität zum Verbrauchsort zu verfrachten. Wirtschaftlich wird die Kohle auf Bandanlagen mit Gummigurten von 0,8 bis 2,0 m Breite von der Grube zu den Kraftwerken befördert.

Daß die Abbauwürdigkeitsgrenzen sowohl nach den Ländern als auch nach der verschiedenen Wirtschaftslage schwanken, soll an einem Beispiel dargestellt werden, auf das verschiedentlich hingewiesen werden wird und das hier genau beschrieben ist.

Es handelt sich hier um eine obermiozäne Lagerstätte mit drei Flözen, von denen das mittlere 1,0 bis 2,5 m mächtig, das oberste nur selten über 1 m, meist darunter, und das untere Flöz stellenweise vertaubt und nicht vorhanden ist, aber in 30% des Grubenfeldes separat gebaut wird, und zwar nach vorhergehendem Abbau des mittleren Hauptflözes. Die Mächtigkeit des Unterflözes beträgt 0 bis 3,0 m, die Mächtigkeit der tonig-sandigen Zwischenmittel zwischen dem oberen Flöz und dem Mittelflöz ist 0,5 bis 8,0 m; es ist in ihm oft linsenartig Schwimmsand vorhanden. Das Zwischenmittel zwischen Mittel- und Unterflöz ist 0,1 bis 2,5 m stark. Das Hauptliegende sind Tone und Quarzschotter sowie Sande mit gespanntem Wasser. Diese Lagerstätte war mit den früheren Hilfsmitteln des Bergbaues nicht als abbauwürdig und rentabel zu betrachten. Erst durch die neuen Hilfsmittel des Bergbaues, wie Stahlausbau in den Strecken und durchgehende Förderung auf Gummigurten und Kratzförderern, ohne Hunte und ohne Lokförderung, war es möglich, den Bergbau wirtschaftlich zu führen. Die Existenz der Lagerstätte war seit 200 Jahren bekannt. Vor 40 Jahren wurde das Vorkommen mittels Bohrungen abgetastet und trotzdem erst nach dem zweiten Weltkrieg der Bergbau in Angriff genommen. Es ist ein typisches Beispiel dafür, wie die Entwicklung der Bergbautechnik dazu führen kann, Lagerstätten, die vor Jahrzehnten noch als unbauwürdig galten, jetzt wirtschaftlich zu gewinnen.

b) Die Bestimmung der optimalen Größe und Kapazität der Grube

Im allgemeinen beträgt die Tagesförderung bei Gruben, die Lignit oder Braunkohle gewinnen, zwischen 500 und 2000 t, wo es sich um mächtige Flöze und um ein großes Kohlenvermögen handelt (bis 100 Mio t), manchmal sogar mehr. In anderen Fällen, wo die kohlenführenden Schichten über der Talsohle liegen und die Formation durch viele Täler zerschnitten wird, läßt sich kein konzentrierter Betrieb anbringen. Es gibt da einige Stollenbetriebe von minimaler Größe, die Kohle wird mit Seilbahnen zur Zentralsortierung und Zentralverladung gebracht. Auch in diesem Falle soll ein forcierter Abbau der einzelnen Felder angestrebt werden, um so die Anzahl der kleinen Betriebsgrößen zu verringern. In normalen Verhältnissen, wo die Konkurrenz der flüssigen Brennstoffe vorhanden ist, muß der Bestimmung der optimalen Größe und der Kapazität einer neuzuerrichtenden Grube eine Marktstudie vorausgehen, die alle Abnehmer in einem Bereich bzw. Umkreis der Grube erfaßt, in dem der Frankopreis der Kohle je Mio Wärmeeinheiten nahe dem Wärmepreis von Heizöl und Erdgas zu stehen kommt. Der Frankopreis ist der Preis ab Grube plus Transportkosten. In unserem Falle beträgt dieser Frankopreis je 10^6 kcal durchschnittlich 65 bis 68 Währungseinheiten, was gleich ist zirka $2^1/_2$ US-Dollar. Viel günstiger ist die Lage dann, wenn die Grube an einem kalorischen Kraftwerk liegt, wohin sie ihre ganze Produktion absetzen kann. Von vornherein ist der Absatzbereich von Lignit- und Braunkohle sehr klein und wird sich bei 50 bis maximal 100 km im Umkreis bewegen. Unter Berücksichtigung aller möglichen Verbraucher in diesem Absatzbereich und aus dem relativen Kohlenvermögen wird die optimale Größe sowie die notwendige Kapazität der Grube bestimmt.

In unserem Beispiel hat das Grubenfeld eine Erstreckung von $4 \cdot 4$ km $= 16$ km^2 $= 1600$ ha $= 16$ Mio m^2.

Das durch Bohrungen festgestellte relative Kohlenvermögen beträgt bei einer Teufe von 100 bis 150 m 24 Mio m^3 Kohle, d. s. bei dem spezifischen Gewicht von 1,25 (bis 1,30) 30 Mio t Kohle.

Nach Abzug aller Schutzpfeiler und unbauwürdigen Partien verbleiben somit bei einem 75%igen Ausbringen 22,5 Mio t, die noch durch die Aufbereitung (durch Klaubarbeit bei den Grobsorten) um 12% vermindert werden, so daß als Verkaufskohle (Reinkohle) 22,5 — 2,7 Mio t = 19,8 Mio t zur Verfügung stehen werden.

Ergibt sich aus der Marktstudie eine Absatzmöglichkeit von 500000 t jährlich, so würde sich die Lebensdauer der Grube auf rund 40 Jahre erstrecken.

Das reine relative Kohlenvermögen ergibt sich aus

$$\frac{24 \text{ Mio m}^3 \text{ Kohle}}{16 \text{ Mio m}^2 \text{ Feldesfläche}} = 1{,}5 \text{ m},$$

bei einer durchschnittlichen Überlagerung von 125 m sind das 1,2% als reine relative Kohlenhältigkeit.

Die tägliche Belastung des Grubenfeldes in t/ha bei 280 Arbeitstagen ergibt bei einer Tagesförderung von 1780 t

$$\frac{1780 \text{ t/Tag}}{1600 \text{ ha Feldfläche}} = 1{,}1125 \text{ t/Tag/ha} = \text{tägliche Belastung.}$$

Das reduzierte oder produktive Grubenfeld errechnet sich aus der festgestellten Substanz (Kohlenvorrat) in den Bohrungen mit 24 Mio m³ geteilt durch eine durchschnittliche Flözmächtigkeit beider Flöze (Mittel- und Unterflöz) von 2 m = 24000000 : 2 = 12 Mio m² = 1200 ha (oder nach dem 75%igen Ausbringen von 1600 ha = 1200 ha), schließlich ergibt sich die tägliche Belastung des produktiven Grubenfeldes mit $\frac{1780 \text{ t/Tag}}{\text{spez. Gew. } 1{,}25} = 1424 \text{ m}^3 : 1200 \text{ ha} = 1{,}19 \text{m}^3\text{/ha}$ und Tag = $\frac{1{,}19 \text{ m}^3}{1{,}5 \text{ m reine relative Kohlenmächtigkeit}} = 0{,}795 \text{ m}^2\text{/ha}$ und Tag oder die tägliche Belastung des ganzen Grubenfeldes mit 1424 m³ : 1600 ha = $= 0{,}889 \text{ m}^3\text{/ha und Tag} = \frac{0{,}889 \text{ m}^3}{1{,}5 \text{ reines relatives Kohlenvermögen}} = 0{,}592 \text{ m}^2\text{/ha}$ und Tag[1]. Daraus ergibt sich, daß die geplante Tagesförderung um so größer sein kann, je größer das Grubenfeld oder je größer das reine, relative Kohlenvermögen bzw. der Kohlenvorrat ist.

Durch Auswertung dieser Beziehungen kommen wir auch bei Lignit- und Braunkohlenlagerstätten zu den optimalen Betriebsgrößen. Da es sich vorwiegend um seicht liegende Lagerstätten handelt, soll bei großem reinem relativem Kohlenvermögen die Tageskapazität 3000 t und mehr, bei kleinem, reinem relativem Kohlenvermögen 200 bis 2000 t betragen.

c) Förderkapazität der Schächte, Schrägstollen und Stollen

Die Planung der Aufschließung einer Lagerstätte ist am deutlichsten an Hand eines Beispiels zu erklären. Kommt die Kohle bis zu Tage, so erfolgt der erste Aufschluß am zweckmäßigsten von diesem Ausbiß ausgehend durch Schrägstollen. Betrachten wir unser Beispiel (Abb. 38),

[1] Diese Kennziffer wird auch Bergbauintensität genannt.

so sehen wir, daß im Süden am Ausbiß das sich Ost-West auf 4 km erstreckende Grubenfeld durch zwei Schrägstollen aufzuschließen ist, wobei vorerst der eine als Förderstollen funktioniert und der zweite als Wetterstollen bzw. als zweiter Ausgang benützt werden kann. Die Kohle kommt durch den Schrägstollen mit Gurtförderern (Bandbreite 800 bis 1000 mm) zu Tage, von wo sie mit einer Seilbahn zur nördlich

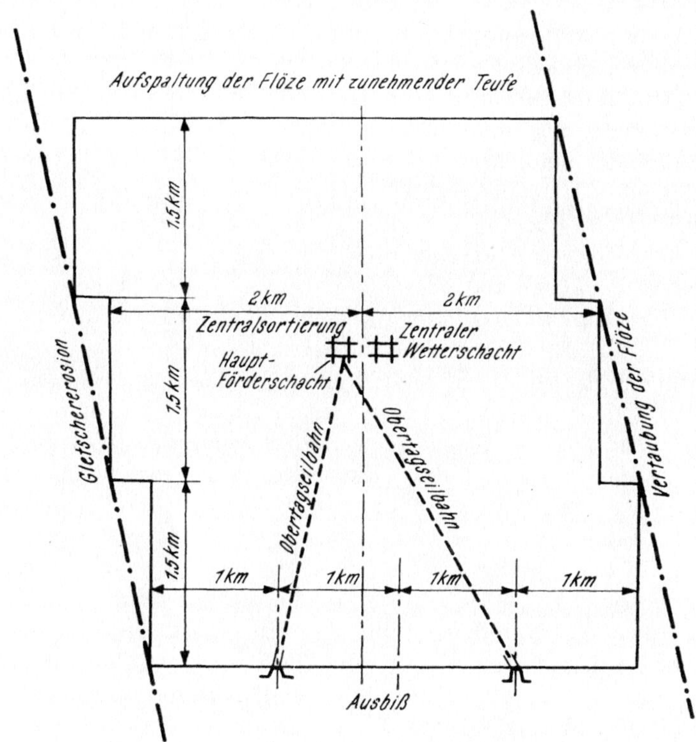

Abb. 38. Typus einer Braunkohlengrube mit 1800 t Tagesförderung, zwei flachwellig gelagerten Flözen, einer Überlagerung von 100 bis 150 m, ein Hauptförderschacht mit einer leistungsfähigen Fördereinrichtung bzw. zwei Schrägstollen am Ausbiß und 1600 ha Grubenfeld

gelegenen Hauptanlage mit Sortierung, Bädern, Verwaltungsgebäude, Werkstätten, Magazinen und Verladeeinrichtungen (mit Bahnanschluß) gebracht wird. Die Neigung des Schrägstollens ist abhängig vom Flöz und kann bis 30° sein, wenn die Gurten als Steilbänder mit Rippen bzw. mit Deckbändern versehen sind, um das Rutschen der Rohkohle zu verhindern. Steileres Einfallen ist bei Braunkohle selten.

Die Ausdehnung des Grubenfeldes für den Schrägstollen wird nach West und Ost auf 1 km reichen. Nach dem Abbau dieses Teilfeldes wird beim zweiten Schrägstollen dasselbe vor sich gehen. Er wird dann als

Förderstollen dienen, während der erste Schrägstollen als Wetterstollen dient.

Inzwischen ist an der Hauptanlage das Abteufen von zwei nebeneinander liegenden Schächten bis zur Kohle auf 100 bis 150 m Teufe fertiggeworden und auch die Ausrichtung zur Feldesgrenze auf 2 km Entfernung nach Ost oder West in Angriff genommen worden. Der Schachtquerschnitt beider Zentralschächte soll auf jeden Fall gleich sein und mit Fördereinrichtungen gleicher Kapazität ausgestattet sein. Der Durchmesser soll 4 m nicht unterschreiten und möglichst bei 5 m liegen. Die Förderschächte sollen, mit Rücksicht auf den wirtschaftlichen Transport untertags, möglichst im Schwerpunkt des Vorkommens zu liegen kommen, manchmal bereiten jedoch das bei den Schächten zu durchteufende Hangendgebirge, Schwimmsandschichten oder stark wasserführende Schichten Schwierigkeiten und bedingen die Verlegung der Schächte an eine exzentrische Stelle. Die Kosten solcher, wenn auch kurzer Schächte sind manchmal sehr hoch; es gibt Fälle, wo 1 lfm Schacht mit Durchmesser 5 m auf mehr als 4000 US-Dollar zu stehen kommt. Die Förderkapazität eines Schachtes allein bzw. der Fördereinrichtung muß auf die Tagesförderung, in unserem Falle auf 1800 t, eingestellt sein, wobei zu berücksichtigen ist, daß wegen der Abbauführung meist in drei Schichten gefördert werden soll. Beim zweiten Schacht vollzieht sich dann die Mannsfahrt, die Ausförderung des tauben Gesteins, das beim Streckenvortrieb anfällt, und die Materialeinlieferung, wie Holz, Stahl und Maschinen. Dies soll nur in einer Schicht erfolgen, da der zweite Schacht alles übernehmen muß, falls der Förderschacht ausfällt, d. h. sowohl die Förderung als auch die Mannsfahrt, die Taubförderung und das Materialeinlassen. Drei Förderschichten auf Lignit- und Braunkohlentiefbaugruben sind deshalb notwendig, weil wegen der schlechten Gebirgsdruckverhältnisse in den Strebbauen das Einhalten des Abbaurhythmus oft sehr schwierig ist, besonders wenn im Streb Schwimmsandeinbrüche auftreten können. Außerdem hat es sich für die Abbauleistung als günstig erwiesen, die einzelnen Abbaue nicht an einen Zyklus zu binden, sondern sie so arbeiten zu lassen, wie es die Verhältnisse ergeben und ein Vorprellen eines einzelnen Abbaues jeweils durch Schwächung der Belegschaft oder ein Zurückbleiben eines Abbaues in der Front durch Verstärkung zu regulieren.

Zweietagige Förderkörbe werden bei den geringen Tiefen der Schächte im Lignit- und Braunkohlenbergbau nicht verwendet. Es genügt meist eine einetagige Förderschale mit einer Nutzlast von 1600 bis 2000 kg, um eine Kapazität von 600 bis 900 t pro Schicht zu bewältigen. Die Fahrzeiten für einen Aufzug mit Ein- und Ausstoßen lassen sich bei Tiefen um 100 m bei Verwendung von Einstoßvorrichtungen und Automatisierung der Signalgebung auf weniger als eine Minute drücken.

Die Verwendung von Skipanlagen unter 100 m ist bei diesen geringen Teufen wegen der kurzen Fahrtdauer nicht wirtschaftlich. Auch ist es wegen des schwierigen Hangendgebirges bei diesen Lagerstätten oft nicht möglich, die für die Bunker notwendigen Hohlräume im Füllort beim Schacht anzulegen. Andererseits wird es sich bei den geringen Teufen bis maximal 300 m empfehlen, sich eines Pendelbecherwerkes als Fördereinrichtung zu bedienen, wobei die Fördertaschen aus Gummi sind, um das Gewicht herabzusetzen. Es wäre dies im Anschluß an die Bandförderung untertags die Fortsetzung der kontinuierlichen Förderung zu Tage. Allerdings muß man beim Übergang vom Band auf das Becherwerk eine Fülleinrichtung schaffen, die einwandfrei funktioniert. Die Kohle müßte über einen Vorbrecher laufen, der die großen Stücke auf maximal 20 · 20 cm bricht. Dasselbe geschieht auch dort, wo die Kohle beim Schacht von den Bändern in Hunte gefüllt und hochgezogen wird, um das Füllen zu erleichtern. An Stelle eines Bunkers ist ein gewisser Huntepark als Reserve bereitzustellen, damit nicht die Bandanlage und die Fördermittel bis in die Abbaue zu stehen kommen, falls z. B. obertags in der Aufbereitung eine Störung auftritt. Einen solchen Puffer braucht auch das Pendelbecherwerk in Form eines Bunkers, der allerdings irgendwo entlang der Hauptbandstrecke an einem geeigneten Platz errichtet werden kann. In diesem Falle müßte der zweite Schacht mit einer Fördereinrichtung mit Körben als Reserve vorhanden sein.

d) Die Planung der Wetterführung im Lignit- und Braunkohlenbergbau

Die Wetterführung ist hier gegenüber den Verhältnissen im Steinkohlenbergbau einfach, da zumeist nur ein Horizont vorhanden und die Anzahl der Flöze, wie schon erwähnt, wesentlich geringer ist. Durch die geringe Teufe ist der Einfluß der geothermischen Tiefenstufe und damit die Erwärmung gering. Das Auftreten von Methan und die dadurch bedingte Erhöhung der Wettermenge ist seltener als im Steinkohlenbergbau, andererseits sind die chemisch aktiveren jungen Kohlen brühungsgefährlicher und verlangen dadurch zur Abförderung der Oxydationswärme eine größere Wettermenge. In modernen Gruben wird eine zentrale Wetterführung, wie in unserem Beispiel, bevorzugt. Der eine von den beiden Schächten ist ein-, der andere ausziehend. Wegen der durch den Schießbetrieb unvermeidlich entstehenden Schußgase ist man bestrebt, große Wettermengen durch die Abbaufront durchzuführen, die meist größer sind als vorgeschrieben. Es wird mit 7 m^3/min je Mann Abbaubelegung gerechnet; für die gesamte Grubenbelegschaft rechnet man mit 4 m^3 je Mann. Das ergibt bei einer Belegung von 230 Mann pro Schicht Lüfter mit einer Leistung von 800 bis 1000 m^3/min. In unserem Beispiel ist einer vor der Abbaufront eingesetzt, der zweite steht hinter der Abbaufront und der dritte Beschleuniger beim Ausziehschacht (s. Abb. 39).

Die Belastung je Tonne geförderter Kohle durch die Wetterführung beträgt einschließlich des Verbrauches für die Sonderbewetterung in den Streckenvortrieben rund 1 kWh/t.

In Gruben, die unter Brühungen leiden, sind die Verhältnisse natürlich schwieriger, dort wird in der Sonderbewetterung saugend gearbeitet,

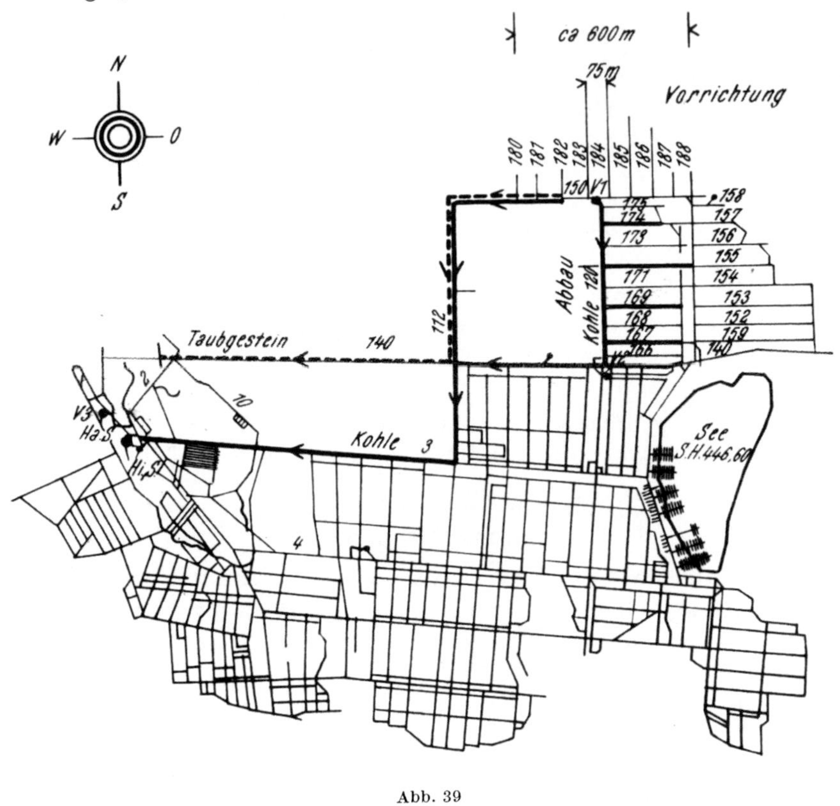

Abb. 39

während in den einfachen Verhältnissen im Streckenvortrieb blasend bewettert wird. Oft kann die Wetterführung durch Anlegen von Wetterbohrlöchern intensiviert werden, wobei der Durchmesser dieser Wetterbohrlöcher vom Hangendgebirge abhängig ist, nach dessen Eigenschaften der größtmögliche hergestellt wird. Diese Löcher mit oft nicht mehr als 400 bis 500 mm lichtem Durchmesser müssen mit Futterrohren ausgestattet werden. Zur Erhöhung der Wettermenge ist nach Tunlichkeit die Vergrößerung der äquivalenten Grubenweite (durch Ausschalten besonders enger Querschnitte und Vermeidung rechtwinkeliger oder spitzwinkeliger Änderungen des Wetterweges) einer Vergrößerung der Depression vorzuziehen. Die äquivalente Grubenweite bewegt sich zwischen 1 bis 3 m², die Wettergeschwindigkeit im Abbau soll nicht höher als 4 bis 5 m je Sekunde liegen. Besondere Aufmerksamkeit muß den Wettern im Abbauschießbetrieb gewidmet werden, wo sie laufend auf ihren Gehalt an Kohlenmonoxyd und nitrosen Gasen geprüft werden müssen.

Die Bemessung der Grubenlüfter ergibt sich aus den Widerständen der Strecken und Schächte; die Wetterweglänge bei der zentralen Wetterführung beträgt im vorliegenden Beispiel, je nach Lage der Abbaufront, 5 bis 6 km und wird durch den Heimwärtsbau von Jahr zu Jahr kürzer. Zur Berechnung der Wetterführung können Wetternetzmodelle verwendet werden, die die äquivalenten Grubenweiten der einzelnen Wetterwege durch elektrische Widerstände ersetzen.

e) Die Ausrichtung im Lignit- und Braunkohlenbergbau

Da diese Kohlen meistens flach oder flachwellig gelagert sind, entfallen Querschläge und sonstige Ausrichtungsarbeiten, da man wegen Wasser- und Schwimmsandeinbrüchen nur schwer ins Hangende oder Liegende der Flöze vordringen kann. Wo zwei oder mehrere Flöze übereinander liegen, kann man diese von einer Ausrichtung nur dann bauen, wenn das Zwischenmittel nicht wasser- oder schwimmsandführend ist. Der Vortrieb erfolgt unmittelbar im Flöz, in unserem Beispiel im Mittelflöz, wobei ein Kohlenblatt von 0,5 m in der Firste bleibt. Die Flöze sind generell flachwellig gelagert, es gibt Kuppen und Mulden, die oft Steigungen bis 10°, im Durchschnitt jedoch 5° aufweisen. Die Isohypsen des Liegenden des Mittelflözes sind sehr mannigfaltig und zeigen das bei der Ablagerung der Kohle vorhandene Relief des Liegenden. Nur selten treten tektonische Störungen kleinster Art mit einer Verwurfhöhe von maximal 1,5 m auf. In Einzelfällen sind die Lagerstätten der Lignit- und Braunkohlen durch Auswaschungen gestört, im alpinen Bereich auch durch größere Verwerfer.

Der Ausbau der Strecken vom Schacht wird, wie bereits erwähnt, durchwegs in Stahl ausgeführt, wobei der vierteilige, nachgiebige Ringausbau bevorzugt wird. Der Ringabstand variiert mit den Druckverhältnissen und bewegt sich im Durchschnitt bei 90 cm.

In der welligen Ablagerung wäre es ohnehin nicht möglich, eine Strecke mit einer vorgeschriebenen Steigung für Lokförderung vorzutreiben, da fallweise das Hangende oder Liegende angeschnitten werden müßte, was — wie erwähnt — zu den Schwierigkeiten von Wasser- und Schwimmsandeinbrüchen führt. Daher werden schon vom Schacht Richtstrecken vorgetrieben, in die Gummiförderer so verlegt werden, daß für ein Geleise zur Materialförderung über Haspelberge noch Platz bleibt. Es ergibt sich daraus ein knappes Profil von Durchmesser 2800 mm licht, d. i. ein Außendurchmesser der vierteiligen Stahlringe von 3100 mm.

Im Prinzip werden im Lignit- und Braunkohlenbergbau vom Schacht zwei langlebige Strecken im Abstand einer Abbaufrontbreite (im Beispiel zirka 600 m) gegen die Feldesgrenze vorgetrieben, die als Ausrichtungsstrecken zu bezeichnen sind und eine maximale Länge von je 2,5 km haben. In unserem Falle wird so vorgegangen, daß entlang der Erosionsgrenze der Eiszeitgletscher Abbaufelder angelegt werden und man so in einigen Jahren bis zur Abbauwürdigkeitsgrenze im Osten vorgestoßen sein wird. Andernfalls könnte man entlang des „Alten Mannes" einer Nachbargrube Abbaufelder anlegen und so bis zur Feldesgrenze mit Abbaufronten vordringen und dann mit den Abbaufronten rückbauen.

In der betriebswirtschaftlichen Behandlung wird man im Lignit- und Braunkohlenbergbau mit Rücksicht auf die geringe Länge der Ausrichtungsstrecken so vorgehen, daß man eine bestimmte Meteranzahl pro Jahr als Ausrichtung zu betrachten hat. Praktisch wird es so gehandhabt, daß jeweils 1000 m Strecke pro Jahr als Ausrichtung aktiviert werden, d. h. daß die Arbeit (Löhne) und der Ausbau (Ringe und Stahlblechverzug) als Investitionen gebucht werden. Dies ergibt eine Kennziffer von 200 m auf 100000 t (als Kennziffer der Ausrichtung). Bei den übrigen Strecken in der Vorrichtung wird der Ausbau mit fünf Jahren auf Investitionen geschrieben. Verluste von Stahlausbau in den Abbaustrecken beim Rückbau werden jährlich voll abgebucht. Bei den Lignit- und Braunkohlenlagerstätten mit mächtigen Flözen werden streichende Hauptförderstrecken und dazu parallele Wetterstrecken als Ausrichtung behandelt, im Falle eines Stollenbetriebes natürlicherweise diese Stollen vom Tag aus und Schrägstollen bis zur Lagerstätte. Grundsätzlich soll man alle mehr als drei Jahre lebenden Förder- und Wetterstrecken als Ausrichtung betrachten und diese auch buchhalterisch als Investitionen erfassen.

f) Die Vorrichtung im Lignit- und Braunkohlenbergbau

Genau wie im Steinkohlenbergbau ergibt sich die Regel, daß die Vorrichtung so geplant und durchgeführt werden muß, daß sie die Abnahme der mobilen Kohlenmenge ersetzt und eine Konzentration des Abbaues, eine maximale Leistung im Abbau und eine wirtschaftliche Abförderung aus den Abbauen zuläßt; sie muß zur rechten Zeit fertig werden, damit keine großen Erhaltungskosten entstehen und die aufgewendeten Kosten nicht zu lange brachliegen.

Es ist ein Unterschied, ob die Vorrichtung für einen Feldwärts- oder Rückbau zu planen ist. Im Lignit- und Braunkohlenbergbau wird es selten möglich sein, die erstere Abbauart zu wählen, da es wegen der Gebirgsdruckverhältnisse nicht möglich ist, die Hauptförderstrecken zwischen dem „Alten Mann“ solange, bis die Abbaue vom Schacht her gegen die Feldesgrenze vorgedrungen sind, zu erhalten, außerdem vertragen die geringwertigen Braunkohlen die Belastung durch den notwendig werdenden teueren Versatz entlang der Förderstrecken nicht. Im allgemeinen wird hier die erforderliche Anzahl von Streckenmetern bei gleicher Flözmächtigkeit wie im Steinkohlenbergbau größer sein, weil man wegen der Hangendverhältnisse Streblängen über 100 m kaum erreichen wird. Andererseits wird man durch Anlegen nur einer Strebfront eine Verminderung der Vorrichtungsstrecken erreichen können, da z. B. für acht Abbaue in einer Front nur neun Strecken vorzutreiben sind, während für zwei Fronten mit je vier Abbauen zehn Vorrichtungsstrecken getrieben werden müssen. Die optimale Streblänge im Lignit- und Braunkohlenbergbau wird sich aus den Gebirgsdruckverhältnissen und selbstverständlich aus den Flözmächtigkeiten ergeben. Unter weiterer Berücksichtigung der Schießarbeit und der sich daraus ergebenden Pausen liegt die optimale Streblänge zwischen 60 bis 80 m.

Im vorliegenden Beispiel hat sich eine optimale Streblänge von 75 m entwickelt, die bei einer Flözmächtigkeit von durchschnittlich 1,50 m einen Streckenbedarf von 17 m auf 1000 t als Kennziffer der Vorrichtung aufweist.

Bei dieser Flözmächtigkeit von 1,5 m und einem notwendigen Firstblatt von 0,5 m Kohle besteht das halbe Streckenprofil aus tauben Gesteinen (Tone oder tonige Sande). Für die Abförderung des Tauben wird ein separates Band bis zum Schacht verlegt (s. Abb. 39), während die Kohle von der Aus- und Vorrichtung auf kürzestem Wege zum Kohlenförderband gebracht wird. Im Vortrieb wird mit Hunten gefördert, die auf eine Sammel-Kippstelle gebracht werden.

Damit in den weichen Nebengesteinen die Erschütterung und Zerklüftung durch die Schießarbeit vermieden wird, erfolgt der Vortrieb in der Aus- und Vorrichtung vielfach maschinell. Es werden durch Fräsen oder Rundschrämmaschinen kreisrunde Profile hergestellt, je nach Bedarf von 2,0 bis 3,4 m Durchmesser. Die verwendeten Maschinen sind mit Lademaschinen oder Ladegeräten kombiniert. In diese rundgeschrämten oder gefrästen Profile paßt der entsprechende Stahlausbau hinein und liegt dann satt an. Die Stahlausbauringe brauchen nicht so dicht gestellt werden, da die Röhren wegen des unverletzten Nebengesteins besser halten als ein geschossenes, kreisrundes Profil. Auch die Beanspruchung durch den dynamischen Druck des Abbaues auf den Ringausbau ist wesentlich günstiger. Bei den Rundschrämmaschinen werden Vortriebsleistungen bis zu 3 m pro Schicht erzielt. Der Durchmesser ist variabel von 2,70 bis 3,10 m. Bei einer Streckenfräse mit 1,9 m Durchmesser lagen die Leistungen bei 5 bis 7 m pro Schicht. Mit einer verbesserten Fräse mit 3,4 m Durchmesser werden in Lignitkohle

5,0 m je Schicht einschließlich der Einbringung des Ausbaues erreicht. Dort, wo das Profil in reiner Kohle herausgearbeitet wird, kann ein Ausbau mit Ankerung in die Firste genügen, soweit noch Kohle oder eine andere ankerfähige Schicht oben vorhanden ist.

Eine weitere in der Braunkohle verwendete Maschine ist eine ungarische Kombine, die ein trapezförmiges Profil herstellen kann. Alle genannten Maschinen sind für Kohle oder weiche Gesteine bis maximal $f = 4$ = ungefähr 300 kg/cm² Druckfestigkeit einsetzbar. In jüngster Zeit gibt es auch eine neue österreichische Konstruktion für den Streckenvortrieb in mittelfesten und festen Gesteinen mit einem Arbeitsdurchmesser von 2,5 bis 3,0 m.

Schon die Anwendung von verschiedenen Ladegeräten und Lademaschinen bringt im Vortrieb Leistungssteigerungen von 20 bis 30%.

Die Kosten der Aus- und Vorrichtung werden so durch die Verwendung von Vortriebs- und Lademaschinen bedeutend gesenkt. Praktisch, als Beispiel angeführt, ersetzt eine Rundschrämmaschine RSTB-Korfmann eine Vortriebskür von neun Mann, die zur produktiven Arbeit im Abbau eingesetzt werden können, d. h. jede dieser Maschinen ersetzt in der Planung der Vorrichtung ein komplettes Ort. Sie leisten im großen Durchschnitt dasselbe wie zwei Küren von Hand aus.

Die Leistung der Fräs- und Schneidemaschinen ist von der Festigkeit der Kohle und deren Nebengesteinen abhängig, was im Verbrauch an den Fräs- und Schneidwerkzeugen und im Kraftverbrauch (elektrischer Strom) zum Ausdruck kommt. Nachstehende Beispiele zeigen, wie sich die Arten der Lignit- und Braunkohlen bei der Bearbeitung mit hartmetallbestückten Werkzeugen verhalten. Gegenübergestellt sind Beispiele von weichen und festen Gesteinen (s. Tabelle S. 191).

Diese Verbrauchsziffern an Hartmetall und an elektrischer Energie sind für eine Planung des Vortriebes wichtig, da bei Lignit und Braunkohle jede im Abbau geförderte Tonne mit 1200 We je 17 lfm : 1000 = = 20,5 We oder zirka 0,82 US-Dollar durch Kosten der Vorrichtung vorbelastet ist. Der Streckvortrieb ist zum Teil wegen des maschinellen Vortriebes in der Braunkohle 2,6mal billiger als in der Steinkohle, gegenüber dem halben Wert der Kohle, ausgedrückt in Wärmeeinheiten. Dieser Vorteil ist hauptsächlich auf die weichen Begleitgesteine der Lignite und Braunkohlen zurückzuführen und darauf, daß sich bei der Auffahrung die erwähnten Maschinen einsetzen lassen. Es wurde dadurch die Belegung in der Aus- und Vorrichtung im angeführten Beispiel auf 22,3% der gesamten Grubenbelegschaftsschichten gesenkt. Die Kohlenförderung aus dem Streckenvortrieb liegt, wie bei der Steinkohle, bei 8 bis 10% der Gesamtproduktion. Es muß das Bestreben sein, die Kosten der Aus- und Vorrichtung noch weiter zu senken. Sie stellen mit der

Zeit bei richtiger Planung auf jeder Grube eine Konstante dar, die auf ein Minimum zu bringen ist, so daß als Variable eines jeden Grubenbetriebes zum Schluß der Abbau bleiben soll, nach dem sich die Gesamtkosten einer Grube auf- und abbewegen. Dies soll im folgenden Abschnitt näher erörtert werden.

Grube und Maschine	Art des Gesteins	m^3 des Arbeitsvolumens je 1 cm^3 Hartmetall = 14 g	Kraftverbrauch in kWh je m^3
Trimmelkam, O.-Ö., Rundschrämmaschine Korfmann	lignitische Hartbraunkohle und sandiger Ton	4,00 (Rundschramvolumen)	—
Kohlgrube WTK, O.-Ö., Streckenfräse des ÖSTU	sandiger Schlier, quarzig	7,44	
Kohlengrube WTK, O.-Ö., Streckenfräse des ÖSTU	Lignitkohle	16,60	
Trimmelkam, O.-Ö., Streckenfräse des ÖSTU	lignitische Hartbraunkohle	17,20	3,87
Köflach, Wohlmeyermaschine	Lignitkohle	17,80	2,7
Gradenberg, Stmk., Steinbruch, Wohlmeyermaschine	bankiger Devonkalkstein, Druckfestigkeit 1200 bis 1400 kg/cm^2	1,40	11,0
Kombine F-4 (Ajtay) Petöfibanya, Ungarn	Glanzkohle	—	3,0
Moskauer Becken Kombine PK 3	Lignit	—	3,9

g) Der Abbau im Lignit- und Braunkohlenbergbau

Bevor auf den Abbau näher eingegangen wird, der in Form von Strebbruchbau, Kammerbruchbau oder Scheibenbau mit und ohne Versatz angewendet wird, wobei der Strebbruchbau allerdings auch in diesen Kohlenarten mehr und mehr zunimmt, wäre eingangs auf eine Kohlengewinnung aufmerksam zu machen, die das reine, relative Kohlenvermögen, den Vorrat an gewinnbarer Kohle vergrößern kann.

Es handelt sich um eine teilweise Gewinnung von Schutzpfeilern durch Großlochbohren, wobei 30 bis 40% der sonst verlorenen und bereits bei der Berechnung des reinen relativen Kohlenvermögens in

Abzug gebrachten Substanz abgebaut werden kann. Von parallelen Vorrichtungsstrecken aus werden die Ulme beiderseits mit Löchern von 0,7 bis 1,0 m Durchmesser abgebohrt. Die zwischen den Bohrlöchern stehenbleibenden Rippen von 0,3 bis 0,4 m Stärke sollen die Hangendschichten möglichst weitertragen, damit keine Bewegung derselben eintritt. Die notwendige Vorrichtung für diese Abbauart bewegt sich

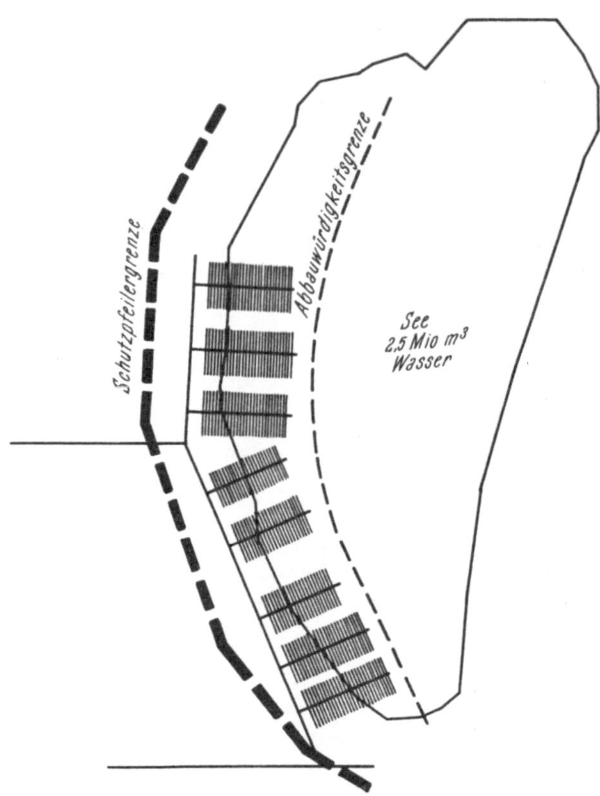

Abb. 40. Teilweise Gewinnung eines Schutzpfeilers unter einem See durch Bohren von Großbohrlöchern auf 30 m beiderseits einer Förderstrecke

in den üblichen Massen je gewonnene 1000 t und wird nur in Holzausbau durchgeführt, da diese Strecken kurzlebig sind. Auch die teilweise Gewinnung von Restpfeilern, wo sich kein Strebbau mehr einleiten läßt, kann hier wirtschaftlich verwirklicht werden. Diese Art der Gewinnung soll nach Tunlichkeit in der Nähe der Hauptbandstrecke oder Lokstrecke vor sich gehen, so daß auch bezüglich der Abförderung keine besonderen teuren Maßnahmen erforderlich sind. Für unser Beispiel ist auf Abb. 40 ersichtlich, wie unter einem See, der 70 bis 90 m über der Lagerstätte lag und unter dem die Abbauwürdigkeitsgrenze des Flözes verlief, ein

Teil der sonst im vorgeschriebenen Schutzpfeiler verlorenen Kohle mit der Großlochbohrmaschine GB 50 Korfmann gewonnen wurde. Die Länge der Vorrichtungsstrecke für diesen Abbau betrug 120 m. Sie wurde zwischen den vorbeiführenden (entlang des Schutzpfeilers) Hauptbandstrecken angesetzt, die Gewinnungsstrecken endeten an der Unbauwürdigkeitsgrenze des Flözes.

In Abb. 41 ist zu sehen, wie im Schutzpfeiler einer Ortschaft mit einer Fräse mit Durchmesser 1,9 m Kohle bis zu der Stelle gewonnen

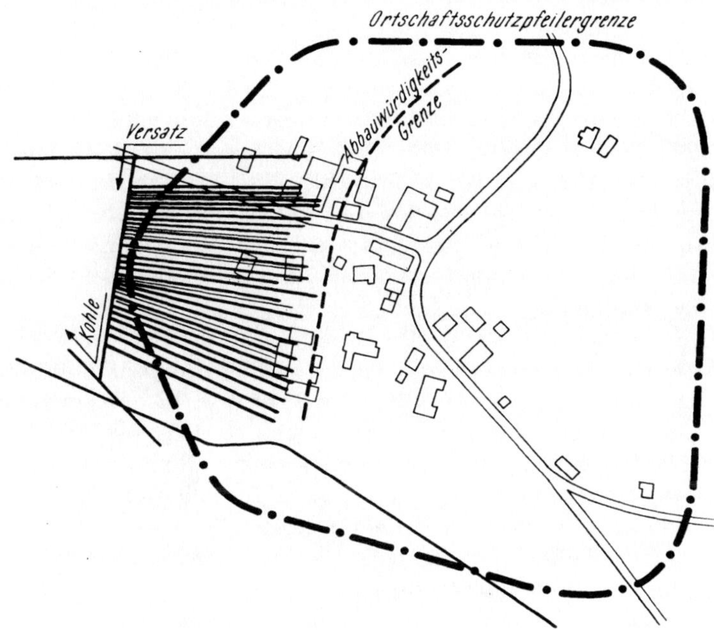

Abb. 41. Teilweise Gewinnung eines Ortschaftsschutzpfeilers durch Fräsen von Röhren (1,9 m ⌀) und Versetzen der Röhren mit Schleuderversatz

werden konnte, wo die Mächtigkeit des Flözes unter 1,9 m sinkt. Die gefrästen Röhren als Gewinnungsorte blieben ohne Ausbau stehen. Diese kreisrunden Röhren „Mann an Mann" hatten bergbehördlich vorgeschriebene Abstände von 1 m und wurden nachher mit Schleuderversatz verfüllt. Die nach Monaten durch das Nachgeben einzelner Rippen hervorgerufene Bewegung der Hangendschichten machte sich über Tage nur minimal mit Senkungen in Millimetern bemerkbar.

Es wurde hier aufgezeigt, wie es möglich ist, mit geringen Kosten das Ausbringen zu verbessern. Ansonsten gelten im Lignit und in der Braunkohle tiefbaumäßig dieselben Zusammenhänge wie in der Steinkohle. Die Schrämarbeit im Streb ist allerdings nicht überall wirtschaftlich, da zum Unterschied von der Stein- und Glanzkohle die Lignite und Braunkohlen eine größere Festigkeit aufweisen als das Nebengestein. Die unterschrämte Kohle bricht nicht im gewünschten Ausmaß herein, die dazu notwendige stempelfreie Abbaufront stößt auf Schwierigkeiten. Die Arbeit mit Abbauhämmern ist in der zähen Kohle nicht durchführbar. Die Kohle wird also durch Schießen gewonnen, wobei je Schuß 600 bis 800 kg Kohle gewonnen werden. Der Sprengstoffverbrauch liegt hier bei 0,4 bis 0,5 kg/t. Dort, wo kein Wert auf die Gewinnung von Stückkohle gelegt wird, haben die Walzenschrämlader der Firma Eickhoff Aussicht auf verbreitete Verwendung. Allerdings muß dazu ein entsprechender breitflächiger hydraulischer Ausbau mitverwendet werden. Der Autor hat schon 1955 darauf hingewiesen, daß die mechanische Gewinnung in Lignit- und Braunkohlenflözen nur mit Verwendung eines entsprechenden Stahlausbaues möglich ist. Der Einzelstempel mit Gelenkkappe verliert in den Streben der Braunkohle immer mehr an Bedeutung, da die geringe Tragfähigkeit des Liegenden (meist unter 10 kg/cm^2) ein Einsinken und hiemit eine derart große Strebkonvergenz mit sich bringt, daß eine Anwendung von Gewinnungsmaschinen auf oder neben dem Panzerförderer unmöglich ist.

Sehr gut haben sich wegen der Druckverhältnisse im Streb Wanderkästen aus Hartholz mit Schlagschienen oder noch besser Stahlwanderkästen mit mechanischer Ausklingvorrichtung, z. B. Muchampkästen (englisches Patent), neben dem normalen, streichenden Holzausbau bewährt, wo sie holzsparend wirken und auch während des Schießens als Deckung benützt werden können. Der Ausbau soll sofort tragend sein und den Gebirgsdruck vor dem Kohlenstoß abfangen, weiter den Arbeitsraum freihalten und so den voreilenden, dynamischen Gebirgsdruck in den „Alten Mann" zurückverlegen. Dadurch sollen Abrisse am Kohlenstoß verhindert werden, welche die Schießarbeit durch „Verschlagen" erschweren, da die Schüsse wiederholt werden müssen. Die Zukunft des Ausbaues im Streb liegt hier im breitflächigen hydraulischen Stahlausbau.

Als Strebfördermittel ist man von der Schüttelrutsche zum Großteil auf den Doppelkettenpanzerförderer übergegangen, der während des Schießens läuft und mehr als ein Drittel der gewonnenen Kohle ohne Schaufelarbeit wegschafft. Die Kohle kommt in kontinuierlicher Förderung auf Stegkettenförderern, Gummibändern oder Stahlgliederbändern bis zum Schacht. Die einzelnen Bänder sind hintereinander automatisiert (verriegelt geschaltet), die Antriebe sind in unserem Beispiel 300 bis 400 m voneinander entfernt. Bei Wegfall der Lokförderung in modernen Gruben entfällt auch die Möglichkeit einer Mannsfahrt in Zügen, in solchen Fällen werden in letzterer Zeit die Hauptbänder für die Mannsfahrt verwendet.

In unserem Beispiel wird das Oberband für die Mannsfahrt zum Schacht benützt; die Geschwindigkeit beträgt 1,5 m/sek und es wird über die Übergaben von einem Band zum anderen ohne Umsteigen gefahren, allerdings nur während der dafür vorgesehenen Zeiten und unter Aufsicht. Die Mannsfahrt feldwärts erfolgt über das Unterband der parallelen Förderbandanlage, die das Taubgestein zum Schacht bringt. Allerdings muß bei jedem Antrieb umgestiegen werden. Oberband und Unterband sind voneinander 0,8 m auseinandergelegt, das Unterband liegt auf der Sohle und läuft ebenfalls über Muldenrollen. Sonst sind die Bandanlagen zur Schonung der Gummigurte und wegen der quellenden Sohle durchwegs auf dem Ringausbau aufgehängt. Die Breite der Bänder beträgt 800 mm. Durch die Mannsfahrt auf den Bändern auf eine Entfernung von 2 km konnten in unserem Beispiel 20 Minuten je Schicht für die effektive Arbeitszeit eingespart werden, so daß diese im Streb bei achtstündiger Schicht 420 Minuten beträgt. Wesentlich für die Erzielung einer hohen Gewinnungs- und Abbauleistung ist die mögliche Erhöhung der Arbeitszeit vor Ort unter Ausschaltung aller Totzeiten. Es wurde schon darauf hingewiesen, daß der Abbau das Ausschlaggebende für die gesamte Wirtschaftlichkeit einer Grube ist und alles andere, wie Aus- und Vorrichtung, Förderung, Erhaltung und sonstiges, der Obertag und die Verwaltung bei einer bestimmten Produktion als konstant angenommen werden können; die Gesamtgestehungskosten werden jeweils aus der Leistung und den Kosten des Abbaues ermittelt. Der Anteil des Abbaues an der Förderung beträgt, wie schon erwähnt, 90 bis 92%. Die Planung des Abbaues soll sich von vornherein mit der Konzentration auf eine Abbaufront beschäftigen, da geteilte Abbauflügel die Wetterführung und die Förderung komplizieren und verteuern. In unserem Beispiel entfallen 230 Mann auf die Strebbelegung; bei einer projektierten durchschnittlichen Leistung von 7 t und 7 bis 8 m Streblänge je Mann ergibt sich bei zirka 80 Mann pro Schicht eine notwendige Abbaufrontlänge von 560 bis 600 m. Die optimale Streblänge in unserem Beispiel beträgt 75 m; jede zweite Vorrichtungsstrecke ist eine zweiflügelige Förderstrecke, so daß zwei Strebe auf eine Abbaustrecke fördern. Die dazwischen liegenden Strecken sind Zubringerstrecken für Holz und sonstiges Material. Bei der großen Entfernung vom Schacht zu den Abbauen ist die Holzbringung ein nicht zu unterschätzendes Förderproblem (in unserem Beispiel 45 bis 50 fm Holz je Tag). Bei geringen Teufen bis 150 m, wie in unserem Beispiel 120 m, werden in der Nähe der Abbaufront Bohrlöcher abgestoßen, die auf 300 bis 400 mm lichten Querschnitt verrohrt und zwischen der Bohrlochwand zementiert werden und zum Einwerfen des gesamten Holzes von Obertag dienen. Von der Abnahmestelle untertags kommt das Holz mit Schüttelrutschen zu einem Förderband und mit diesem zu den Abbaustrecken, ohne daß es auf

Holzhunte verladen werden muß. Leichte, am Ringausbau befestigte Schienenhängebahnen bringen das Holz dann bis in den Abbau (Streb). Der Holzverbrauch beträgt bei Verwendung von Stahlausbau im Streb (Einzelstempel mit Gelenkkappen) 15 fm/1000 t[1] und bei Holzausbau mit Stahlwanderkästen 28 fm/1000 t. Es wäre im vorliegenden Falle teuer und schwierig, das Holz vom Schacht über die Richtstrecken (Haspelberge) zur Abbaufront anzuliefern. Die Bohrlöcher, deren Kosten sich samt Verrohrung und Zementierung auf 120 m Tiefe auf zirka 10000 US-Dollar belaufen, haben sich bestens bewährt und zur Hebung der Leistung im Streb wesentlich beigetragen, da früher oft die Abbaubelegschaft selbst zum Holztransport herangezogen wurde. Auch konnten die Holzlieferpartien schwächer belegt und die freiwerdenden Leute im Abbau angelegt werden. Bei einem Zwei-Drittel-Rhythmus kann der tägliche Abbaufortschritt nur eine Feldesbreite je Tag, d. s. zirka 1,20 m, erreichen. Wird in drei Schichten gefördert, wobei auf den Rhythmus kein Wert gelegt wird, liegt der Abbaufortschritt zwischen 1,5 und 2,0 m je Tag. Die Abbaufront wird jeweils durch stärkere oder schwächere Belegung begradigt.

Hauptaufgabe im Abbau ist das Bohren der Schußbohrlöcher und richtiges Dosieren der Ladung sowie guter Besatz. Bei einer geschlossenen Abbaufront müssen möglichst raucharme Pulversorten, wie z. B. Pelonit oder an nassen Stellen Gelatin-Donarit, verwendet werden. Als Besatz kann man sandigen Ton, der bei den Streckenvortrieben anfällt, verwenden, der nicht mehr von Hand, sondern in Besatzmaschinen in Zylinderform mit entsprechendem Durchmesser gepreßt und so vorbereitet in die Abbaue geliefert wird. Auch Wasserbesatz oder loser Sand in Nylonhüllen leistet gute Dienste. In neuester Zeit werden Versuche mit einer ungarischen Besatzpistole gemacht, die mittels Preßluft Sand auf die Ladung spritzt. Wo, wie es in den Lignit- und Braunkohlengruben häufig der Fall ist, keine Preßluft als Antriebskraft benützt wird, verlangt dieses Gerät allerdings den Einsatz von eigenen kleinen Kompressoren in den Zubringerstrecken. Dafür ist in diesem Fall der Besatz als vollkommen anzusehen. Die Sprengstoffersparnis kann bis zu 20% betragen.

Wegen der Behinderung durch die Nachschwaden wäre das Druckluftschießen (Airbreaker) von großem Vorteil, doch sind diesbezügliche Versuche in der zähen Braunkohle noch nicht wirtschaftlich durchgeführt worden. Die Anwendung dieses Verfahrens ist aber bei einer anzustrebenden Betriebspunktkonzentration ins Auge zu fassen.

Das Bohren der Schußlöcher erfolgt in der Braunkohle ausschließlich drehend mit elektrischen Handbohrmaschinen. Die Bohrkronen sind aus-

---

[1] (von der Gesamtförderung, d. i. Kohle aus dem Abbau und aus der Aus- und Vorrichtung.)

wechselbar und mit Hartmetall besetzt. Der Hartmetall- und Energieverbrauch sowie die Bohrgeschwindigkeit richten sich außer nach dem Andruck, der als gleichmäßig anzusehen ist, nach den verschiedenen Festigkeiten der Kohlen, und es seien einige Beispiele über die Abnützung bzw. über den Verbrauch an Hartmetall an den einsteckbaren Bohrkronen aufgezeigt:

Grube	Art der Kohle	m^3 Bohrlochvolumen je cm^3 Hartmetall = 14 g	Kraftverbrauch in kWh je m^3 Bohrlochvolumen
Pölfing Bergla, Stmk.	Glanzkohle	0,190	—
Gewerkschaft Auguste Victoria, Marl, Deutsche Bundesrepublik	Gas- und Gasflammkohle	0,300	—
Trimmelkam, O.-Ö.	lignitische Hartbraunkohle	0,317	19,50
Lankowitz, Köflach, Stmk.	Lignit	0,662	—
Fohnsdorf, Stmk.	Glanzkohle, brüchig	0,780 0,997	—
St. Stefan, Lavanttal, Kärnten	brüchige Hartbraunkohle	1,130	—
Schmitzberg WTK, O.-Ö.	Lignit z. T. Weichbraunkohle	1,710	—

Dazu sei bemerkt, daß sich bei dem kleinen Bohrprofil vom Durchmesser 40 bis 42 mm für die Bohrfähigkeit nicht allein die Druckfestigkeit als maßgeblich erweist, sondern daß harte Einlagerungen die Abnutzung sehr beeinflussen und daß in Lignitflözen meist in den mulmigen (weichen) Flözschichten gebohrt wird.

Bei größeren Flächen, die mit Gewinnungsmaschinen bearbeitet werden, kommen die Anisotropie der Flöze und vorhandene Schichtung, Schlechten, Ablösen und Risse besonders vorteilhaft zur Geltung. Als Beispiel sei angeführt:

Grube (Revier), Maschine	Kohlenart	m^3 Arbeitsvolumen je 1 cm^3 Hartmetall = 14 g	Kraftverbrauch in kWh je m^3 Gewinnungsvolumen
Leicestershire and Derbyshire, Dosco-Miner	Steinkohle mit Steineinlagerungen	10,30	1—1,5

(Fortsetzung der Tabelle auf Seite 198)

(Fortsetzung der Tabelle von Seite 197)

Grube (Revier), Maschine	Kohlenart	m^3 Arbeitsvolumen je $1 cm^3$ Hartmetall = 14 g	Kraftverbrauch in kWh je m^3 Gewinnungsvolumen
Trimmelkam, O.-Ö., Großlochbohrmaschine GB 50 ⌀ 700 mm	lignitische Hartbraunkohle	25,00	9,60
Trimmelkam, O.-Ö., Streckenfräse des ÖSTU	lignitische Hartbraunkohle	17,20	3,87
Ruhrgebiet, Walzenschrämlader	Gasflammkohle	95,00	0,5—0,8

Im allgemeinen kann man sagen, daß Gewinnungsmaschinen im Steinkohlenstreb leichter einzusetzen sind als in Ligniten und Braunkohle. Dies zeigt sich vor allem im Hartmetall- und Energieverbrauch, wie aus obiger Zusammenstellung ersichtlich ist.

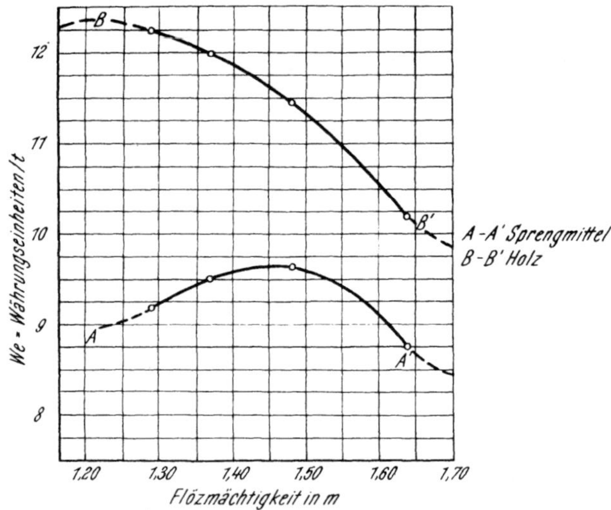

Abb. 42. Materialkosten im Abbau in Beziehung zur Flözmächtigkeit

Die Leistung im Streb und Kammerbau in Ligniten und Braunkohle ist wie in der Steinkohle von der Mächtigkeit des Flözes und der Anzahl der Belegschaft abhängig. Bei zu großer Mächtigkeit über 1,50 m sinkt die Leistung deswegen, weil statt zwei Bohrlöchern schon drei Schußlöcher übereinander gebohrt werden müssen. Auch die Länge der Abbaustrecken bis zur Hauptförderstrecke, vor allem aber die Druckverhältnisse, besonders die Periodendrücke, die meist nach 7 bis 8 Feldesbreiten durch eine größere Bewegung der Hangendschichten hervorgerufen werden, beeinflussen die Gewinnungs- bzw. die Abbauleistung.

Der Materialfaktor des Abbaues (Holz- und Sprengstoffverbrauch) bei Schwankungen der Flözmächtigkeit ist aus Abb. 42 zu ersehen.

Abb. 43 zeigt, wie sich die Tagesförderung (Leistung im Abbau) bei verschiedenen Flözmächtigkeiten, wechselndem Belegschaftsstand

Schichtenübersicht

(aus O. FABRICIUS: Betriebskonzentration im Braunkohlentiefbau. Internationaler Bergbaukongreß in Warschau 1958)

Braunkohlengrube Tagesförderung 1900 t verwertbar
2250 t roh
Fehlschichten 10 bis 12%

Zeile	Kostenstelle	täglich	%	auf 100 t verwertbar	Leistung	
					t verwertbar	t roh
1	Gewinnung vor Kohle (im Pfeiler, Anm. d. Autors) ..	260	39,7	13,7	7,29	8,69
2	Strebförderung	44	6,7	2,3		
1—2	Summe Streb (Gewinnung) .	304	46,4	16,0	6,25	7,40
3	Abbaustreckenerhaltung	13	2,0	0,7		
1—3	Summe Abbau	317	48,4	16,7	5,98	7,09
4	Abbaustreckenvortrieb	86	13,1	4,5		
5	Ausrichtung (Richtstrecken im Flöz)	60	9,2	3,2		
1—5	Summe Flözbetrieb	463	70,7	24,4	4,09	4,85
6	Zwischen-, Hauptstrecken- und Schachtförderung	96	14,7	5,1		
7	Grubenerhaltung	20	3,1	1,0		
8	Schlosser, Elektriker, Banderhaltung	54	8,2	2,8		
9	Sonstige (Wasserhaltung, Wetterführung usw.)	22	3,3	1,1		
1—9	Summe unter Tage	655	100,0	34,4	2,9	3,43
10	Obertag: Schachtförderung	13	5,4			
11	Aufbereitung + Verladung	67	27,7			
12	Haldenbetrieb	12	4,9			
13	Mechanische Werkstätte .	40	16,5			
14	Elektrowerkstätte	13	5,4			
15	Bauabteilung	13	5,4			
16	Platzbetrieb (Holzwirtschaft)	84	34,7			
10—16	Summe Obertag	242	100,0			
1—16	Summe Werk...........	897		47,1	2,11	2,51

und gleichbleibender Abbaufrontlänge verhält. Auf S. 199 ist aus der Zusammenstellung als Beispiel ersichtlich, wie die Gewinnungs- bzw. Abbauleistung bis zur Werksleistung einschließlich Obertag sinkt. Als grundsätzliches Bestreben gilt auch hier, daß der Prozentsatz der Abbaubelegschaft in der Grubenbelegschaft auf 50% gebracht werden soll und jedwede Mechanisierung und Rationalisierung außerhalb des Abbaues durch Schichteinsparung die Belegschaft im Streb erhöhen soll.

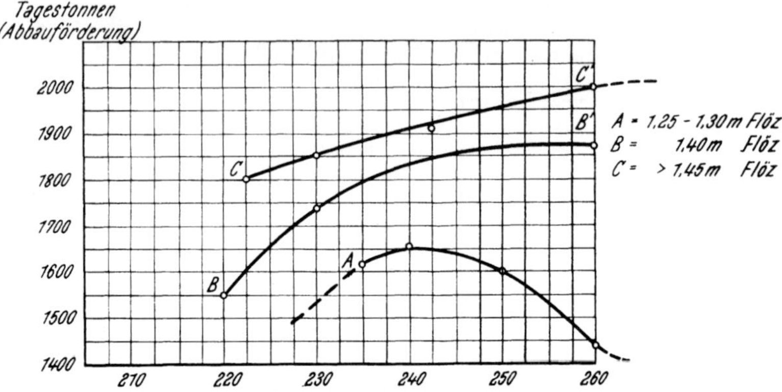

Abb. 43. Tagesförderung für verschiedene Flözmächtigkeiten bei verschiedenem Belegschaftsstand im Abbau und gleichbleibender Abbaufrontlänge (600 m)

h) Versatz

Selten wird im Lignit- und Braunkohlentiefbau mit Versatz gearbeitet, schon deswegen, weil bei dem gegenüber der Steinkohle geringen Wert dieser Kohle die Gewinnung dann nicht wirtschaftlich, d. h. die Kosten nicht mehr tragbar wären. Nur bei mächtigen Flözen von 15 bis 30 m wird Spül- oder Blasversatz angewendet. Soweit Taubes aus der Grube als Versatzmaterial verwendet werden kann, wird es sich lohnen, eine mechanische oder Handtrennung der groben Kohle vom Tauben in der Grube einzurichten. Dies erhöht die Förderkapazität des Schachtes und entlastet die Aufbereitung. Es wäre nicht wirtschaftlich, Lignit- oder Braunkohlenflöze unter größeren Objekten oder Ortschaften abzubauen und die Hohlräume zu versetzen. Man wird Gehöfte und einzelne Häuser bei 1 bis 1,5 m Flözmächtigkeit durch Strebbau unterbauen und die durch die Bodenbewegung entstandenen Schäden an den Gebäuden in Kauf nehmen. Durch Vorkehrungen, wie das Einziehen von Schließen, wird bewirkt, daß das Bauwerk die Beanspruchung durch den Bergbau mit den geringsten Folgen übersteht.

i) Der Transport. (Die Förderung)

Es wurde schon in den vorhergehenden Kapiteln die Förderung verschiedentlich behandelt. Soweit es sich um Hunte- und Lokförderung handelt, wird sich gegenüber den Steinkohlengruben kein Unterschied ergeben. In neuen Lignit- und Braunkohlengruben, besonders dort, wo diese Lagerstätten durch Schrägstollen aufgeschlossen sind, wird man kaum ein anderes Fördermittel als Gummigurtförderer oder Stahlgliederbänder planen; die Breite der Bänder wird von der geplanten stündlichen Fördermenge abhängen, doch soll man auch bei geringeren Mengen kein schmäleres Gummiband als 800 mm Breite wählen. Bei schmäleren Bändern, die nicht wesentlich billiger sind, verursachen die Säuberungsarbeiten durch herabfallendes Fördergut zusätzliche Kosten. Bei Stahlgliederbändern ist die Anschaffung wesentlich teurer. Vorteile des Stahlgliederbandes sind seine höhere Kurvengängigkeit, die leichte Reversierbarkeit und dadurch die Möglichkeit einer Materialförderung feldwärts. Zur Erhaltung der Gummibänder sind eine ständige Überwachung derselben und laufende Reparaturen durch Kaltvulkanisieren einzuführen. Zu größeren Instandsetzungen ist obertags eine Warmvulkanisierwerkstätte einzurichten. Man kann heute damit rechnen, daß Gummiförderbänder, wenn sie richtig gewartet werden, eine durchschnittliche Lebensdauer von 5 bis 6 Jahren erreichen können. Die Bandanlagen in den Abbaustrecken werden natürlich mehr beansprucht, die Hauptbandanlagen kommen jedoch auf diese Gesamtlebensdauer, wobei über diese Bänder in unserem Beispiel durchschnittlich 3 bis 4 Mio t gelaufen sind. 1 lfm Bandstraße kommt kostenmäßig ohne Montage auf 100 US-Dollar zu stehen. In neuester Zeit verwendet man Kunststoffbänder, die noch verschleißfester sind.

Als Abbaufördermittel ist, wie erwähnt, der Doppelkettenkratzförderer (Panzerförderer) gut eingeführt und hat sich für eine Stundenleistung von 60 t bei einer Nutzbreite von 400 mm gut bewährt. Eine größere Nutzbreite ist nicht zu empfehlen, da beim Umlegen die Einzelrinnen zu schwer werden. Dort, wo eine stempelfreie Front mit Stahlausbau im Streb erreicht wird, spielt dies keine Rolle. Meist wird jedoch die Möglichkeit des Rückens des Panzerförderers nicht gegeben sein und da ist natürlich das Gewicht der Einzelteile beim Umbauen, wo der Förderer zerlegt und die Ketten herausgezogen werden, ausschlaggebend für die Umlegeleistung. Es werden beim Umbauen Leistungen bis 37 m/Mann und Schicht erzielt. Für die Aus- und Vorrichtung werden Sammelkippstellen errichtet, wo die Hunte mit 1000 Liter Inhalt entleert werden. Das Gut kommt auf eine Schüttelrutsche, die dann auf den Gurtförderer dosiert.

Dort, wo Hunte- und Lokförderung gehandhabt wird, gelten die Regeln und Fahrpläne wie bei der Steinkohle, auch Dispatcheranlagen werden installiert. Seilbahnen stehen nur in alten Gruben noch in Verwendung.

Die Reparatur von beschädigten Hunten erfolgt obertags, wo besonders hydraulische Pressen zum Gradrichten der Huntewände verwendet werden.

Wegen der schwierigen Gleiserhaltung durch das schlechte Liegende verschwindet im Lignit- und Braunkohlenbergbau die Hunteförderung mehr und mehr und es wird der Bandförderung der Vorzug gegeben.

Wegen der im allgemeinen im Bergbau kürzer werdenden Arbeitszeit (40- bis 42-Stundenwoche) wird der Heranbringung der Belegschaft mit Loks oder mit der Fahrt auf den Bändern bis vor Ort immer größere Aufmerksamkeit gewidmet, um die Belegschaft vor der Ermüdung durch den Anmarschweg zu schützen und um die effektive Arbeitszeit zu verlängern.

j) Die Grubenerhaltung

Vielfach hat die Verwendung von Stahlausbau bei den herrschenden Druckverhältnissen den wirtschaftlichen Grubenbetrieb erst ermöglicht. Durch Anwendung des Stahlausbaues in den Strecken werden die Erhaltungsschichten reduziert. Die aus den Abbaustrecken geraubten Ringe werden in der Grube auf einer Kaltpresse wieder instand gesetzt und kommen in die Aus- und Vorrichtung zur neuen Verwendung.

Der jährliche Verlust an Ringen, die durch die Beanspruchung schon aufgerissen sind und nicht mehr geradegepreßt werden können, beträgt im beschriebenen Betrieb durchschnittlich 1 bis 2% im Jahr.

Wegen des rolligen oder quellenden Gebirges muß dichter Holzverzug eingebracht werden, der jedoch bei langlebigen Strecken in drei Jahren vermorscht ist und ausgewechselt werden muß. Bei Strecken in der Kohle, die mit Vortriebsmaschinen hergestellt werden, braucht der Verzug nur einen Teil des üblichen, dichten Verzuges betragen. Es ist daher auch hier eine Einsparung zu erzielen, die dem maschinellen Vortrieb zuzuschreiben ist.

In letzter Zeit verwendet man den zwar teuren, aber haltbareren Stahlblechverzug, der aus Abfallblechen, die in ein statisch günstiges Profil gepreßt werden, hergestellt wird. Man erspart dadurch das teure Auswechseln des Holzverzuges nach zirka drei Jahren. Als Verzug werden auch verbreitet Luftlandebleche eingesetzt, die sich, auf die notwendige Länge zugeschnitten, gut bewährt haben. Auch Drahtgitter aus 4,5 mm starken Drähten mit 8 × 8 cm-Öffnungen sind im Gebrauch. Verzug mit vorgespannten Betonbrettern ist teuer und schwer. Dort, wo es möglich ist und eine ankerfähige Schicht im Hangenden vorhanden ist, kann die Firstankerung in den Strecken angewendet werden. So kann der Ausbau, vor allem in maschinell vorgetriebenen Strecken mit kreisrundem Profil, überhaupt eingespart und damit können auch die späteren Erhaltungsschichten gesenkt werden oder man kann ankern und dadurch die Dichte der Ausbauringe herabsetzen, d. h. die Ringe statt auf 0,9 auf 1,2 m Entfernung setzen und so Ringe und Verzug sparen.

Der im Lignit- und Braunkohlenbergbau übliche Rückbau (gegenüber dem Feldwärtsbau) wirkt im Prinzip auch Erhaltungsschichten sparend, es muß sich jedoch jede Grube darauf einstellen, daß die Erhaltsschichten durch Verwendung von modernen Ausbauelementen (auch durch das Betonspritzverfahren) gesenkt werden.

k) Die Schutzpfeiler

Die Situation der Schachtschutzpfeiler und der Schutzpfeiler für die Obertagsanlagen und die Anschlußbahnen ist in bezug auf die verlorene Kohlensubstanz von größter Bedeutung. Obwohl man vom Standpunkt der Untertageförderung und der optimalen Entfernung bestrebt sein muß, die Schächte und die Obertagsanlagen ins Zentrum des Vorkommens zu setzen, wird es manchmal, wenn man dadurch den Substanzverlust durch Schutzpfeiler vermindern kann, günstig sein, von diesem Prinzip abzugehen.

Besonders die Schutzpfeiler für eine zur Hauptbahn führende Anschlußbahn können zu großen Verlusten an gewinnbarer Kohle führen. Im Braunkohlenbergbau wird man, besonders bei schwachen Flözen, nicht mit Versatz arbeiten, so daß die Kohle im Bereich dieser Schutzpfeiler verloren ist, soweit man nicht durch Großlochbohrungen 30 bis 40% der Kohle gewinnt.

Die bergbehördliche Erklärung eines Grubenbereiches als Bruchgebiet verhindert, daß während der Dauer des Betriebes Bauten obertags neu aufgeführt werden, die nicht innerhalb eines schon bestehenden Schutzpfeilers liegen.

Auch die eigene Siedlung der Grube für Arbeiter- und Beamtenwohnhäuser soll nach Tunlichkeit außerhalb des Vorkommens liegen, da es an und für sich günstig ist, wenn die Wohnungen der im Bergbau Beschäftigten in einer gesunden Umgebung an Wald- oder Aurändern liegen. Anmarschwege von 1 bis 2 km sind auf jeden Fall tragbar und am Werk selbst sollen nur die für den Betrieb aus Sicherheitsgründen notwendigen Personen und die Grubenrettungsmannschaft wohnen.

Im Braunkohlengebirge, das aus plastischen und rolligen Schichten besteht, ist der Grenzwinkel flacher als in der Steinkohle, in unserem Beispiel 48°.

l) Die großräumigen Untertagbauten

Wegen des schwierigen Hangend- und Liegendgebirges ist die Möglichkeit der Anlage großer Grubenräume bei Lignit- und Braunkohlengruben beschränkt. Es sind daher Füllörter, der Wagenumlauf, Pumpenkammern, Verteiler- und Schaltkammern sowie Lokremisen von vorneherein äußerst eng zu projektieren. Bei einer kontinuierlichen Bandförderung, wie sie in modernen Braunkohlengruben anzustreben ist, wäre vor dem engsten Querschnitt, d. i. meist die Schachtförderung, an einer geeigneten Stelle ein Bunker als Puffer anzulegen. Dieser Puffer wird auch dann wirksam, wenn in der Schachtförderung z. B. bei den Ein- und Ausstoßvorrichtungen oder in der Aufbereitung obertags eine Störung auftritt, damit das Hauptförderband nicht abgestellt werden muß, wodurch die Leistung in den Abbauen behindert würde. Dieser Puffer soll eine zirka halbstündige bis einstündige Förderkapazität beinhalten und soll möglichst am Ende des Hauptförderbandes angelegt werden.

Die Pumpenkammern beim Schacht sollen mit Pumpenaggregaten ausgerüstet sein, die zirka das Zehnfache des normal anfallenden Grubenwassers bewältigen können. Beträgt z. B. der normale Zufluß 600 l/min, so soll die Spitzenleistung der Pumpen für den Notfall 6000 l/min betragen. Die Sumpfstrecken, die ebenfalls noch im Schachtschutzpfeiler gelegen sind, sollen die Spitzenmenge der Pumpkapazität auf 3 bis 6 Stunden fassen können. Bei einer Tagesförderung von 1700 t und 600 l/min Wasserzufluß ergibt sich eine tägliche Wassermenge von rund 850 m^3 oder als Kennziffer 0,5 m^3 H_2O/t verwertbare Förderung. Nimmt man ein Grubengebäude von 20 km offener Strecken an, so ergibt sich ein Wasserzufluß von 30 l/min und 1 km Strecke als Kennziffer für den Wasserzufluß. Diese Werte können im Braunkohlenbergbau das Zehnfache erreichen, was gerade noch tragbar wäre.

Schon bei den Aufschlußbohrungen soll durch trocken durchgeführte Bohrungen die Möglichkeit geschaffen werden, die Zuflüsse aus der Firste und vor allem aus der Sohle, wo gespanntes Wasser zu erwarten ist, festzustellen. Man soll dabei im Hangenden oder Liegenden auftretende Wasserhorizonte für die Wasserversorgung des Werkes und für die Wohnsiedlungen in Erwägung ziehen und die Ergiebigkeit dieser Wasserschichten schon bei den ersten Aufschlußbohrungen ermitteln.

Bei den zu erwartenden Wasserzuflüssen in der Grube sind nur die im unmittelbaren Hangenden der Flöze liegenden Schwimmsandschichten und wasserführenden Schichten zu berücksichtigen, ebenso nur die direkten Liegendschichten, soweit sie wasserführend sind. Man kann annehmen, daß eine 3 bis 5 m über dem Flöz liegende, wasserführende oder Schwimmsandschicht sich auch bei Bruchbau nicht in den Alten Mann in der Nähe der Strebbruchkante entleert, wenn eine plastische Zwischenschicht von Ton vorhanden ist und die Flözmächtigkeit unter 1,5 m liegt. Wo die Schwimmsandschicht dem Flöz näher liegt, müssen wasserführende Sande vor dem Abbau entwässert werden. Die Kosten dieser Entwässerung beeinflussen die Gestehungskosten erheblich und können die Wirtschaftlichkeit einer Grube in Frage stellen. Falls die Sumpfstrecken die entsprechenden Reserven bieten, kann die Wasserlösung durch den Schacht nur in der Nacht mit billigem Nachtstrom erfolgen, oder sogar von Samstag mittags über Sonntag bis Montag 6 Uhr früh, in welcher Zeit ebenfalls verbilligter Strom zur Verfügung steht.

Das Anlegen von weitverzweigten und dadurch großräumigen Sumpfstrecken ist daher nicht allein aus Sicherheitsgründen notwendig, sondern es können dadurch auch die Gestehungskosten gesenkt werden.

Wo Akkuloks verwendet werden, ist es üblich, in der Nähe des Schachtes Lokremisen mit Ladestationen einzurichten. In letzter Zeit werden, soweit es das Gebirge zuläßt, beim Förderschacht großräumige Grubenbaue angelegt, die für die Unterbringungen von Grobkohlen-Schwereflüssigkeitswäschen vorgesehen sind. Die Feinkohle wird über einen Rost abgezogen, die Grobkohle durch einen Bandsinkscheider geleitet und die groben Berge werden als Versatzmaterial in der Grube zurückbehalten. Die groben Berge, die gewichtsmäßig den Hauptanteil bilden, müssen so nicht zu Tage gebracht werden und dieses Verfahren der Untertagswäsche kann zu einer wesentlichen Senkung der Versatzkosten und zu einer Vergrößerung der Schachtkapazität führen. Grobe Berge können auch vor dem Ausfördern nach Absieben der Feinkohle 0 bis 40 mm von Hand auf einem Klaubband wirtschaftlich ausgehalten werden, soweit deren Menge 13% des Gesamtfördergutes nicht überschreitet.

m) Das Projektieren der Grubenanlagen und die Ausrüstung der Grube

Für untertags gelten dieselben Grundsätze wie in der Steinkohle, die in den vorhergehenden Kapiteln von Říman mit den bisher angeführten Ergänzungen für die Lignit- und Braunkohlen dargelegt wurden.

Für die Ausstattung obertags soll darauf Rücksicht genommen werden, daß die Braunkohlen wegen ihres geringen Heiz- und Verkaufswertes keine großen Investitionen obertags vertragen. Die Einrichtungen sollen in der baulichen Ausführung möglichst einfach sein. Die Ausstattung der Werkstätten und der Lagerhaltung hängt wesentlich davon ab, wie weit die Grube von der nächsten Stadt entfernt ist. Allgemein sollen die Werkstätten so eingerichtet sein, daß sie auch Ersatzteile selbst anfertigen können, d. h. mit Drehbänken, Fräsen und Bohrwerken ausgestattet sein. Auch eine Vulkanisierabteilung für die Instandsetzung von Gummibändern und Kabeln soll vorhanden sein und die Elektrowerkstätte soll Schalter und Motore reparieren und letztere eventuell selbst wickeln können. Die Frage der Eigenanfertigung von Ersatzteilen muß durch Angebote von Fremdfirmen und Nachkalkulation überprüft werden, um so das richtige Maß zu finden. Eine wesentliche und laufend anfallende Arbeit ist die Bestückung der Bohrkronen und sonstigen Werkzeuge der Gewinnungs- und Vortriebsmaschinen mit Hartmetallplättchen und das Schleifen derselben. Eine immer größere Rolle spielt die Schweißerei in der Erhaltung von Transportmitteln und Grubenmaschinen sowohl in der Grube als auch obertags. Nach Möglichkeit soll eine solche unter Einhaltung der bergpolizeilichen Vorschriften jeweils in der Nähe der Abbaue untertags eingerichtet werden, um zeitraubende Lieferungen zu vermeiden. Die Magazinsbestände einer Grube sind so zu halten, daß auftretende betriebliche Störungen sofort behoben werden können. In der Nähe von Städten kann der Lagerstand von Eisenmaterial, Lagern, Kabeln und sonstigem Zubehör auf einem minimalen Stand gehalten werden, was sich kostensparend auswirkt, da die Lagerbestände brachliegendes Kapital bedeuten. Der Lagerstand an Grubenholz soll in holzreichen Ländern höchstens zwei Monatsverbrauchsmengen betragen; wo Grubenholz importiert werden muß, kann sich der Stand auf den Verbrauch von sechs Monaten erhöhen. Die Holzmanipulation auf der Grube muß einer komplexen Verwertung des Holzes zustreben, so daß das Abfallholz einerseits als Brennmaterial, andererseits als Abschnittholz in der Papierindustrie Verwertung findet. Der Holzplatz soll mit Holzstapelmaschinen ausgerüstet sein oder mit beweglichen Gantern arbeiten, wo auf der höher liegenden Seite die Zufuhr des Holzes erfolgt und auf der anderen das Holz auf die für die Grube notwendigen Längen geschnitten und geschart wird.

Die Grubenholzpreise schwanken in holzreichen und holzarmen Ländern um mehr als 100% und betragen loco Grube 13 bis 30 US-Dollar. In holzarmen Ländern ist daher die Einführung des Stahlausbaues in den Gruben ein Gebot, das oft die Abbauwürdigkeit einer Lignit- oder Braunkohlenlagerstätte im Tiefbau bestimmt. Aber auch sonst soll mit Rücksicht auf das Erhalten der Wälder der Stahlausbau in den Gruben verbreitert werden, wobei er nicht als Investitionsgut, sondern als Betriebsmittel, wie das Holz, anzusehen ist. Oft wird man aus steuerpolitischen Gründen den Erstausbau in Stahl in den Ausrichtungsstrecken als Investition bezeichnen und so einen neuen Investitionsposten schaffen.

Eine Kohlenwäsche wird bei dem niedrigen Heizwert von Lignit- und Braunkohle in den seltensten Fällen wirtschaftlich sein können. Eher wird man überall dort auf Trocknungsanlagen greifen, wo Feinsorten weit transportiert werden müssen und durch Verringerung des Wassergehaltes auf die hygroskopische Feuchte wesentliche Frachtkosten eingespart werden können. Die Trocknungswärme kann von einer Gegendruckanlage eines Kraftwerkes entnommen oder durch Ausnützung der Heizgase gewonnen werden. Falls eine Wäsche nicht in Betracht kommt, sollen die Klassierungsanlagen (Sortierungen) technisch möglichst vollkommen ausgestattet werden. Das anfallende Mittelprodukt aus einer Wäsche oder durch händische Klaubarbeit soll in einem Kraftwerk zur Umwandlung in Sekundärenergie zumindest zur Erzeugung von Strom für den Eigenverbrauch verwendet werden. Bei Teufen der Lagerstätten von 100 bis 150 m ergibt sich bei vollelektrifizierten Gruben ein Stromverbrauch von 10 bis 15 kWh je Tonne verwertbarer Förderung.

Auf die Ausnützung der Abfallkohle (Mittelprodukte aus der Aufbereitung) direkt auf den Gruben muß besonders geachtet werden, um die Wirtschaftlichkeit von Lignit- und Braunkohlengruben in der Konkurrenz mit anderen Energieträgern zu heben. Es kann daraus billige Wärme erzeugt werden, die für die Dampferzeugung anliegender Industrien genützt wird. Mit der Abwärme aus grubeneigenen Kraftwerken können Werksgebäude und Siedlungen geheizt werden. Zum Beispiel kann sich eine großangelegte Glashauszucht von Frühgemüse und Blumen in Grubennähe solcher billiger Abfallkohle bedienen. In dieser Richtung müßte sich die Verwertung von Lignit- und Braunkohlen bewegen. Gerade in der Braunkohle muß darauf geachtet werden, ob beim Grubenbetrieb anfallendes Taubmaterial nutzbringende Verwendung finden kann. Im Liegenden der Kohle auftretender Quarzsand ist oft eisenfrei und kann als Glassand Verwendung finden. Die im Streckenvortrieb anfallenden Tone sind manchmal feuerfest und können eine Verwertung in der keramischen Industrie finden. Auf jeden Fall sind sie zumeist kalkarm und liefern einen guten Rohstoff für die Hohlziegelerzeugung. Abgesehen von den zusätzlichen Einnahmen der Grube aus solchen Rohstoffen, verringert deren Absatz die Kosten der Haldenwirtschaft.

Die Verladung der Kohle an der Aufbereitung ist sowohl für Bahnfracht als auch für LKW-Transporte vorzusehen. Dazu müssen die Landabsatzanlagen mit entsprechenden Bunkern ausgestattet werden, da die Verladung dort nur während des Tages vor sich geht. Für die Rangierung der Waggons bewähren sich an Stelle von Lokomotiven Rangieranlagen mit endlosen Seilen längs der einzelnen Geleise.

Für auftretende, meist saisonbedingte Absatzschwankungen muß die Möglichkeit eines Depots geschaffen werden. Die Schüttung erfolgt nach Tunlichkeit nach Sorten getrennt, wobei für die spätere Rückförderung ein abdeckbares unterirdisches Förderband vorgesehen ist. Bei den geplanten Schütthöhen ist darauf zu achten, daß die Kohle nicht zum Brühen kommen kann.

Gegenüber dem sparsamen Vorgehen bei den Obertagsinvestitionen sollte die Grube untertags voll mechanisiert und bestens ausgestattet werden, damit trotz des geringen Wärmewertes die Konkurrenzfähigkeit gegenüber den flüssigen und gasförmigen Brennstoffen erhalten bleibt. Demnach sollen die Investitionen so aufgeteilt werden:

Bergmännische Investitionsarbeiten einschließlich der Ausrüstung (Fördermittel, Stahlausbau)	55%
Maschinenausrüstung (Gewinnungs- und Vorrichtungsmaschinen sowie einfache Fördermaschinen)	30%
Bauten und Einrichtungen	15%
	100%

Bei der Anlage von Siedlungen für die Belegschaft soll besonders darauf geachtet werden, daß diese anschließend an eine bestehende Ortschaft oder Gemeinde erfolgt, um so den Bau von Schulen, Kirchen, Sportanlagen, Krankenhäusern usw. und die damit verbundenen Aufschlußarbeiten (Wege, Straßen, Kanalisierung und Wasserleitungen) einzusparen. Diese Bergmannssiedlungen können im Umkreis der Grube an mehrere Ortschaften und Gemeinden angeschlossen werden. Man braucht auf diese Weise schon gegebene Schutzpfeiler dieser Ortschaften und Gemeinden nur zu erweitern und muß diese nicht erst für eine alleinstehende Siedlung schaffen, was einen Substanzverlust an Kohlenvermögen bedeuten würde. Die Entfernung der Siedlung von der Grube kann 2 bis 5 km betragen, außerdem sollen diese Wohnstätten außerhalb des Bereiches der Grube, wenn möglich an einem Waldrand in bester Atmosphäre liegen.

Direkt bei der Grube sollen Wohnhäuser nur für die leitenden Beamten und die Personen des Grubenrettungsdienstes sowie für Elektriker und Grubenschlosser geschaffen werden. Die Größenordnung der Wohnungen für Angestellte bewegt sich bei 80 bis 100 m^2, bei Arbeitern von 55 bis 65 m^2, wobei der umbaute Kubikmeterraum auf 350 bis 450 We zu stehen kommt.

Die Eigenwohnungsbauten der Arbeiter und Angestellten sollen vom Werk aus unterstützt werden und zu diesem Zwecke sollen seitens der Arbeitgeber Kredite mit einem minimalen Zinsfuß gewährt werden.

Bei den anzulegenden Siedlungen für die Bergarbeiter soll besonders darauf geachtet werden, daß nur kleinere Häuser mit höchstens vier Wohnungseinheiten gebaut werden, die mit Gärten umgeben sind, so daß eine Möglichkeit für die Freizeitbetätigung und den Ausgleich in frischer Luft gegeben wird.

Überall dort, wo für die Belegschaft der Anschluß an eine bestehende Sportanlage nicht vorhanden ist, müßten für die erwähnte Freizeitbetätigung und den Ausgleich Sportplätze, vor allem für Leichtathletik, sowie Schwimmbassins bzw. Schwimmhallen und Tennisplätze in unmittelbarer Nähe der Werkswohnungen geschaffen werden.

Für eine bestimmte Anzahl der Werksangehörigen sollen Wohnungen im Umkreis der Grube von Fremden gemietet werden, damit die werkseigenen Wohnungen die Investitionen nicht zu sehr belasten und nicht eine zu große Anzahl von Werkswohnungen geschaffen wird, falls sich aus der Marktlage eine Einschränkung der Produktion und damit der Belegschaftszahl ergibt oder eine Fluktuation der Belegschaft eine Ausnützung der vollen Kapazität der Werkswohnungen nicht gestattet. Als Optimum dieser gemieteten Wohnungseinheiten in der Umgebung der Grube, wobei die Entfernung beim heutigen Motorisierungsstand bis zu 10 km betragen kann, wäre ein Drittel des Bedarfes zu empfehlen.

Die ärztliche Betreuung der Belegschaft soll, falls die Belegschaft in einer geschlossenen Siedlung mit mehr als 3000 Menschen lebt, durch einen hauptamtlichen Werksarzt erfolgen. Dieser steht dann auch für die Grube zur Verfügung. Die Ambulanz auf der Grube soll mit Mitteln für Wiederbelebungsversuche gut ausgerüstet sein und soll auch die Möglichkeit bieten, dort nach ärztlicher Verordnung Heilbäder verabreichen zu können. Der Hygiene in den Bädern der Grube muß größte Sorgfalt gewidmet werden, besonders auf die Bekämpfung von Fußhautkrankheiten ist zu achten. Schwarz-Weißkauen sind zu empfehlen.

Zur Vereinfachung des Auszahlungswesens hat sich in letzter Zeit der bargeldlose Verkehr auch auf den Gruben bewährt.

n) Wirtschaftliche Erwägungen beim Projektieren

Im Prinzip sind diese dieselben, wie Říman sie für die Steinkohle anführt. Immer bleibt der Abbau ausschlaggebend für die Höhe der Gestehungskosten.

Es wurde schon darauf hingewiesen, daß sämtliche übrigen Kosten, wie Obertag, Förderung, Aus- und Vorrichtung sowie die Verwaltung

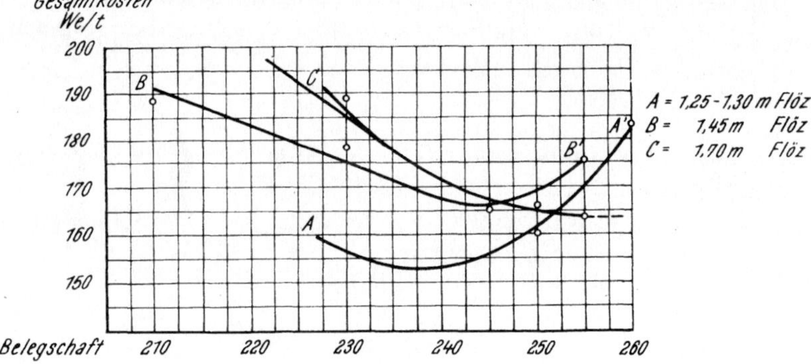

Abb. 44. Gesamtkosten als Funktion der Abbaubelegung und der Flözmächtigkeit bei gleichbleibender Abbaufrontlänge und gleichbleibenden übrigen Kosten

und der Kapitaldienst bei jedem Betrieb mit der Zeit als konstant angenommen werden können und so die Abbaukosten allein variieren. Diese sind wieder eine Funktion der Flözmächtigkeit, der Streblänge und der Belegschaftszahl, wobei die Streb- bzw. Abbaufrontlänge auch als konstant anzunehmen ist. Die Abbaufrontlänge bestimmt man aus der geplanten Jahres- oder Tagesförderung. Sie wird durchschnittlich mit Abbaubelegung bzw. Gewinnungsschicht $\times$ 6 m/Mann = z. B. $90 \times 6 + 10\%$ Reserve = 594 m festgelegt. Eine Verstärkung der Belegschaft bei dieser Annahme kann eine Abbauleistungssteigerung zur Folge haben. Man muß daher mit einer Reserve in der Länge rechnen und wird, falls möglich, die noch freien 10% durch Mehrbelegung zur Leistungssteigerung ausnützen.

Abb. 44 zeigt die Beziehungen der Flözmächtigkeiten und Abbaubelegschaft bei gleichbleibender Streblänge zu den Gestehungskosten auf, wobei, wie oben angeführt, die übrigen Kosten als fix angenommen wurden. Grundsätzlich werden sich die Kosten bei Lignit- und Braunkohlengruben anders als bei der Steinkohle zusammensetzen; der Anteil der Lohn- und Gehaltskosten wird bei 50%, manchmal tiefer liegen. Meist wird der Prozentsatz des Kapitaldienstes höher sein als in der Steinkohle, da die Investitionskosten auf den Wärmewert, besonders bei Braunkohle, größer sind als äquivalent bei der Steinkohle.

Als Beispiel sei hier die Zusammensetzung der Gestehungskosten an der Prosperitätsgrenze in Prozenten angeführt:

Leistungslöhne, Bezüge, Gehälter einschließlich Sozialaufwand der Grube untertags	41%
Materialkosten einschließlich Energie	17%
Kapitaldienst (Abschreibungen, Zinsen, Versicherungen, Steuern)	18%
Anteilige Kosten *samt Löhnen, Gehältern und Abschreibungen* von Werkstätten, Lagerhaltung, Holzwirtschaft, Gebäudeerhaltung, Werksverwaltung, Hauptverwaltung, Verkauf, Bergschäden, Wohnungswirtschaft usw.	24%
	100%

Bei der Bestimmung der Höhe der Anfangsinvestitionen, die aus den langlebigen Investitionsgütern auf 30 Jahre Lebensdauer plus der Erstanschaffung von kurzlebigen, wie Fördermittel (Bandanlagen), Elektromotoren sowie sonstige Gewinnungs- und Vortriebsmaschinen, Pumpen, Haspel usw., bestehen, muß man hier $m = 15\%$ (s. Římán) als jene Fördermenge annehmen, die zur Amortisierung dient. Der Preis der Kohle ergibt sich aus den Wärmepreisen, die heute geläufig sind und sich zwischen 2 bis 2,4 US-Dollar pro Million Wärmeeinheiten ab Grube bewegen.

Bei einer Annuität von 7% Zinsen und Tilgung auf 30 Jahre = 8,05% ist daher das Investitionsvolumen das $\frac{m}{x} = \frac{15}{8{,}05} = 1{,}86$fache eines Jahreserlöses. In unserem Beispiel ist dann der Kohlenpreis bei einer Durchschnittsqualität aller Sorten (Staub, Erbs, Nuß bis zur Grobkohle) z. B. 3250 kcal/kg und einem Preis von 55 We je 1 Mio Wärmeeinheiten gleich 178,75 We/t, was zirka 7,15 US-Dollar entspricht.

Es werden jedoch im Absatz die Sorten zu verschiedenen Wärmepreisen verkauft, so daß z. B. ballastreiche Staubsorten mit 50 We pro 1 Mio Wärmeeinheiten und aschenärmere Grobsorten mit 60 We abgesetzt werden. Je nach der Marktlage muß man dann allerdings trachten, den Prozentanteil der Grobsorten zu erhöhen, da für diese ein besserer Preis je 1 Mio Wärmeeinheiten erzielt wird. Dies geschieht schon im Abbau bei der Schießarbeit wie durch Hintanhaltung des Abriebs auf dem Weg vom Abbau bis zum Waggon.

Als Beispiel sei hier der Sortenanfall einer Braunkohlengrube angeführt:

Staub Körnung 0 bis 10 mm Industriekohle (2700 kcal), Preis 50 We/ 1 Mio kcal, 18% der Verkaufskohle.

Erbs Körnung 10 bis 20 mm Industriekohle (3150 kcal), Preis 50 We/ 1 Mio kcal, 16% der Verkaufskohle.

Nuß Körnung 20 bis 40 mm Industriekohle (3300 kcal), Preis 55 We/ 1 Mio kcal, 25% der Verkaufskohle.

Würfel Körnung 40 bis 80 mm Hausbrand (3700 kcal), Preis 60 We/ 1 Mio kcal, 24% der Verkaufskohle.

Stück Körnung 80 bis 120 mm Hausbrand (3700 kcal), Preis 60 We/ 1 Mio kcal, 17% der Verkaufskohle.

Das für die Errichtung einer 100 bis 200 m tiefen Braunkohlengrube notwendige Investitionskapital errechnet sich wie folgt: bei einem Wert der geplanten Jahresförderung von 500000 t mit einem durchschnittlichen Wärmewert der Verkaufskohle von 3250 kcal = 500000 — 8% für Eigenverbrauch (Deputate und Kesselanlage) = 460000 t $\times$ $\times$ 3250 kcal = rund 1500000 Mio Wärmeeinheiten $\times$ 55 We ergibt sich ein Verkaufserlös von 82,5 Mio Währungseinheiten.

Nach der Formel K (Investitionen) $= c \cdot \frac{m}{k} \cdot$ Jahresförderung in Tonnen, wobei c den Erlös pro Tonne als Wärmepreis bedeutet, ergibt sich ein möglicher Investitionsaufwand von $K = 178{,}75 \cdot 1{,}86 \cdot 460000 =$ $= 153{,}5$ Mio We. Es wurde nun auf Grund der empirischen Annahme, daß von der Jahresförderung 15% zum Abschreiben des investierten Anfangskapitals verwendet werden und einer Tilgung und Verzinsung von 8,05% sowie einer Lebensdauer der Grube von 30 Jahren ein Nomogramm zusammengestellt, das für die Wärmepreise 50 We bei Qualitäten von 1500 bis 2500 kcal, 55 We bei Qualitäten von 2500 bis 3500 kcal und 60 We bei Qualitäten von 3500 bis 4500 kcal und verschiedene Jahreskapazitäten gilt und die Höhe des zulässigen Investitionsaufwandes aufzeigt (Abb. 45).

Bei unserem Beispiel ergibt sich so ein Aufwand an Kapital je Tonne Jahresabsatz von 153,5 Mio We : 460000 t = 333,7 We, zirka 13,35 US-Dollar. Dies entspricht bei einer Durchschnittsqualität von 3250 kcal/kg einem Investitionsaufwand je 1 Mio Wärmeeinheiten von 333,7 We/t : Durchschnittsqualität $= 333{,}7 : \frac{3250}{1000} = 102{,}7$ We je Mio Wärmeeinheiten der Jahresabsatzmenge.

Die für die vorstehende Berechnung angenommene Zahl $m = 15\%$ der Jahresförderung für Abschreibungen ist damit begründet, daß — wie schon gesagt — die beim Lignit- und Braunkohlenbergbau geförderten Kohlen weit weniger wert sind als die Steinkohlen und weniger Erlös bringen.

Da jedoch beim Lignit- und Braunkohlenbergbau die langlebigen Investitionen wegen der anderen geologischen Verhältnisse (die Kosten

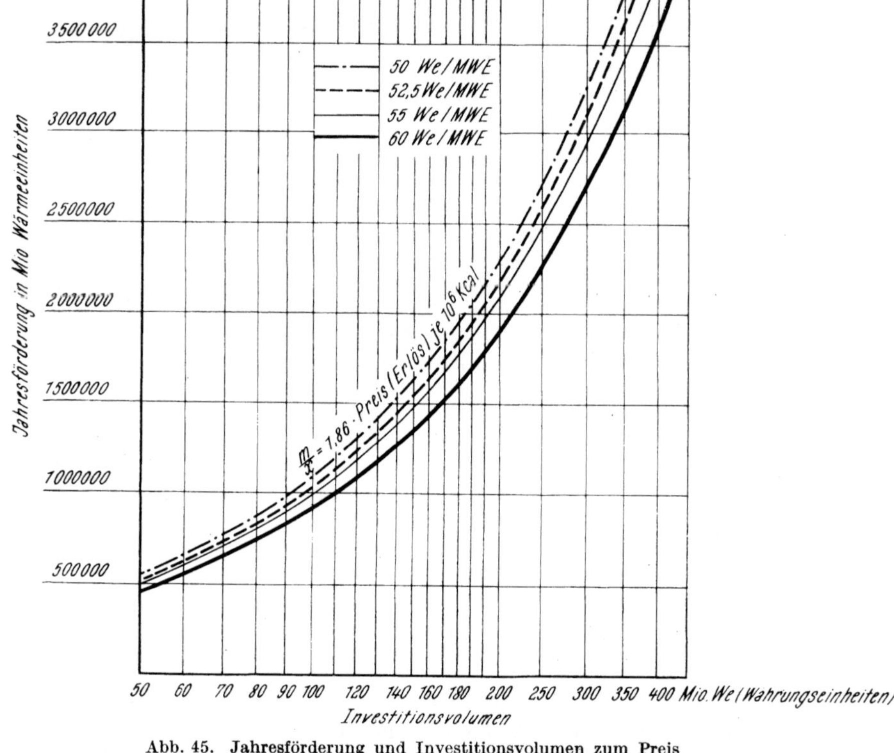

Abb. 45. Jahresförderung und Investitionsvolumen zum Preis

der Schächte sind kleiner, die teuren Querschläge fallen überhaupt weg) niedriger sind, andererseits aber auf Mechanisierung des Vortriebs, der Gewinnung und der Förderung größter Wert zu legen ist, erscheint eine Erhöhung des m von 9 bis 11% wie in der Steinkohle auf 15% als richtig und den Tatsachen entsprechend, wie das Ergebnis der Berechnung des Investitionsaufwandes zeigt (s. Abb. 45). Außerdem sind in den letzten Jahren die Preise der Zuliefer- und Bauindustrie gegenüber den Kohlenpreisen stark gestiegen.

o) Die technisch-wirtschaftlichen Kennziffern des Lignit- und Braunkohlen-Tiefbaues

Die Kennziffern geben ein Bild der Betriebsverhältnisse und dienen dem Vergleich mit anderen Gruben. Bei neu zu errichtenden Anlagen können aus den Kennziffern anderer Betriebe Rückschlüsse gezogen werden.

Einzelne Kennziffern wurden schon in den vorhergehenden Kapiteln erwähnt und besprochen. Im Gegensatz zur Steinkohle, für die die Preise noch nach der Qualität, wie z. B. Anthrazit, Koks- oder Gasflammkohle, festgesetzt werden, sind die Preise der Lignit- und Braunkohlen heutzutage vielfach nur als Wärmepreise bestimmt. Deshalb sollten die Kennziffern des Lignit- und Braunkohlenbergbaues nicht auf Tonnenförderung, sondern auf 10^6 kcal = 1 Mio Wärmeeinheiten (MWE) bezogen werden. Außerdem schwanken die Wärmewerte bei wasserreichen Ligniten und Braunkohlen so sehr, daß deren Wert nicht durch Gewichtstonnen ausgedrückt werden kann.

Dort, wo Braunkohlen zur chemischen Verwertung herangezogen werden, wie z. B. zum Hydrierverfahren, ergibt sich eine besondere Preisgestaltung.

Zur besseren Übersichtlichkeit werden die Kennziffern hier nochmals angeführt und in Gruppen zusammengefaßt. Wo Zahlenwerte angegeben sind, beziehen sich diese auf das im vorhergehenden Text erwähnte Beispiel.

A. Lagerstätte und Betriebsgröße

1. Das Hauptinteresse gilt der Ermittlung der Größenordnung der Grubenkapazität. Sie wird im allgemeinen niedriger sein als bei Steinkohlen und zwischen 200000 bis 1 Mio t/Jahr, das entspricht 500000 bis 4500000 MWE, liegen. Nur dort, wo es sich um mächtige Flöze in geringer Teufe handelt, kann die Jahresförderung höher sein.

2. Die Belastung des Grubenfeldes durch die Tonnen der Tagesförderung wird zwischen 1 bis 4 t/ha oder 3,25 bis 13,00 MWE/ha liegen und ist vom reinen relativen Kohlenvermögen abhängig.

3. Die Kennziffer Belastung des Grubenfeldes in Quadratmeter Abbaufläche/Tag je ha = m²/ha dient zur Kontrolle der Belastung t/ha. Diese Kennziffer[1] schwankt mit der Mächtigkeit der abzubauenden Flöze und gibt einen Überblick über das Ausbringen.

4. Prozent des Ausbringens =

$$= \frac{\text{Abbauwürdiges Kohlenvermögen in t auf einer bestimmten Fläche}}{\text{Gesamtvorräte in t auf derselben Fläche}} \times 100,$$

z. B. 95%.

[1] Auch Bergbauintensität genannt.

B. Grubengebäude

5. Die Kennziffer der Ausrichtung umfaßt alle Strecken mit mehr als dreijähriger Lebensdauer, vor allem die Hauptförderstrecken, und liegt z. B. bei 200 m je 100000 to oder 61,5 m je 100000 MWE.

6. Die Kennziffer der Vorrichtung wird in der Braunkohle höher liegen als im Steinkohlenbergbau, vor allem wegen der geringeren Streblängen. Außerdem erhöht sich diese Zahl durch den Heimwärtsbau, da ein Feldwärtsbau wegen des Gebirgsdrucks und der Gefahr von Brühungen im „Alten Mann“ in der Braunkohle nicht angewendet werden kann.

Die Kennziffer der Vorrichtung bewegt sich zwischen 15 bis 30 m/1000 t oder 4,6 bis 9,2 m/1000 MWE.

7. Die optimale Abbaulänge ist hier geringer und bewegt sich zwischen 70 bis 100 m, sowohl wegen des größeren Gebirgsdrucks als auch wegen der Schießarbeit, die längere Strebbaue nicht zuläßt, da das Verlassen des Strebs beim Schießen viel Zeit in Anspruch nimmt. Allzulange Strebe sind im Steinkohlenbergbau oft aus der Not entstanden, da die Aus- und Vorrichtungsstrecken nicht zeitgemäß hergestellt werden konnten. Moderne Abbaumethoden, wie z. B. hydraulische Gewinnung, verlangen kürzere Strebe. Auch die Gewinnung durch Großlochbohren und Ausspritzen der stehengebliebenen Rippen, wie es in der UdSSR geplant ist, verlangt kleinere Abbaulängen. Nur die Verwendung von Gewinnungsmaschinen, wie z. B. vom Walzenschrämlader der Firma Eickhoff, macht längere Abbaue auch im Lignit- und Braunkohlenbergbau notwendig.

8. Die durchschnittliche Abbauhöhe wird bei geringen Flözmächtigkeiten diesen entsprechen. Die Abbauhöhe wird täglich zur Ermittlung der Kubatur für die Gedingeberechnung gemessen.

9. Die Kennziffer der Erhaltung wird ausgedrückt in Kilometer offenen Strecken auf 100000 t Jahresförderung oder 100000 MWE im Jahr, z. B. bei 18 km Grubengebäude und 460000 t Jahresförderung mit 3250 kcal/kg ist sie 3,9 km/100000 t/Jahr oder 1,2 km/100000 MWE/Jahr.

10. Die Wasserlösungsziffer wird angegeben in Kubikmeter Wasser/t Förderung oder Wasserzufluß/min und bewegt sich zwischen 0,5—3,5 m^3 Wasser/t oder 0,8—6 m^3/min. Die obere Zahl ist schon sehr knapp an der Grenze der Wirtschaftlichkeit eines Braunkohlenbergbaues.

Da der Wasserzufluß vom Grubengebäude abhängig ist, verwendet man auch die Zahl Kubikmeter Wasser/km offene Strecken und Minute. Dieser Wert geht von 0,044—0,33 m^3/km/min.

11. Die Wetterführung ist gekennzeichnet durch die äquivalente Grubenweite $A = 1{,}5 - 2{,}5\ m^2$; die Wettermenge in Kubikmeter

Wetter/Mann und Minute = 3 bis 4 m³; die Wettermenge in m³/t oder MWE = 680 m³/t oder 210 m³/MWE; die Energieverbrauchs-Kennziffer der Wetterführung = 1,3 kWh/t Tagesförderung oder 0,4 kWh/MWE Tagesförderung.

12. Die Kennziffer der Untertageförderung ergibt sich aus der Rohförderung (Taub und Kohle)/km Geleise oder Band, z. B. 560000 t/8 km Bandförderung = 70000 t/km oder 227500 MWE/km und Jahr.

C. Materialverbrauch

13. Holzverbrauch in m³/1000 t, z. B.

15 m³/1000 t oder 4,62 m³/1000 MWE, wenn in den Abbauen und Strecken Stahlausbau verwendet wird,

29 m³/1000 t oder 8,9 m³/1000 MWE, wenn nur in den Strecken Stahlausbau Verwendung findet, oder

bis zu 45 m³/1000 t oder 13,85 m³/1000 MWE, wenn die Grube nur in Holzausbau steht. Im letzteren Falle erscheint der Holzverbrauch für die heutigen Verhältnisse schon als unwirtschaftlich.

14. Eisenverbrauch in kg/t Förderung, z. B. 0,2 bis 7,0 kg Eisen/t. Letztere Zahl wird meistens getrennt für Abbau und Strecken angeführt.

15. Sprengstoffverbrauch in g/t Förderung, z. B. 550 g/t oder 169 g/MWE.

16. Zünderverbrauch in Stück/t, z. B. 1,6 Stück/t oder 0,5 Stück/MWE, wobei überwiegend elektrisch geschossen wird.

17. Kennziffer des Energieverbrauches in kWh/t oder MWE, z. B. 12 kWh/t oder 3,7 kWh/MWE. Dies gilt für sehr gute Verhältnisse. Bei den Lignit- und Braunkohlengruben ist die Verwendung von Preßluft unwirtschaftlich und auch bei schlagwetterfreien Gruben nicht vorteilhaft.

D. Leistung

18. Die Leistung je Kopf und Schicht wird angegeben als:
Gewinnungsleistung, z. B. 9 t oder 29 MWE,
Abbauleistung, z. B. 7 t oder 22,8 MWE,
Grubenleistung, z. B. 3 t oder 9,8 MWE,
Werksleistung, z. B. 2,3 t oder 7,5 MWE.

19. Produktivität je Mann Belegschaft abzüglich Absenz, z. B. bei einem Belegschaftsstand von 950 Mann, 14% Fehlschichten und einer Förderung von 1,5 Mio MWE ist diese $\frac{1{,}5\ \text{Mio}}{(950-133)} = 1.836$ MWE/Mann und Jahr oder 563 t/Mann und Jahr oder mit Absenz laut Stand $\frac{460000}{950} = 484$ t/Mann und Jahr.

E. Statistische Zahlen

20. Der Prozentsatz der im Abbau geschrämten oder mit Walzenschrämlader gewonnenen Kohle. Letztere Gewinnungsart ist in der Braunkohle noch selten.

21. Der Prozentsatz der in der Aus- und Vorrichtung maschinell, d. i. ohne Schießarbeit, aufgefahrenen Streckenmeter oder Streckenkubatur.

22. Der Prozentsatz der maschinell geladenen Kohle, z. B. Panzerförderer mit Räumer.

23. Der Anteil der gewonnenen Kohle aus den Streckenvortrieben, z. B. 8%.

24. Die Aufteilung der Kosten in Löhne, Materialkosten, Energiekosten usw.

25. Die Aufteilung der verfahrenen Schichten in Abbau-, Aus- und Vorrichtung-, Förderschichten usw. Es wurde schon darauf hingewiesen, wie das Optimum geplant und angestrebt werden soll.

26. Das Verhältnis Rohförderung (einschließlich Taubgestein aus den Strecken) zu verwertbarer Jahresförderung, z. B. bei 560000 t Rohförderung und 460000 t Verkaufskohle 1,21 : 1. Aus dieser Verhältniszahl lassen sich alle Leistungen und die übrigen Kennziffern, die die Rohförderung zur Grundlage haben, umrechnen.

F. Finanzen

27. Der Verkaufspreis der Jahresförderung, z. B. 1,5 Mio MWE × × Wärmepreis von 55 We/MWE = 82,5 Mio We.

28. Der Verkaufswert der Förderung je Mann und Jahr, z. B. 1836 MWE × 55 We (Wärmepreis je MWE) = 100980 We (= Umsatz je Mann und Jahr) oder ohne Berücksichtigung der Absenz laut Stand $\frac{1{,}5\ \text{Mio}}{950}$ = 1579 MWE × 55 We = 86845 We (= Umsatz je Mann und Jahr).

29. Die Kennziffer der Belastung je Tonne oder MWE abbauwürdiger Vorräte durch die langlebigen und Anfangsinvestitionen. Zum Beispiel 152 Mio We : 13,8 Mio t (Förderung in 30 Jahren) = 11 We/t oder 3,38 We/MWE.

30. Die Belastung je Tonne oder MWE Jahresverkaufskohle durch die Anfangs- und langlebigen Investitionen, z. B. 152 Mio We : 460000 t = = 330 We/t oder 102 We/MWE. Bei der Steinkohle sollte diese Kennziffer nach Říman dem durchschnittlichen Preis je MWE an der Prosperitätsgrenze entsprechen. Bei Lignit und Braunkohle liegt sie höher und müßte durch $\frac{m}{x} = 1{,}86$ dividiert werden, was dann eine Zahl von 177 We/t oder 54,4 We/MWE ergeben würde.

Schließlich gibt es noch eine Reihe weiterer Kennziffern, die aber ganz analog dem Steinkohlenbergbau angewendet werden, so daß sie hier nicht mehr gesondert angeführt sind.

9. Die technisch-wirtschaftlichen Kennziffern (Die sogenannten TWK)

Die technisch-wirtschaftlichen Kennziffern (TWK) sind charakteristische Richtzahlen, die unter Berücksichtigung der technischen und naturgegebenen Bedingungen ermittelt werden. Diese aus der Aufgabenlösung gewonnenen Kennziffern werden dann mit den bekannten oder in der Praxis durch Statistik gewonnenen Werten zur Bestätigung ihrer Richtigkeit und Angemessenheit verglichen. Abweichende Werte müssen von neuem überprüft und auf das richtige Maß gebracht bzw. erklärt werden. Man benützt die bestehenden, aus Erfahrung gewonnenen Kennziffern auch zur *übersichtlichen, überschlägigen* Berechnung zur Gewinnung einer *raschen,* jedoch nur *informativen* Feststellung bei der Lösung einer neuen Aufgabe. Aus der großen Anzahl der TWK sind besonders die wichtigen, die sog. *Hauptkennziffern,* zu beachten. Ein Übermaß von Kennziffern verwässert ihre Bedeutung und erschwert die Benützung. Als Beispiele von TW-Kennziffern seien angeführt:

1. Die *Betriebskapazität* unter Mitberücksichtigung einer gesunden Lebensdauer des Horizontes (20 bis 30 Jahre) oder der Grube steht beim Projektieren eines Betriebes im Vordergrund, wobei wir bemüht sind, die Gleichmäßigkeit der Kapazität während der ganzen Lebensdauer, zumindest jedoch die von zwei Horizonten, festzulegen.

2. Die *Belastung* des ganzen Grubenfeldes mit den Tonnen der Tagesförderung, auch Tonnenhektar genannt, =

$$= \frac{\text{Tageskapazität des Betriebes in t}}{\text{Grubenfeldausdehunng in ha}} = \text{t/ha},$$

z. B. 2,1, 3,5, 9,8 t/ha. Diese Beziehung ist abhängig von der Lebensdauer des Horizontes, dem reinen relativen Kohlenvermögen, der Betriebskapazität und der Grubenfeldausdehnung.

In manchen kohlenreichen Staaten wird diese TWK in t/km^2 ausgedrückt.

3. Die *Belastung des Betriebsgrubenfeldes* (der produktiven Fläche) in Quadratmeter der Tagesförderung je ha ... m^2/ha[1], welche zur Kontrolle der Belastung mit t/ha benützt wird, damit das Grubenfeld nicht überlastet und ein harmonischer Abbau sichergestellt wird.

4. Die *Vorrichtungs-TWK,* d. s. die laufenden Meter an Vorrichtung, die auf 1000 t der Abbauförderung entfallen, z. B.: 5 m, 12 m, 19 m, 26 m/1000 t. In niedrigen Flözen ist sie höher, bei mächtigen kleiner.

[1] Auch Bergbauintensität genannt.

In einer tektonisch ruhigen Abbaufläche ist sie kleiner und in einer gestörten größer.

5. Die *Länge und Kapazität des Abbaues.* Die Länge ist z. B. bei der Steinkohle 100 oder 180 m, die Kapazität z. B. 450, 600, 750 t. Die optimale Länge soll 180 m sein (1955), die optimale Kapazität soll nie unter 600 t sinken und 750 t nicht übersteigen (1955). Die Einführung neuer Arbeitsmaschinen ermöglichte es, die Streblänge zu verlängern und die Kapazität beträchtlich über 1000 t zu erhöhen. Betriebsstörungen verursachen bei hohen Kapazitäten einen großen Förderausfall.

6. Die *Aufschluß-TWK,* d. s. die Querschlagslängen in laufenden Metern, auf 1000, 10000 oder 100000 t abbauwürdiger Vorräte entfallend. Bei größerem relativem Kohlenvermögen und bei größerer Grubenfeldausdehnung ist sie größer, bei kleinem reinem relativem Kohlenvermögen und kleinerer Fläche kleiner, z. B. 35 m/100000 t.

7. Der *Prozentsatz des Ausbringens*

$$\frac{\text{abbauwürdige Kohlenvorräte auf einer bestimmten Fläche}}{\text{Gesamtvorräte der Kohle auf der gleichen Fläche}} \cdot 100,$$

z. B. 91%.

8. Der *Prozentsatz an unterschrämter Kohle,* z. B. 87%.

9. Der *Prozentsatz an maschinell geladener Kohle,* z. B. 68%.

10. Die *Durchschnittsmächtigkeit der Flöze,* z. B. 1,65 m.

11. Die *ermittelten Prozente der Kohle aus der Vorrichtung* ..	6%
,, ,, ,, ,, ,, ,, *den Abbauen*	94%
Zusammen ...	100%

Dieses Verhältnis hat auf die Grubenleistung Einfluß.

12. Die *Leistung* pro Kopf und Schicht:

	Gewinnungs-	Abbau-	Gruben-	Gesamt- (Werks-) Leistung
z. B.	8,7 t	5,0 t	2,3 t	1,7 t

13. Die *angenommene Absenz,* z. B. 17%.

14. Die *Arbeitsproduktivität* pro Kopf der Stammbelegschaft im Jahr, z. B. 306 Arbeitstage und 17% Absenz $= \frac{306\,(100 - 17)}{100}$ multipliziert mit der Gesamtleistung 1,4 t, d. i. $254 \cdot 1{,}4 = 355{,}6$ t.

15. Der *Wert der Jahresproduktion auf einen Beschäftigten,* z. B. $355{,}6 \cdot 400$ We $= 142240$ We.

16. Der *(Brutto-) Wert der Jahresproduktion,* z. B. bei einer Kapazität von 1,5 Mio t und einem Wert je Tonne Kohle von 400 We = 600 Mio We.

17. *TWK-Ziffern des Materials:*

a) Verbrauch an Grubenholz in m^3/1000 t, z. B. 17 m^3/1000 t bis 26 m^3/1000 t.

b) Verbrauch an Stahlausbau in t/1000 t, z. B. 0,6 t/1000 t bis 3,6 t/1000 t.

c) Verbrauch an Schienen und Kleingeleisematerial auf 1000 t, z. B. 0,06 t/1000 t bis 1,4 t/1000 t.

d) Sprengstoffverbrauch nach der Gesteinsart, z. B. 0,9 kg/m³ in Schiefer oder 1,2 kg/m³ in Sandstein; 54 kg/1000 t bis 187 kg/1000 t.

e) Verbrauch an Zündern = Anzahl der Kapseln in Stück je Kilogramm Sprengstoff, z. B. $1^1/_2$ Stück/kg.

18. Der *Bedarf an Versatz* in Gewichtsprozenten zur täglichen Förderung, z. B. 30, 40, 72%. Aus der täglichen Förderung werden z. B. 35% versetzt; bei einer täglichen Kapazität von 5000 t sind das 1750 t Versatz, was bei einem spezifischen Gewicht des Versatzes von 1,6 zirka 1100 m³ Versatz pro Tag bedeutet.

19. Die *Wasserhaltung* ... m³ Wasser/t Kohle, z. B. 3 m³/t.

20. *Kennziffern der Wetterführung: A* = äquivalenter Grubenquerschnitt, z. B. 2,5 m²; m³ CH_4 pro Tag/t; m³ CH_4 pro Tag/ha; m³ CH_4 in der am stärksten belegten Schicht in der Grube; m³ Wetter/t Tagesförderung; kWh/t Tagesförderung für die Bewetterung; Ausdehnung des Wetterbereiches eines Wetterschachtes.

21. Die *Energiekennziffern:* Preßluftverbrauch, z. B. 272 m³/t oder 440 m³/t angesaugte Luft. Unter Voraussetzung eines guten Zustandes der Rohrleitungen ist dieser Bedarf bei niedrigen Flözen größer als bei mächtigen, bei flacher Lagerung größer als bei schräger oder steiler, beim Abbau mit Blasversatz höher als beim Bruchbau, bei Bandförderung höher als bei Gefäßförderung, bei gasreichen Gruben höher als bei Gruben mit geringer Gasentwicklung. Der Verbrauch an elektrischem Strom ist z. B. 10,5 kWh/t bis 68 kWh/t.

22. Die *Investitionsbelastung je Tonne Kohle* der abbauwürdigen Vorräte auf einem Horizont =

$$= \frac{\text{Investitionen}}{\text{abbauwürdige Vorräte}} = \frac{\text{Investitionen}}{\text{Lebensdauer} \cdot \text{Jahreskapazität}},$$

a) in kapitalistischer Ordnung:

$$\frac{K_k}{n \cdot P_j} = \frac{1 \text{ bis } 1{,}25\, P_j \cdot c}{n \cdot P_j} = 1 \text{ bis } 1{,}25 \frac{c}{n},$$

b) in sozialistischer Ordnung:

$$\frac{K_s}{n \cdot P_j} = \frac{n \cdot P_j \cdot \frac{1}{10} c}{n \cdot P_j} = \frac{c}{10}.$$

23. Die *Investitionsbelastung je Tonne* aus der *Jahresförderung* (Jahreskapazität) $= \frac{\text{Investitionen}}{\text{Jahreskapazität in t}}$,

a) in kapitalistischer Ordnung:

$$\frac{K_k}{P_j} = \frac{1 \text{ bis } 1{,}25\, P_j \cdot c}{P_j} = 1 \text{ bis } 1{,}25\, c,$$

b) in sozialistischer Ordnung:

$$\frac{K_s}{P_j} = \frac{n \cdot P_j \cdot \frac{1}{10} \cdot c}{P_j} = \frac{n}{10} \cdot c.$$

24. Als Kennziffern können auch die unterteilten *Gestehungskosten* je Tonne Kohle betrachtet werden, z. B.:

Löhne	62,0%
Material	9,9%
Energie	9,2%
Tilgung und Zinsen	9,9%
Erhaltung und Sonstiges	9,0%
	100,0%

oder die *Aufteilung der verfahrenen Schichten* nach den Arbeitsplätzen, z. B.:

a) Abbau	39%
b) Aufschluß und Ausrichtung	5%
c) Vorrichtung	13%
d) Förderung	21%
e) Erhaltung	22%
	100%

Hier muß der Projektant oder Betriebsmann daran denken, daß die Zahl der Abbauprozente möglichst hoch sein soll, die Prozente des Aufschlusses und der Vorrichtung angemessen, die Prozente der Förderung zweckmäßig und die Prozente der Erhaltung möglichst niedrig, vorausgesetzt, daß ein guter und sicherer Zustand des Grubengebäudes gewährleistet ist.

25. Besonders die *Förderung (*der *Transport)* hat viele Kennziffern, die sich auf die Investitionen, die Betriebskosten oder die Leistung beziehen, z. B.: 8,5 km Schienenweg, über den 91% der Förderung gehen und 6,5 km Bänder, auf denen 9% der Förderung laufen, oder das Gefäß- (Hunte-) Gewicht im Verhältnis zum Ladegewicht usw.

26. Die Kennziffern über die *Ausnützung von Lademaschinen, Abbauladern, Schrämmaschinen* usw.

Weitere Kennziffern beziehen sich z. B. auf den Füllortsausbruch in Kubikmeter Gestein, die auf 1 Mio t der Jahresförderung oder auf die abbauwürdigen Vorräte entfallen; oder auf den Ausbruch von Lokomotivremisen, wobei man auf eine Lokomotive ein gewisses Volumen in Kubikmeter rechnet; oder den Ausbruch für ein Sprengmittelmagazin, aber auch den Gesamtausbruch aller Querschläge und Gesenke im geplanten Horizont usw. Nach dem Ausbruch berechnet man den Verbrauch an Sprengstoff, Kapseln und Zündern, aber auch die Anzahl der Schichten und die Zeit, die man zur Ausführung braucht (Ausarbeitung des Zeitplanes) und so die dazugehörigen Investitionskosten auf 1 Mio t Jahresförderung oder auf die abbauwürdigen Vorräte am Horizont. Dies benützt man mit Erfolg in der UdSSR und in China, wo es viele Möglichkeiten gibt, Typenprojekte durchzuführen. In Ländern mit konservativem Bergbau ist diese Möglichkeit sehr beschränkt.

Weiters gibt es noch Kennziffern für verbaute Flächen oder Räume (Aufbereitungen, Wäschen, Bäder usw.) oder für Trink- und Nutzwasser oder auch Kennziffern, die angeben, wieviel an Belegschaft auf einen Ingenieur oder Steiger entfällt, auf einen Elektro- oder Maschinentechniker oder auf einen administrativen Beamten usw.

Statistisch festgestellte Daten, wie: Absenzen (Unfälle, Kranke, Urlauber, entschuldigte und unentschuldigte Schichten), ferner die Aufgliederung der Belegschaft z. B. auf:

Verheiratete	60%
Ledige	29%
Jugendliche	7%
Frauen	4%
	100%

sind ebenfalls wichtige Richtzahlen, die beim Projektieren benötigt werden.

Wie schon erwähnt, vergleicht man die für die projektierende Grube berechneten Kennziffern mit den bekannten TWK-Ziffern, die auf den im Betrieb befindlichen Gruben und bei ähnlichen Verhältnissen festgestellt wurden. Erhebliche Unterschiede sind wir bestrebt zu begründen oder zu erklären. Als Beispiel führen wir noch einige Kennziffern in der nachstehenden Tabelle an:

Betrieb	X	Y	Z	Konzern
Durchschnittliche Grubenleistung in t (netto)	1,902	2,148	1,823	1,888
Gesamtleistung (Werksleistung) in t	1,496	1,742	1,441	1,482
Jährliche Absenzen in %	18,66	15,6	16,5	16,75
Jahresproduktivität je Arbeiter in t	405,8	487,8	596,4	408,7
Holzverbrauch auf 100 t in m³ ...	3,04	2,6	3,17	2,9
kWh/t	42,6	41,8	41,4	41,9
m³/t Niederdruckluft (Ansaugluft)..	486	502	436	475
m³/t Hochdruckluft	3,98	3,20	3,55	3,65
Verhältnis der technischen und administrativen Beamten zur Gesamtbelegschaft in %	7,65	8,0	8,08	8,12

Anhang

I. Zeitanalyse eines Aufzuges mit Kohle und Mannschaft bei einer Tiefe von 500 und 1000 m

A. *Bei Kohlenförderung mit vieretagigen Förderschalen*

Maximale Fördergeschwindigkeit .... $v = 14$ m/sek

Beschleunigung = Verzögerung .... $a = 1$ m/sek²

Beschleunigungsweg = Verzögerungsweg .... $s = \frac{1}{2} a \, . \, t^2$

Geschwindigkeit .... $v = a \cdot t$

Beschleunigungszeit = Verzögerungszeit .... $t = \frac{v}{a} = \frac{14}{1} = 14$ sek

Beschleunigungsweg = Verzögerungsweg .... $s = \frac{1}{2} a \cdot t^2 = \frac{1}{2} \cdot 1 \cdot 14^2 = \frac{196}{2} = 98$ m

Beschleunigungsweg und Verzögerungsweg: 98 + 98 = 196 m.

Der Weg gleichmäßiger Geschwindigkeit bei einer Tiefe von

a) 500 m ist 500 — 196 = 304 m,

b) 1000 m ist 1000 — 196 = 804 m.

Die Zeit gleichmäßiger Geschwindigkeit bei einer Tiefe von

a) 500 m ist 304 : 14 = 21,7 sek $\doteq$ 22 sek,

b) 1000 m ist 804 : 14 = 57,43 sek $\doteq$ 58 sek.

Die Zeit für einen Aufzug:

	bei einer Tiefe von 500 m	bei einer Tiefe von 1000 m
Beschleunigungszeit	14 sek	14 sek
Zeit gleichmäßiger Geschwindigkeit	22 sek	58 sek
Verzögerungszeit	14 sek	14 sek
	50 sek	86 sek $\doteq$ 89 sek

Die mittlere Geschwindigkeit ist daher	500 : 50 = 10 m/sek	1000 : 89 = 11,23 m/sek
Zeit für das Ein- und Ausstoßen:		
das Anschlagen der 1. und 2. Etage	8 sek	8 sek
Umsetzen	5 sek	5 sek
das Anschlagen der 3. und 4. Etage	8 sek	8 sek
	21 sek	21 sek
dazu kommt die Zeit des Aufzuges	50 sek	89 sek
insgesamt	71 sek	110 sek

Die Anzahl der Aufzüge bei einer vieretagigen Förderschale in einer Stunde bei einer Tiefe von 500 m ist $\frac{3600}{71} = 50$ Aufzüge/Stunde, die Stundenleistung einer Fördermaschine $50 \cdot 8 = 400$ Wagen. Bei einer Tiefe von 1000 m erhalten wir $\frac{3600}{110} = 32$ Aufzüge/Stunde und als Stundenleistung einer Fördermaschine $32 \cdot 8 = 256$ Wagen.

B. *Bei zweitrümmigem Skip mit einer Last von 10 und 12 Tonnen*

Nehmen wir ebenfalls eine maximale Geschwindigkeit von 14 m/sek, die Beschleunigung und Verzögerung mit 1 m/sek² und die Fülldauer mit 15 sek an. Die Geschwindigkeitsverhältnisse sind die gleichen wie bei Förderkörben.

	Bei einer Tiefe von 500 m	bei einer Tiefe von 1000 m
Zeit für den Aufzug	50 sek	89 sek
Füllen und Entleeren	15 sek	15 sek
insgesamt	65 sek	104 sek ≐ 105 sek

Anzahl der Aufzüge in der Stunde:

	bei einer Tiefe von 500 m	bei einer Tiefe von 1000 m
Kapazität pro Stunde	$\frac{3600}{65} = 55$ Aufzüge	$\frac{3600}{105} = 34$ Aufzüge
bei 10-Tonnenlast	550 t/h	340 t/h
bei 12-Tonnenlast	660 t/h	408 t/h

Bei eintrümmigem Skip mit einer Last von 8 t

Nehmen wir ebenfalls eine maximale Geschwindigkeit von 14 m/sek, die Beschleunigung und Verzögerung mit 1 m/sek² und das Füllen mit 15 sek an, so ist die Zeit für 1 Aufzug:

	bei einer Tiefe von 500 m	bei einer Tiefe von 1000 m
Füllen	15 sek	15 sek
Aufzug	50 sek	89 sek
Entleeren	15 sek	15 sek
Herunterlassen	50 sek	89 sek
insgesamt	130 sek	208 sek

Die Anzahl der Aufzüge in der Stunde:

	bei einer Tiefe von 500 m	bei einer Tiefe von 1000 m
Stundenleistung...	3600 : 130 = 27 Aufzüge	3600 : 208 = 17 Aufzüge
bei 8-Tonnenladung	216 t/h	136 t/h

C. *Bei der Seilfahrt*

Fördergeschwindigkeit .... $v = 12$ m/sek
Beschleunigung = Verzögerung .... $a = 0{,}8$ m/sek²
Beschleunigungsweg = Verzögerungsweg ..... $s = \frac{1}{2}\, a \cdot t^2$
Geschwindigkeit........................ $v = a \cdot t$
Beschleunigungszeit = Verzögerungszeit...... $t = \frac{v}{a} = \frac{12}{0{,}8} = 15$ sek
Beschleunigungsweg = Verzögerungsweg

$$s = \frac{1}{2} \cdot a \cdot t^2 = \frac{1}{2} \cdot 0{,}8 \cdot 15^2 = 0{,}4 \cdot 225 = 90 \text{ m.}$$

Beschleunigungs- und Verzögerungsweg: 90 + 90 = 180 m.
Der Weg gleichmäßiger Geschwindigkeit bei einer Tiefe von

a) 500 m ist 500 — 180 = 320 m,
b) 1000 m ist 1000 — 180 = 820 m.

Die Zeit gleichmäßiger Geschwindigkeit bei einer Tiefe von

a) 500 m ist 320 : 12 = 27 sek,
b) 1000 m ist 820 : 12 = 69 sek.

Die Zeit eines Aufzuges:

	bei einer Tiefe von 500 m	bei einer Tiefe von 1000 m
Beschleunigung	15 sek	15 sek
gleichmäßige Fahrt........	27 sek	69 sek
Verzögerung	15 sek	15 sek
	57 sek	99 sek ≐ 100 sek

Die mittlere Geschwindigkeit ist:

500 : 57 = 8,77 m/sek   1000 : 100 = 10 m/sek

Gesamtfahrzeit für einen Aufzug:

Fahrzeit..........	57 sek	100 sek
Ein- und Aussteigen	60 sek	60 sek
	117 sek ≐ 2 min	160 sek ≐ 2 min 40 sek

Anzahl der Aufzüge, wenn die Zeit für die Ein- und Ausfahrt 16 min beträgt:

bei einer Tiefe von 500 m   bei einer Tiefe von 1000 m

$$\frac{16 \text{ min}}{2 \text{ min}} = 8 \text{ Aufzüge} \qquad \frac{960 \text{ sek}}{160 \text{ sek}} = 6 \text{ Aufzüge.}$$

Bei einer Besetzung der Förderschale mit .... 4 × 13 = 52 Mann
werden in der gleichen Zeit bei einer Tiefe von
500 m .... 8 × 52 = 416 Mann,
bei 1000 m Tiefe .... 6 × 52 = 312 Mann
befördert.
Bei einer Förderkorbbesetzung von .... 4 × 20 = 80 Mann
werden bei einer Tiefe von 500 m .... 8 × 80 = 640 Mann
und bei einer Tiefe von 1000 m .... 6 × 80 = 480 Mann

befördert. Diese Berechnung bezieht sich nur auf eine Fördereinrichtung.

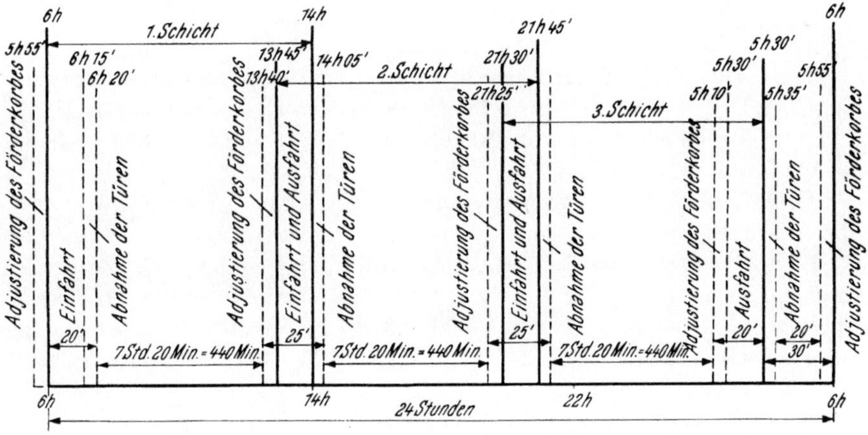

Abb. 46. Schema der Ein- und Ausfahrt für die Zeitanalyse der Mannsfahrt und der Kohlenförderung

Bei einer Tiefe von 500 m und bei einer Besetzung der Förderschale mit 52 Mann können im Laufe von 24 Stunden in der Grube 416 + 416 + 208 = 1040 Mann und bei einer Förderschalenbesetzung von 80 Mann 640 + 640 + 320 = 1600 Mann angelegt werden.

Bei einer Tiefe von 1000 m und bei einer Förderschalenbesetzung von 52 Mann können in 24 Stunden 312 + 312 + 156 = 780 Mann und bei einer Schalenbesetzung von 80 Mann 480 + 480 + 240 = 1200 Mann in der Grube tätig sein.

Wir sehen, wie wichtig es ist, einen vollkommen lotrechten Förderschacht zu erhalten, damit wir wenigstens für die Mannsfahrt zur Erhaltung der produktiven Arbeitszeit die maximale Geschwindigkeit anwenden können.

Wird ein Fördertag in Schichten eingeteilt, wie Abb. 46 es zeigt, verbleiben für jede Schicht 440 Minuten an reiner Förderzeit. Es soll der Grundsatz eingehalten werden, daß die Nachtschicht der Erhaltung des Schachtes und der Fördereinrichtungen reserviert bleibt. In der ersten und zweiten Schicht verbleiben 440 + 440 = 880 Minuten für die Förderzeit, in welcher außerdem noch eingelassen werden sollen:

a) etwa 72 m^3 Holz = 72 Holzwagen, d. s. 72 : 4 = 18 Förderaufzüge,
b) 5 außerordentliche Mannsfahrten,
c) 5 außerordentliche Materialfahrten, so daß bei

	einer Tiefe von 500 m		einer Tiefe von 1000 m
a)	18 · 50 sek = 900 sek		18 · 89 = 1602 sek = 26,7 ≐ 27 min
b)	5 · 57 sek = 285 sek		5 · 100 = 500 sek
c)	5 · 50 sek = 250 sek		5 · 89 = 445 sek
	1435 sek = 24 min		2547 sek = 43 min dafür

ausfallen.

Diese Zeit müssen wir von 880 Minuten abziehen und erhalten dann bei einer Tiefe von 500 m eine reine Förderzeit von 880 — 24 = 856 Minuten und bei einer Tiefe von 1000 m eine Förderzeit von 880 — 43 = = 837 Minuten.

Hier müssen wir mit dem Ungleichheitsfaktor nach Schewiakow mit 1,25 rechnen, so daß sich folgende reine Förderzeit ergibt: Bei einer Tiefe von 500 m 856 : 1,25 = 685 min = 11,41 Stunden, die Zahl der Aufzüge ist dann 11,41 · 50, d. s. 570 Aufzüge, was 570 · 8 = 4560 Wagen entspricht. Bei einer Tiefe von 1000 m 837 : 1,25 = 670 = 11,16 Stunden, die Zahl der Aufzüge ist dann 11,16 · 32, d. s. 357 Aufzüge, was 357 · 8 = = 2856 Wagen entspricht.

Beide Fälle gelten für eine Fördereinrichtung in zwei Schichten in 24 Stunden.

Mit dieser Berechnung wollen wir nur andeuten, wie sorgfältig bei der Berechnung der Schachtkapazität vorgegangen werden muß, denn auf die Kapazität haben auch die Berge, die ausgefördert werden müssen, und der Versatz, der von obertags in die Grube eingebracht wird, Einfluß.

Bei zwei Fördereinrichtungen erhalten wir eine Kapazität bei einer Tiefe von 500 m: 4560 Hunte × 2 = 9120 Hunte; bei einem Hunteinhalt von z. B. 0,8 t sind das 9120 · 0,8 t = 7296 Bruttotonnen, d. s. 7296 · 0,85 = 6202 Nettotonnen (gewaschene) Absatzkohle (Verkaufskohle).

Bei einer Tiefe von 1000 m: 2856 Hunte × 2 = 5712 Hunte mit einem Ladegewicht von z. B. 1 Tonne = 5712 Bruttotonnen, d. s. 5712 × 0,85 = 4855 Nettotonnen (gewaschene) Absatzkohle.

Bei dieser Gelegenheit sei noch darauf aufmerksam gemacht, daß es aus wirtschaftlichen Gründen wichtig ist, mit nur einem Förderschacht mit zwei leistungsfähigen Fördereinrichtungen auszukommen. Deren Leistungsfähigkeit wird erreicht und garantiert:

1. durch einen vollständig lotrechten Schacht, damit nach Möglichkeit die höchst zulässige Fördergeschwindigkeit eingehalten wird,

2. durch das Verbleiben des aus dem Aufschluß und der Vorrichtung und den Nachnahmearbeiten gewonnenen tauben Gesteines in der Grube, damit die auszufördernden Berge die Schachtkapazität nicht verkleinern,

3. durch das Herablassen des notwendigen Versatzmaterials durch Fallrohre statt mit Hunten im Förderkorb,

4. durch entsprechend großen Inhalt und günstige Form der Grubenhunte,

5. durch eine hohe Grubenleistung, damit die Mannsfahrt möglichst kurz und die produktive Arbeitszeit möglichst lang ist, was selbstverständlich das Hauptinteresse des Betriebes an und für sich ist.

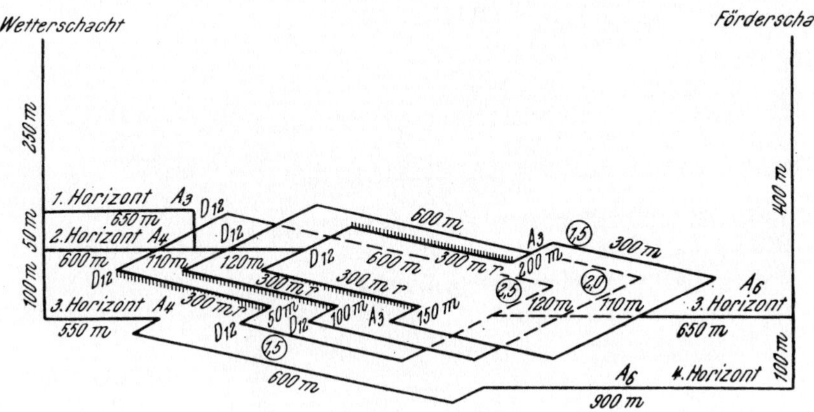

Abb. 47. Bereich eines Wetterschachtes

Das erklärt uns auch, daß der Betriebstypus um 7000 t bei größerem relativem Kohlenvermögen und kleinerer Tiefe und um 5000 t bei kleinerem relativem Kohlenvermögen und größerer Tiefe zu den verbreitetsten Typen neuer oder rekonstruierter Betriebe gehört.

II. Berechnung eines Wetternetzes

Wir wollen die Möglichkeit der Bewetterung im Bereiche eines Wetterschachtes mit einer Grubenfeldausdehnung von etwa 300 ha überlegen, wo folgende Flöze vorhanden sind:

I mit einer Mächtigkeit von 1,5 m,
II mit einer Mächtigkeit von 2,00 m,
III mit einer Mächtigkeit von 2,50 m.

Die Querschläge sind in Normalprofilen A_3, A_4, A_5, A_6 durchgeführt, die Hauptstrecke in A_3, andere in D_{12} (nach den Normen des Ostrau-Karwiner Reviers). Die Durchhiebe sind 3,2 m breit. Der Förderschacht hat einen Durchmesser $d = 7,5$ m, der Wetterschacht von $d = 6$ m. Die Wettermenge nehmen wir mit $Q = 7200 \text{ m}^3/\text{min}$ an. Die übrigen Angaben sind in Abb. 47 angeführt. Vor allem bestimmen wir in jedem Flöz die zugehörigen Widerstände:

I. Flöz (M = 1,5 m): Wetterwiderstand auf der Ostseite $R_{o\mathrm{I}} = 0{,}3270$, Wetterwiderstand auf der Westseite $R_{w\mathrm{I}} = 0{,}32884$, zusammen $R_{\mathrm{I}} = 0{,}081$.

II. Flöz (M = 2,0 m): Widerstand auf der Ostseite $R_{o\mathrm{II}} = 0{,}11706$, Widerstand auf der Westseite $R_{w\mathrm{II}} = 0{,}19262$, zusammen $R_{\mathrm{II}} = 0{,}0368$.

III. Flöz (M = 2,5 m): Widerstand auf der Ostseite $R_{o\mathrm{III}} = 0{,}05214$, Widerstand auf der Westseite $R_{w\mathrm{III}} = 0{,}10052$, zusammen $R_{\mathrm{III}} = 0{,}175$.

Der Querschlag auf dem III. Horizont:

$A_6 = 0{,}00507$,
$A_5 = 0{,}0011275$,
$A_4 = 0{,}001596$.

Der Querschlag auf dem IV. Horizont: $A_6 = 0{,}00702$.

Der Durchhieb zwischen dem IV. und dem III. Horizont =	0,108
der Wetterquerschlag auf dem I. Horizont A_3	0,01274
der Stapelschacht-Durchmesser 2,75 m	0,00185
der Wetterquerschlag auf dem II. Horizont A_4	0,00798
	0,000731
	0,001596
der Einziehquerschlag auf dem III. Horizont A_4	0,007315
der Förderschacht bis zum III. Horizont	0,0002
der Förderschacht zwischen III. und IV. Horizont	0,0000496
der Wetterschacht bis zum I. Horizont	0,000365
der Wetterschacht zwischen dem I. und II. Horizont	0,000073
der Wetterschacht zwischen dem II. und III. Horizont	0,000146

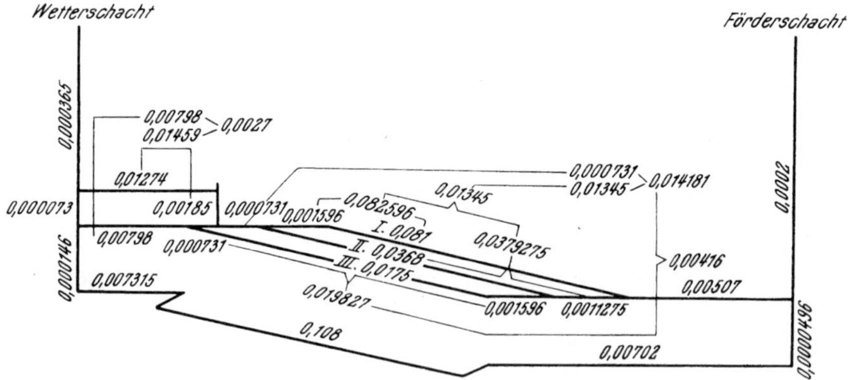

Abb. 48. Verteilung der Widerstände

Vor dem Zusammenzählen der parallelen Wetterströme müssen wir noch die zuständigen Serienwiderstände der einzelnen Wetterströme zusammenzählen.

I. Flöz: 0,081 + 0,001596 = 0,082596,
II. Flöz: 0,0368 + 0,0011275 = 0,0379275,
III. Flöz: 0,0175 + 0,001596 + 0,000731 = = 0,019827.

Der Widerstand über einen Wetteraufbruch (Schacht) ist:

$$0{,}01274 + 0{,}00185 = 0{,}01459.$$

Nun zählen wir die Widerstände der parallelen Ströme der Flöze I und II nach der Gleichung

$$\frac{1}{\sqrt{R}} = \frac{1}{\sqrt{R_1}} + \frac{1}{\sqrt{R_2}}$$

zusammen und analog nacheinander

R der Flöze I und II = 0,01345 + + 0,000731 = 0,014181,
R der Flöze I und II und III = 0,00416,
R des I. und II. Horizontes = 0,0027.

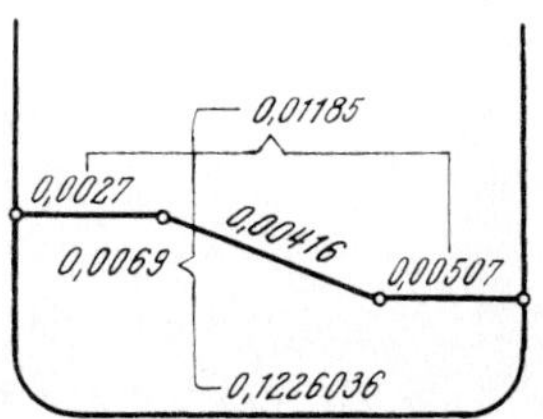

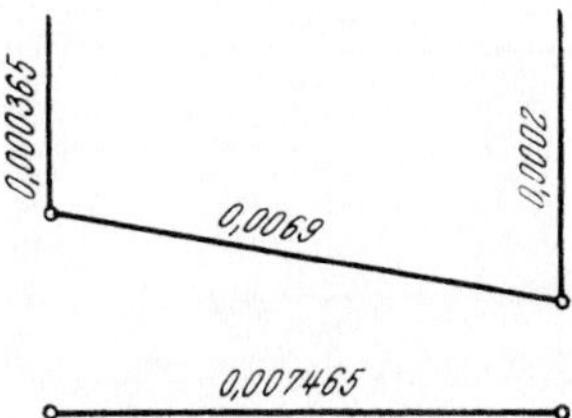

Abb. 49. Summierung der Widerstände

Die Teilwiderstände sind in Abb. 48 eingetragen, die zusammengezählten Widerstände in Abb. 49 und 50; damit ist der Gesamtwiderstand des ganzen Gebietes des Wetterschachtes:

$$\begin{aligned} R_s = {} & 0{,}0002 \\ & + 0{,}0069 \\ & + 0{,}000365 \\ \hline & 0{,}007465 \end{aligned}$$

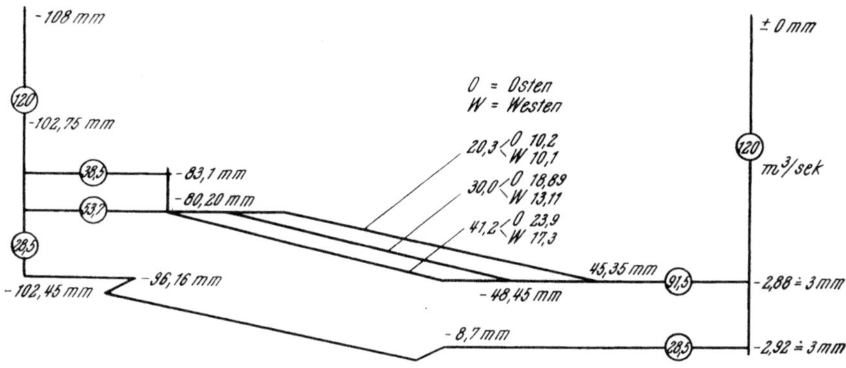

Abb. 50. Verteilung der Depression und der Wetterströme

Nehmen wir eine Wettermenge von 7200 m^3/min an, d. s. 120 m^3/sek, so ist die gesamte Depression $h = R \cdot Q^2 = 0{,}007465 \cdot 14400 = 107{,}496 =$ $= 108$ mm Wassersäule, der äquivalente Grubenquerschnitt demnach

$$A = \frac{0{,}38}{\sqrt{0{,}007465}} = \frac{0{,}38}{0{,}0865} = 4{,}40 \text{ m}^2.$$

Die Verteilung der Wetterströme und der Depression

Depression beim Eintritt auf den III. Horizont:
$h = R \cdot Q^2 = 0{,}0002 \cdot 14400 = 2{,}88 \doteq 3{,}0$ mm WS.
Depression auf dem I. Horizont des Wetterschachtes:
$h = 0{,}000365 \cdot 14400 = 5{,}256$ mm WS

und absolut 107,496 mm WS
— 5,256 mm WS

102,240 mm $\doteq$ 102,25 mm WS

Wettermenge auf dem III. und IV. Horizont: 102,24 mm WS
Unterschied der Depression zwischen den Knoten — 2,88 mm WS

99,36 mm WS

auf dem IV. Horizont:

$$Q_4 = \sqrt{\frac{h}{R_4}} = \sqrt{\frac{99{,}36}{0{,}122606}} = \sqrt{810} = 28{,}5 \text{ m}^3/\text{sek},$$

auf dem III. Horizont:

$$Q_3 = \sqrt{\frac{h}{R_3}} = \sqrt{\frac{99{,}36}{0{,}01185}} = \sqrt{8380} = 91{,}5 \text{ m}^3/\text{sek}.$$

Die Verteilung der Wetterströme nach den Flözen

Depression beim Eintritt in das I. Flöz:

$$h = R \cdot Q_3^2 = 0{,}00507 \cdot 8380 = 42{,}446 \doteq 42{,}5 \text{ mm WS},$$

absolut $2{,}88 + 42{,}466 = 45{,}346 \doteq 45{,}35$ mm WS.

Depression unter dem Aufbruch (Schacht), relativer Unterschied zwischen den Flözen

$$h = 0{,}00416 \cdot 8380 = 34{,}83 \text{ mm WS},$$

absolut $34{,}83 + 45{,}35 = 80{,}18 \doteq 80{,}20$ mm WS.

Die Depression beim Wetterschacht

$$h = 0{,}0027 \cdot 8380 = 22{,}60 \text{ mm WS},$$

absolut $22{,}60 + 80{,}18 = 102{,}78$ mm WS,
vom Wetterschacht gerechnet 102,25 mm WS.

Die Wettermengen, die das II. und III. Flöz durchströmen:

$$Q_{I} = \sqrt{\frac{h}{R_1}} = \sqrt{\frac{34,83}{0,082596}} = \sqrt{420} = 20,4 \text{ m}^3/\text{sek}$$

$$Q_{II} = \sqrt{\frac{34,83}{0,037927}} = \sqrt{920} = \ldots\ldots\; 30,2 \text{ m}^3/\text{sek}$$

$$Q_{III} = \sqrt{\frac{34,83}{0,019827}} = \sqrt{1740} = \ldots\ldots\; 41,7 \text{ m}^3/\text{sek}$$

insgesamt ... 92,3 m³/sek

gegenüber der ursprünglichen Berechnung ..... 91,5 m³/sek

Unterschied ... 0,8 m³/sek, d. s. 0,88%

Der Unterschied entstand infolge der Berechnung mit Hilfe des log. Rechenschiebers, mit welchem sämtliche Berechnungen gemacht wurden. Bei Benützung einer Rechenmaschine entstehen fast keine Unterschiede.

Die Wettermengen, die durch den Aufbruch (Stapelschacht) zum

I. Horizont strömen: $Q_4 = \sqrt{\frac{22,60}{0,01454}} = \sqrt{1554} = \ldots\ldots 39,4 \text{ m}^3/\text{sek}$

und die des II. Horizonts $Q_5 = \sqrt{\frac{22,60}{0,00798}} = \sqrt{2840} = 53,2 \text{ m}^3/\text{sek}$

ergeben zusammen 92,6 m³/sek

gegenüber ursprünglich 91,5 m³/sek

Gleichen wir wenigstens annähernd die Wettermengen aus, welche durch die Flöze ziehen, so strömen:

im	I. Flöz	20,4 m³/sek	anstatt	20,3 m³/sek
,,	II. ,,	30,2 m³/sek	,,	30,0 m³/sek
,,	III. ,,	41,7 m³/sek	,,	41,2 m³/sek
zusammen		92,3 m³/sek	anstatt	91,5 m³/sek

An der Berechnung des II. Flözes zeigen wir, wie sich die Wetter teilen. Die Summe der Wettermengen ist 30 m³/sek. Wir haben angeführt, daß der Widerstand des östlichen Abschnittes 0,11706, der des westlichen Teiles 0,19262, der Widerstand beider parallelen Ströme $R_s = 0,0368$ ist.

Die Ströme teilen sich:

$$Q_o : Q_w = \frac{1}{\sqrt{R_o}} : \frac{1}{\sqrt{R_w}}.$$

Gelöst durch die freie arithmetische Verbindung ergibt dies:

$$(Q_o + Q_w) : \left(\frac{1}{\sqrt{R_o}} + \frac{1}{\sqrt{R_w}}\right) = Q_o : \frac{1}{\sqrt{R_o}},$$

$$Q : \frac{1}{\sqrt{R_s}} = Q_o : \frac{1}{\sqrt{R_o}},$$

$$Q_o = Q \cdot \sqrt{\frac{R_s}{R_o}} = 30 \cdot \sqrt{\frac{0{,}0368}{0{,}11706}} = 30 \cdot \sqrt{0{,}316} =$$
$$= 30 \cdot 0{,}563 = 16{,}89 \text{ m}^3/\text{sek},$$

$$Q_w = Q \sqrt{\frac{R_s}{R_w}} = 30 \cdot \sqrt{\frac{0{,}0368}{0{,}19262}} = 13{,}11 \text{ m}^3/\text{sek}.$$

Die Verteilung der Wetter im I. Flöz gibt in der Richtung nach Osten 10,2 m^3/sek, gegen Westen 10,1 m^3/sek, im III. Flöz gegen Osten 23,9 m^3/sek, gegen Westen 17,3 m^3/sek.

Wollen wir dieses Beispiel sowohl im betrieblichen Sinne als auch was die Berechnung betrifft, auswerten, müssen wir sagen, daß alle angeführten drei Flöze mit einer Gesamtmächtigkeit von 6 Metern (also eine bedeutende relative spezifische Kohlenhältigkeit von 6%) in ihren Abbauen wie auch die gewählten Profile in den Querschlägen und Strecken einen großen äquivalenten Grubenquerschnitt von 4,40 m^2 ergeben.

III. Berechnung eines Wetternetzes und eines Wetterbereiches

Es ist die Größe des Ventilators für den größten Wetterbereich eines Betriebes mit einer Ausdehnung von zirka 600 ha bei zwei Einziehschächten und drei Wetterschächten zu bestimmen. Die Daten sind in der Tabelle und in der Abb. 51 angeführt. Nach dem Entwicklungsplan wurde festgestellt bzw. ermittelt:

1. Der vorliegende Wetterbereich hat eine Ausdehnung von 250 ha, der Wetterschacht liegt zentral,

2. die Bruttoförderung des Betriebes beträgt 5720 t, d. s. 5000 t reiner Förderung, die nur aus der Vor- und Nachmittagsschicht kommen,

3. in der Grube werden täglich 1752 Schichten verfahren, die auf 700 + 700 + 352 Schichten aufgeteilt sind,

4. die ersten zwei Flöze, die abgebaut werden sollen, haben eine Mächtigkeit von 1,5 m, ein weiteres Flöz hat eine Mächtigkeit von 2 m,

5. es wurde festgestellt, daß auf dem vorhergehenden Horizont durchschnittlich 8 m^3 CH_4/t Förderung in 24 Stunden angefallen sind, auf dem neuen Horizont werden 12 m^3 CH_4/t pro 24 Stunden erwartet,

6. die Höhe des Horizontes ist 110 m.

Die Bruttoförderung in zwei Schichten und in allen drei Wetterbereichen beträgt 5720 t, d. s. auf einen Wetterbereich 5720 : 3 = = 1907 t ≐ 2000 t.

In der Bruttoförderung von 5720 t befinden sich 288 t aus der Vorrichtung und 5432 t aus 12 Abbauen, so daß aus einem Abbau 450 t Bruttoförderung anfallen, was bei einer Leistung von 8,7 t/Kopf 52 Mann in einem Abbau entspricht. Die Gasentwicklung CH_4 in 24 Stunden in einem Wetterbereich ist $2000 \cdot 12\ m^3 = 24000\ m^3$ CH_4, d. s. in der Stunde $1000\ m^3$ CH_4 und je Minute $1000 : 60 = 17\ m^3$ CH_4.

Tafel der Daten und Werte

Grubenbau	Wirkl. Querschnitt m^2	F nützlicher Querschnitt m^2	F^3	Umfang U m	Reibungskoeffizient	R_{100}	R_{500} R_{400}
Förderschacht I	20,5	16,4	4400	20	0,0009	0,00041	$R_{500} = 0,00205$
Förderschacht II	30,1	24,8	15200	20	0,0009	0,000118	$R_{500} = 0,00059$
Wetterschacht 1	—	10,78	1240	12,6	0,0009	0,000915	$R_{400} = 0,00546$
Wetterschacht 2	—	13,10	2250	14,5	0,0009	0,000563	$R_{400} = 0,002252$
Wetterschacht 3	—	16,41	4400	17,0	0,0009	0,000348	$R_{400} = 0,0014$
A_2	6,6	—	—	—	0,001	0,00356	$R_{400} = 0,01424$ $R_{500} = 0,01780$ $R_{1000} = 0,0356$
A_3	8,9	—	—	—	0,001	0,00171	
A_4	11,0	—	—	—	0,001	0,00105	$R_{1500} = 0,01575$ $R_{600} = 0,0063$
A_5	12,25	—	—	—	0,001	0,00082	$R_{1500} = 0,01230$

Wenn wir diese Menge auf 0,75% CH_4 im Hals des Ventilators verdünnen wollen, brauchen wir folgende Wettermenge:

$$Q = \frac{17}{0,75} \cdot 100 = \frac{170000}{75} = 2270\ m^3/min \doteq 2400\ m^3, \quad \text{d. s.} \quad 40\ m^3/sek.$$

Eine Kontrolle nach der Belegschaftszahl in der am stärksten belegten Schicht ergibt:

Auf ein Wettergebiet fallen $700 : 3 = 234$ Mann. Pro Kopf brauchen wir in der höheren Gefahrenklasse $7\ m^3$/Kopf und Minute, d. s. $234 \cdot 7 = 1638\ m^3/min$. Wegen der Gasentwicklung müssen wir jedoch $2400\ m^3/min$ haben, so daß pro Kopf und Minute $2400 : 234 = 10,3\ m^3/min$ entfallen, d. s. um $\frac{3,33}{7} \cdot 100 = \frac{333}{7} = 47,5\%$ mehr als die Vorschriften verlangen. Die Depression für die Menge $Q = 40\ m^3/sek$ ist:

1. bei einem äquivalenten Grubenquerschnitt von $3\ m^2$:

$$3 = 0,38 \frac{Q}{\sqrt{h}} = 0,38 \frac{40}{\sqrt{h}},$$

$$\sqrt{h} = 0,38 \frac{40}{3} = 5,07,$$

$$h = 5,07^2 = 26 \text{ mm WS},$$

2. bei einem äquivalenten Grubenquerschnitt von 2,5 m²:

$$2{,}5 = 0{,}38 \frac{40}{\sqrt{h}},$$

$$\sqrt{h} = 0{,}38 \frac{40}{2{,}5} = 6{,}08,$$

$$h = 6{,}08^2 = 37 \text{ mm WS},$$

3. bei einem äquivalenten Grubenquerschnitt von 2,0 m²:

$$2 = 0{,}38 \frac{40}{\sqrt{h}},$$

$$\sqrt{h} = 0{,}38 \frac{40}{2} = 7{,}6,$$

$$h = 7{,}6^2 = 58 \text{ mm WS}.$$

4. Wenn wir mit Rücksicht auf den Wetterstrom eine maximale Depression von $h = 100$ mm annehmen, so müßte der äquivalente Grubenquerschnitt sein:

$$A = 0{,}38 \frac{40}{\sqrt{100}} = 0{,}38 \cdot 4 = 1{,}52 \text{ m}^2.$$

Die Einziehwetter

strömen durch beide Förderschächte parallel bis zum Horizont X, d. i. 500 m tief, mit einer Gesamtmenge von $3 \cdot 40 = 120$ m³/sek, d. h. sie werden aufgeteilt:

$$\frac{1}{\sqrt{R}} = \frac{1}{\sqrt{R_I}} + \frac{1}{\sqrt{R_{II}}} = \frac{1}{\sqrt{0{,}00205}} + \frac{1}{\sqrt{0{,}00059}} = 22{,}05 + 41{,}2 = 63{,}25$$

$$\sqrt{R} = \frac{1}{63{,}25},$$

$$R = \left(\frac{1}{63{,}25}\right)^2 = 0{,}0158^2 = 0{,}00025.$$

h im Füllort des Horizontes X =

$$= 0{,}00025 \cdot 120^2 = 0{,}00025 \cdot 14400 = 3{,}6 \text{ mm WS}.$$

Welche Wettermengen strömen durch den Schacht I und II?

Schacht I .... $Q_{\text{I}} = \sqrt{\frac{h}{R_{\text{I}}}} = \sqrt{\frac{3{,}6}{0{,}00205}} = \sqrt{1760} = 41{,}9$ m³/sek

Schacht II ... $Q_{\text{II}} = \sqrt{\frac{h}{R_{\text{II}}}} = \sqrt{\frac{3{,}6}{0{,}00059}} = \sqrt{6100} = 78{,}1$ m³/sek

Summe 120,0 m³/sek

Wettergeschwindigkeit im Schacht I 41,9 : 16,4 = 2,55 m/sek,

" " " II 78,10 : 24,8 = 3,15 m/sek.

Die Ausziehschächte

Durch jeden Wetterschacht sollen 40 m³/sek ausziehen.

Ausziehschacht I:

$$h_1 = R \cdot Q_1^2 = 0{,}00546 \cdot 40^2 = 8{,}73 \text{ mm} \doteq 9 \text{ mm WS.}$$

Wettergeschwindigkeit: 40 : 10,78 = 3,71 m/sek.

Ausziehschacht II: $h_2 = 0{,}002253 \cdot 40^2 = 3{,}6 \text{ mm} \doteq 4 \text{ mm WS.}$

Wettergeschwindigkeit: 40 : 13,10 = 3,05 m/sek.

Ausziehschacht III: $h_3 = 0{,}0014 \cdot 40^2 = 2{,}24 \text{ mm} \doteq 3 \text{ mm WS.}$

Wettergeschwindigkeit: 40 : 16,41 = 2,43 m/sek.

Ist der größte Wetterbereich 250 ha = 2500000 m² groß und die größte Länge des Aufschlußquerschlages 1500 m, inmitten des Grubenfeldes gelegen, dann ist die Breite des Grubenfeldes 2500000 : 1500 = = 1660 m, ein halbes Feld 830 m. Die flache Länge bei einer Flözneigung von 10 cm/m ist 10000 : 10 = 1000 m.

Ein Wetterbereich hat 4 Strebe, von denen in der Frühschicht zwei mit 635 : 12 = 52 Mann belegt sind, d. s. 104 Mann, in der

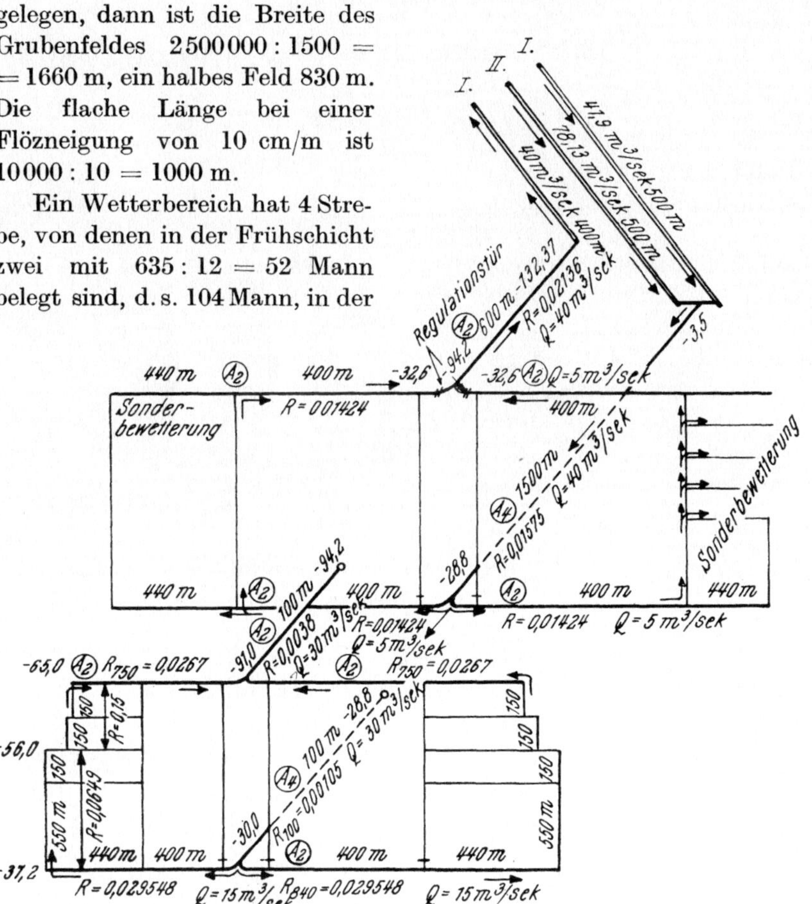

Abb. 51. Verteilung des Depressionsgefälles im Wetterbereich

Nachmittagsschicht dasselbe, aber im anderen Flügel. In der Frühschicht wird in maximal zwei Abbauen im Gegenflügel mit 23 Mann versetzt.

Die größte Belegung pro Schicht ist 104 Mann, welche pro Mann 7 m^3/min, also 728 m^3/min oder 12,1 m^3/sek brauchen.

Nach § 15, Punkt 402, des Erlasses der tschechoslowakischen Bergbehörde sind bei einer Belegung bis zu 110 Mann in einem selbständigen Wetterstrom 770 m^3/min, d. s. 12,8 m^3/sek notwendig.

Wir haben die Möglichkeit, in jeden Flözflügel 15 m^3/sek zu leiten, d. i. für beide Flügel 30 m^3/sek, so daß wir für die Vorrichtung des Unterflözes 10 m^3/sek erübrigen, also für jeden Flügel 5 m^3/sek. Auf dem Horizont *X* beabsichtigen wir vorzutreiben: einen Querschlag im Profil A_4 (lichter Querschnitt 11 m^2), eine Vorrichtung im Profil A_2 (lichter Querschnitt 6,6 m^2), einen Ausziehquerschlag mit einem Profil A_2 (lichter Querschnitt 6,6 m^2).

Die Aufteilung des Depressionsgefälles im Wetterbereich zeigt die schematische Abb. 51.

Die Aufteilung der Abschnitte erfolgt folgendermaßen:

1.	Unter dem Einziehschacht	3,6	mm WS		
2.	im Einziehquerschlag zum 1. Flöz ..	25,2	mm WS	... A_4	17,7%
3.	„ „ im 2. Flöz....	1,2	mm WS		
4.	auf der Hauptstrecke bis zur Grenze .	7,0	mm WS	... A_2	
5.	im Wetteraufbruch (Durchhieb)	15,0	mm WS		
6.	in zwei Abbauen..................	33,0	mm WS	......	23,2%
7.	in der Ausziehwetterstrecke	6,0	mm WS	... A_2	
8.	im Ausziehquerschlag zum 1. Flöz ..	3,2	mm WS		
9.	„ „ bis zum Wetterschacht	38,17	mm WS	... A_2	26,8%
10.	am Wetterschacht obertags	9,0	mm WS		
	Gesamtdepression des Ventilators	141,37 ≐ 142	mm WS		

Daraus ergibt sich der äquivalente Grubenquerschnitt mit $A = 0{,}38 \frac{40}{\sqrt{142}} = 1{,}28 \text{ m}^2$.

Wir sind uns dessen bewußt, daß wir einen sehr ungünstigen Fall mit einer großen flachen Höhe und einer Flözmächtigkeit von 1,5 m bei 1,6 m Feldesbreite betrachten. Es ist daher notwendig zu sagen:

1. Die Größe der zu bewetternden Fläche hat auf die Vergrößerung der Depression keinen entscheidenden Einfluß,

2. der Widerstand der Abbaue wäre der gleiche, auch wenn die Wetterbereichfläche kleiner wäre.

Von den zehn hier angeführten und untersuchten Abschnitten können wir einige abändern bzw. die Depression verkleinern; wir haben Einfluß auf die Depression bei Abschnitt 2, wenn wir statt des Profils A_4 ein größeres Profil A_5 geben.

$R_{A5} = 0{,}00082$, $L = 1500$ m, $R_{A5} \cdot 15 = 0{,}00082 \cdot 15 = 0{,}01230$,
$h = 0{,}01230 \cdot 40^2$ .... 19,68 mm WS
Das bedeutet gegenüber den vorhergehenden .... 25,2 mm WS
eine Verringerung um .... 5,52 mm WS

Weiters können wir Abschnitt 9, den Ausziehquerschlag zum Schacht, vom Profil A_2 auf A_4 erweitern,

$R_{A4} = 0{,}00105$, $L = 600$ m, $R_{A4} \cdot 6 = 0{,}00105 \cdot 6 = 0{,}0063$,
$h = 0{,}0063 \cdot 40^2$ .... 10,08 mm WS
Dies ergibt gegenüber den vorhergehenden .... 38,17 mm WS
eine Verringerung um .... 28,09 mm WS

Mit dieser Abänderung würden wir an Depression 5,52 + 28,09 = = 33,61 mm WS einsparen, d. h. die Depression beim Ventilator würde sich von 141,37 um 33,61 auf 107,76 mm WS verringern und der äquivalente Grubenquerschnitt auf $A = 0{,}38 \frac{40}{\sqrt{107{,}76}} = 1{,}46$ m² erhöhen.

Die Verteilung des Depressionsgefälles wäre dann folgendermaßen:

1.	Unter dem Einziehschacht	3,6 mm WS		3,35%
2.	im Einziehquerschlag bis zum Vorrichtungsflöz	19,68 mm WS	A_5	18,2%
3.	im Einziehquerschlag bis zum Abbauflöz	1,2 mm WS	A_5	1,12%
4.	auf der Hauptstrecke bis zur Grenze	7,0 mm WS	A_2	6,50%
5.	im Wetteraufbruch	15,0 mm WS		14,0%
6.	in den Abbauen	33,0 mm WS		30,60%
7.	in der Ausziehwetterstrecke	6,0 mm WS	A_2	5,60%
8.	im Ausziehquerschlag zum vorzurichtenden Flöz	3,2 mm WS	A_5	2,98%
9.	im Ausziehquerschlag bis zum Wetterschacht	10,08 mm WS	A_5	9,25%
10.	am Wetterschacht obertags	9,0 mm WS		8,40%
	Gesamtdepression des Ventilators	107,76 mm WS		100,0%

Dazu soll noch folgendes bemerkt werden:

Wenn wir die Verteilung der Depression am Weg des Wetterstromes analysieren, sehen wir, daß es Abschnitte gibt, auf die wir keinen bemerkenswerten Einfluß haben. Da ist vor allem der 6. Abschnitt, die Abbaue mit 33 mm WS, das sind allein 30% der Gesamtdepression. Der hohe Verbrauch an Depression ist hier durch die verhältnismäßig kleine Flözhöhe und durch die Versatzbreite von 1,6 m bedingt. In Wirklichkeit wird die Breite auch nach dem Versetzen größer sein, unmittelbar nach dem Auskohlen wird sie mehr als doppelt so groß sein, wodurch die Wirklichkeit günstiger sein wird als die Annahme. Im Querschlag, der mit einem Profil $A_5 = 12{,}25\ m^2$ ausgeführt ist, wird die Depression $19{,}68 + 1{,}2 = 20{,}88$ mm WS, d. s. 19,32% der Gesamtdepression, sein. Dieser Querschlag sollte mit Rücksicht auf eine verläßliche Erhaltung und wegen seiner Wichtigkeit nicht mehr erweitert werden.

Ein sparsamer Vortrieb der Vorrichtung führt nach den heutigen Begriffen zu einem verkleinerten, fast zu einem engen äquivalenten Grubenquerschnitt, da wir den Doppelvortrieb ausschließen. Außerdem ermöglicht der Vortrieb langer Baue einige Durchschläge vorübergehender Bedeutung (bei schwachen, niedrigen Flözen entfallen auf die Abbaue bis zu 80% der Gesamtdepression beim Hauptventilator) einzusparen. Der so hier erzielte äquivalente Grubenquerschnitt ist zur Gänze nützlich und nicht verlustig, d. h. er enthält keine ungewünschten Wetterkurzschlüsse.

Nach der Untersuchung des Wetternetzes läßt sich auch feststellen, ob es im Liegendflöz in der Ausziehstrecke, sowohl in der westlichen als auch in der östlichen, vor der Ausmündung in den Wetterquerschlag notwendig ist, eine regulierbare Wettertür zur Erhöhung der Depression von 32,6 auf 94,2 mm WS, d. i. um 61,6 mm WS zu errichten.

Bei einem späteren Übergang in ein weiteres 2 m mächtiges Liegendflöz erhöht sich der äquivalente Grubenquerschnitt des Wetterbereiches auf etwa 2 m², wodurch bei gleicher Wettermenge, nämlich 40 m³/sek, die Depression auf zirka 60 mm WS verkleinert werden könnte. (Den richtigen äquivalenten Grubenquerschnitt muß man allerdings aus der berechneten neuen Depression und dem neuen Wetterbedarf bestimmen.) Wenn wir aber den Ventilator bei der Depression von $107{,}76 \doteq 108$ mm WS belassen, dann erhöht sich die Wettermenge auf

$$2 = 0{,}38\,\frac{Q}{\sqrt{108}} = 0{,}38\,\frac{Q}{10{,}4},$$

$$Q = \frac{2 \cdot 10{,}40}{0{,}38} = 55\ \text{m}^3/\text{sek}.$$

Wir können daher einen Axialventilator für einen äquivalenten Grubenquerschnitt von 1,5 bis 2 m² für eine Wettermenge von 40 bis 55 m³/sek und für eine Depression von 60 bis 110 mm WS vorsehen. Dem Axialventilator können wir leistungsmäßig einen noch größeren Spielraum geben, als hier angegeben wird.

IV. Bestimmung des Energieverbrauches und dessen Verteilung im Grubenfeld

Vor allem geht es hier um die grundlegende Frage, ob elektrischer Strom oder Druckluft benützt werden soll. Der Betrieb mit elektrischem Strom ist 8- bis 8,8mal billiger als der mit Preßluft. Daher sollen nach unserer Ansicht *solche Bedingungen geschaffen und erhalten werden, die eine Elektrifizierung möglich machen.* Die Verluste bei Druckluft betragen 18 bis 20%, bei elektrischem Strom nur etwa 3,5%. Wenn der Wirkungsgrad bei Druckluftmotoren 30 bis 40%, bei elektrischen Motoren 80 bis 90% beträgt, ist der Gesamtwirkungsgrad vom Kompressorhaus bis vor Ort bei Druckluft 2,2 bis 2,6% (ohne die Verluste durch Undichtheiten), während er beim elektrischen Strom 16 bis 19% beträgt. Wir können daher rechnen, daß der Bedarf in Kubikmeter angesaugter Luft auf eine PS-Stunde bei einem Druck von 4 atü, der gewöhnlich vor Ort herrscht, 36 m³ ist, was bei einem Wirkungsgrad von 0,9 eine angesaugte Luftmenge von 40 m³ bedeutet. Mit dieser Menge rechnen wir beim Preßluftverbrauch. Dieser Menge entsprechen bei 20% Verlusten $\frac{40}{100-20} = \frac{40}{80} \cdot 100 = 50$ m³ für eine PS-Stunde.

Im allgemeinen kann man sagen, daß es zu einer vollständigen Elektrifizierung derzeit auch bei einwandfreien Bedingungen in Steinkohlengruben nicht kommt, da die Abbau- und Bohrhämmer und der Blasversatz die Elektrifizierung nicht zulassen (gemischter Betrieb).

Nach dem derzeitigen Vorgang des Verbrauches auf den einzelnen Örtern der Aus- und Vorrichtung und im Abbau (Abbau-, Bohrhämmer, Lader, Ventilatoren, Haspel, Vortriebsmaschinen, Schrämmaschinen, Kombinen, Antriebsmotoren von Rutschen, Bändern, Kettenförderern, Blasversatzeinrichtungen usw.) bestimmen wir die Stundenmenge an Preßluftbedarf (oder an kWh) unter Berücksichtigung der Verluste an Kompressorleistung. Nach der Sekundenmenge und der Geschwindigkeit (5 bis 15 m/sek) der Druckluft in der Rohrleitung berechnen wir den Durchmesser der Rohrleitung. Es ist notwendig, darauf zu achten, daß jeder Abbau eine durchlaufende Rohrleitung hat und daß die Druckluftleitung in der Grube als Ringleitung angeordnet wird.

Als Beispiel sei angeführt:

Der durchschnittliche Verbrauch an Preßluft für verschiedene Maschinen bei 5 atü Druck

Verbraucher	Type	durchschnittlicher Verbrauch in m³/h	Leistung in PS	Verbrauch in m³/h nach Angaben der Erzeuger
Abbauhammer (Flottmann)	CA 7, CP 35	30— 60		40
Abbauhammer (Witkowitz)	S 37/35 AHN 40	50— 80		60
Abbauhammer (Frankreich)	P 38 A	50— 60		60

(Fortsetzung der Tabelle auf Seite 240)

(Fortsetzung der Tabelle von Seite 239)

Verbraucher	Type	durchschnittlicher Verbrauch in m^3/h	Leistung in PS	Verbrauch in m^3/h nach Angaben der Erzeuger
Abbauhammer (Belgien) .	MB 37	60— 70		60
Bohrhammer (Witkowitz)	EDLK 60	80—100		90
Bohrhammer (Flottmann)	D 60 FS	90—100		90
Bohrhammer (Demag) ..	1 D SK	60— 70		70
Bohrhammer (UdSSR) ..	OM 506	142		142
	KCM 4	202		202
	TCM 3	162		162
Schrämmaschine (Eickhoff)	SSKD 30	1100	38	1100
Anderson Boys	AB 12	1650	30	1650
Pfeilradmotor (Eickhoff) .	SA 3	500	15	490
	SA 7	1250	42	1250
Rutschenmotor (Eickhoff)	MA 160	70		60
	MA 325	200		190
	MED 160	100		100
	MED 290	480		480
Rutschenmotor (Flottmann)	ZKN 160	90		70
	ZKN 250	160		140
	ZKS 290	300		280
Luttenventilatoren:				
⌀ 300		70— 80		80
⌀ 400		120		
⌀ 500		130		
Lader (UdSSR)	PML 5 (2 Motoren)	2 × 480	2 × 6,3	

Die Verbrauchsangaben der Erzeugerfirmen, welche die projektierenden Techniker an der Hand haben, müssen um wenigstens 10% erhöht werden, um der Praxis des rauhen Grubenbetriebes zu entsprechen.

Der Bedarf an angesaugter Luftmenge je 1 t Steinkohle ergibt sich aus der Praxis mit z. B. 450 m^3/t und 41,4 kWh/t. Diese Werte sind wichtig, denn sie bezeichnen die Belastung einer Tonne Kohle durch Energie bei einem Preis der Preßluft von z. B. 0,016 We für 1 m^3 Preßluft und 0,125 bis 0,13 We für 1 kWh. Diese Werte erhöhen sich ständig durch die Mechanisierung und daher herrscht hier das erklärliche Bestreben, den Betrieb anstatt mit Preßluft durch elektrischen Strom zu versorgen, der achtmal billiger ist, wenn auch die Investitionen höher sind als bei Preßluft.

V. Ausstattung der Grube

Nach der endgültigen Ausarbeitung eines Projektes können wir ziemlich genau nicht nur den Grubenausbau und die Ausstattung, sondern auch das notwendige Material für die Durchführung des Aufschlusses

(Schachtabteufen, Grubenräume, Querschläge), der Vorrichtung, aber besonders ein genaues und ausführliches Verzeichnis der Maschinen und Einrichtungen für den künftigen Betrieb mit dem dazugehörigen Voranschlag der Kosten zusammenstellen. Dabei müssen wir auch an die Reserven denken. Bei einer kleinen Zahl von Maschinen und Einrichtungen nehmen wir eine Reserve von 33% an, bei einer größeren Anzahl eine solche von 25, 20, 15% je nach den zu erwartenden Störungen und dem Verschleiß der Maschinen. Nach der Anzahl und dem Durchmesser der Querschläge, nach dem Streckennachriß und anderen Gesteinsarbeiten bestimmen wir die Anzahl der Bohrhämmer, Bohrknechte, Luttenlängen, die Anzahl der Luttenventilatoren, Lader; nach der Endlänge der Querschläge und Strecken die Längen und Profile der Schienen (unter Beachtung des Lokomotivgewichtes), die Anzahl und Konstruktion der Weichen, die Menge an Schwellen usw. Nach der Anzahl der Abbaue und deren Kapazität setzen wir die Anzahl der Schrämmaschinen, Kombinen, Fördereinrichtungen mit den zugehörigen Antrieben (Rinnen, Bänder, Panzerförderer), Versatzmaschinen, Blasrohre usw. fest, nach der zu erwartenden Förderung die Anzahl der Lokomotiven, den Wagenpark usw. Als herausgegriffenes Beispiel soll nachstehende, wenn auch unvollständige Zusammenstellung der Maschinen und Einrichtungen für eine Grubenkapazität von zirka 4500 t angeführt werden:

180 Stück Bohrhämmer,
50 Stück Bohrknechte,
30 Stück Schlitzmaschinen,
1200 m Lutten ⌀ 500 mm,
2 Craeliusbohrmaschinen,
2 Bohrmaschinen DAHL,
15 Schrämmaschinen,
4 Abbaukombinen (diese senken die Anzahl der Abbauhämmer)
850 Abbauhämmer,
50 Kettenwinden,
30 Kammwinden,
4000 Stück Eisenstempel,
2750 Stück Grubenwagen,
80 Mannschaftswagen,
8 Panzerförderer,
12 leichte Stegkettenförderer,
50 Oberbandeinrichtungen,
81 Stück Luttenventilatoren,
10 Lademaschinen,
10 elektrische Schußmaschinen,
92 Grubenhaspel,
10 Unterbandeinrichtungen,
15000 m Gummibänder, 800 mm breit,
12000 m Gummibänder, 650 mm breit,
68 Stück Bandklammermaschinen,
2000 m Rinnen (Rutschen),
35 Stück Verschubhaspel,
6 Stück Wipper,
70 Pfeilradmotoren,
31 Rutschenantriebsmotoren,
250 Spiralrutschen,
10 Blasversatzmaschinen,
17 Lokomotiven,
25 Grubenpumpen,
250 Holzwagen,

ferner Fallrohre, Blasrohre, Preßluftleitungen, Berieselungsrohrleitungen, Berieselungsmaschinen, Cookson usw., die wir erst durch *sorgfältige* Untersuchung der Arbeitsörter und den Bedarf nach dem endgültigen Projekt genau bestimmen.

Die zugehörigen Einrichtungen der Werkstätten obertags werden dann für die Erhaltung des obertägigen und des Grubenmaschinenparkes ausgestattet, die Kanzleien mit Schreib- und Rechenmaschinen, eine

Zentraltelephonstelle mit Verbindungen zum staatlichen Telephonnetz und den Direktanschlüssen zu allen notwendigen Betriebsstellen obertags (einschließlich Bahnhof, Ärztedienst u. a.) und über die Grubenwarte (Dispatcheranlage) mit untertags.

VI. Schema des Vorganges zur Feststellung der Belegschaftszahl eines Betriebes

Am projektierten neuen Horizont mit einer Höhe von 110 m eines Betriebes mit einer Grubenfeldausdehnung von 622 ha, aufgeteilt in drei Wetterbereiche, wurden 51 644 500 t abbauwürdiger Kohlenvorräte festgestellt. Das Flözeinfallen beträgt 8 bis 10°, die Durchschnittsmächtigkeit der Flöze ist 1,5 m, das spezifische Gewicht der Kohle ist 1,35. Der Versatzbedarf ist 25% der Tagesförderung aus den Abbauen. Der Betrieb hat zwei Fördereinrichtungen mit vieretagigen Förderkörben. Der Wageninhalt ist 0,93 t. Die Tiefe des projektierten Horizontes von obertags ist 500 m. Es wird eine Tageskapazität von 5000 t gewaschener Kohle mit einem Aschengehalt von 9% verlangt.

Die Förderkohle hat einen Aschengehalt von 22%.

Die Nettoförderung von 5000 t mit einem Aschengehalt von 9% entspricht $\frac{5000}{[100 - (22 - 9)] \cdot 0,01} = \frac{5000}{0,87} = 5747$ t Bruttoförderung mit 22% Asche.

Jahresförderung netto . . . . $5000 \cdot 300 = 1\,500\,000$ t

„ brutto . . . . $5747 \cdot 300 = 1\,725\,000$ t

Lebensdauer des Horizontes . . . . $\frac{51\,644\,500}{1\,725\,000} \doteq 30$ Jahre.

Belastung des Grubenfeldes durch die

tägliche Bruttoförderung . . . . $5747 : 622 = 9,24$ t/ha

„ Nettoförderung . . . . $5000 : 622 = 8,04$ t/ha

Belastung des Grubenfeldes durch die tägliche Bruttoförderung in m²/ha:

Die Betriebs- (Abbau-) Fläche beträgt 415 ha, aus 1 m² erhalten wir aus einem 1,5 m mächtigen Flöz $1,5 \cdot 1 \cdot 1,35 = 2,025$ t Kohle, die Tagesbruttoförderung von 5747 t entspricht daher einer abgebauten Fläche von $5747 : 2,025 = 2810,2$ m².

Belastung m²/ha $= 2810,2 : 415 = 6,77$ m²/ha.

Das reine Kohlenvermögen ist 51 644 500 t : 6 220 000 m² $= 8,30$ t/m², was bei einem spezifischen Gewicht von $1,35 = 6,15$ m³/m² ergibt.

Die Menge der täglichen Waschberge ist $5747 \cdot 0,13 = 747,11$ t oder, bei einem spezifischen Gewicht von 1,7, 439 m³.

Bei einer Feldesbreite von 1,6 m und einer Durchschnittsmächtigkeit des Flözes von 1,5 m fallen auf 1 m flache Höhe der Front $1,5 \cdot 1,6 \cdot 1,35 = 3,24$ t Kohle und 2,4 m³ abgebauten Raumes an.

Wählen wir eine Durchschnittslänge des Strebs von 150 m, dann ist seine Kapazität $150 \cdot 3{,}24 = 486$ t und der ausgekohlte Raum beträgt 360 m³.

Fallen auf jeden Strebbau zwei Strecken und ergibt sich je Feldesbreite eine tägliche Kapazität von 486 t, dann braucht man $2 \cdot 1{,}6 = 3{,}2$ m Strecken oder auf 1000 t entfallen dann an Strecken x m

$$x : 3{,}2 = 1000 : 486,$$

$$x = 3{,}2 \frac{1000}{486} = 6{,}6 \text{ m}.$$

Auf verschiedene Durchhiebe und für eine gewisse Reserve rechnet man noch 20% und mehr.

Die Kennziffer der Vorrichtung ist daher $6{,}6 \cdot 1{,}2 = 7{,}92 \doteq 8$ m/1000 t, aus 8 m Strecke bei einer Streckenbreite von 3 m und einer Flözhöhe von 1,5 m bringen sie an Kohle: $8 \cdot 3 \cdot 1{,}5 \cdot 1{,}35 = 48{,}6$ t.

Die Kohle aus den Abbauen ist dann	1000 t =	95,36%
die Kohle aus der Vorrichtung	48,6 t =	4,64%
	1048,6 t =	100,00%
Bei einer Bruttoförderung von	5747 t	
kommen aus den Abbauen	5480,3 t =	95,36%
aus der Vorrichtung	266,7 t =	4,64%
Insgesamt	5747,0 t =	100,00%

Tägliche Streckenauffahrung $5{,}4803 \cdot 8 = 43{,}84 \text{ m} \doteq 44$ m.

Notwendige Abbaufrontlänge $\dfrac{5480{,}3}{1{,}5 \cdot 1{,}6 \cdot 1{,}35} = \dfrac{5480{,}3}{3{,}24} = 1691$ m.

Bei einer Anzahl von 10 Abbauen beträgt die Länge eines Abbaues $1691 : 10 = 169{,}1$ m.

Bei einer Anzahl von 11 Abbauen ist die Länge eines Abbaues $1691 : 11 = 154$ m.

Berichtigt man die ursprüngliche flache Höhe des Strebs von 150 m auf 154 m, dann ist seine Kapazität $154 \cdot 1{,}5 \cdot 1{,}6 \cdot 1{,}35 = 498{,}96 \text{ t} \doteq 499$ t und der ausgekohlte Raum $154 \cdot 1{,}5 \cdot 1{,}6 = 369{,}6 \text{ m}^3 \doteq 370 \text{ m}^3$.

Somit ist die Bruttoförderung aus den Abbauen 499 · 11 ...	5489 t
aus der Vorrichtung	266,7 t
Summe ...	5755,7 t
und die Nettoförderung 5755,7 · 0,87	5007,5 t

Wenn man in zwei Schichten fördert, dann fallen auf die Frühschicht 6 Abbaue mit einer Förderung pro Abbau von $499 \cdot 6 = 2994$,t, auf die Nachmittagsschicht 5 Abbaue mit einer Förderung von $499 \cdot 5 = 2495$ t.

Diese Strebbaue werden auf drei Wetterbereiche aufgeteilt und in folgender Weise belegt:

		Frühschicht	Nachmittagsschicht
1. Wetterbereich	4 Strebe	2 Strebe	2 Strebe
2. Wetterbereich	4 Strebe	2 Strebe	2 Strebe
3. Wetterbereich	3 Strebe	2 Strebe	1 Streb
Insgesamt	11 Strebe	6 Strebe	5 Strebe

Die Vorrichtung

Täglich sollen in der Vorrichtung im Profil D_{12} 44 m vorgetrieben werden, von diesen sind 20% Durchhiebe, d. i. 8,8 m, und mit Nachriß 35,2 m.

Bei einer Leistung von 24 cm pro Kopf und Schicht sind notwendig: 4400 : 24 = 184 Schichten/24 Stunden.

Auf ein Ort kommt eine Belegung von 24 Stunden, $3 \cdot (2 + 1) =$ $= 9$ Mann/24 Stunden, die Gesamtzahl der Örter in der Vorrichtung ist 184 : 9 = 20,5 = 21 Vortriebsorte, auf denen täglich $21 \cdot 9 = 189$ Mann 24 Stunden arbeiten.

Die Örter werden wie folgt eingeteilt:

im 1. Wetterbereich	8 Örter	mit	$8 \cdot 9 = 72$	Mann
„ 2. „	8 „	„	$8 \cdot 9 = 72$	„
„ 3. „	5 „	„	$5 \cdot 9 = 45$	„
	21 Örter	mit	189	Mann

Die Förderung (der Transport) in der Vorrichtung:

Nimmt man für einen Wetterbereich eine Lokomotive an, so sind das

in der Frühschicht 3 Lokomotiven mit 2 Mann	6 Mann
„ „ Nachmittagsschicht 3 Lokomotiven mit 2 Mann	6 „
„ „ Nachtschicht 3 Lokomotiven mit 2 Mann	6 „
Gesamtzahl der Belegung bei der Förderung	18 Mann

Die Gesteinsförderung (der Gesteinsanfall)

Täglich werden Strecken in einer Länge von 35,2 m nachgerissen. Auf einen laufenden Meter fallen 4,10 m³ anstehenden Gesteins an, d. s. auf 35,2 m 144,32 m³ anstehendes Gestein mit einem Gewicht von 361 t, was 213 m³ gelösten Gesteins entspricht.

Der Aufschluß

Es werden drei Querschläge im normalisierten Profil A_5 in drei Schichten vorgetrieben. Die Belegung eines Querschlages erfolgt mit

$6 + 6 + 6 = 18$ Schichten, daher in drei Querschlägen $3 \cdot 18 = 54$ Schichten/24 Stunden. Die Belegung eines vierten und fünften Querschlages (Ausrichtung oder Stapelschacht) benötigt:

$$2 \cdot 6 + 2 \cdot 6 + 2 \cdot 6 = 12 + 12 + 12 = 36 \text{ Schichten/24 Stunden,}$$

der Aufschluß zusammen $54 + 36 = 90$ Schichten/24 Stunden.

Die Leistung pro Kopf und Schicht nehmen wir mit 8,5 cm an, bei 90 Schichten erhalten wir $90 \cdot 8{,}5$ cm $= 7{,}65$ m/24 Stunden.

Bergeförderung:

Das Profil A_5 hat einen groben Querschnitt von 15 m², aus dem Querschlag erhalten wir aus einer Länge von 7,65 m $7{,}65 \cdot 15 = 114{,}75$ m³ anstehenden Gesteins/24 Stunden, d. s. 286,87 t/24 Stunden oder $286{,}87 : 1{,}7 = 168$ m³ losen Gesteins/24 Stunden.

Im Aufschluß werden daher eingeplant: 7,65 m Querschläge auf 5747 t Brutto- oder auf 5000 t Nettoförderung, d. s. $7{,}65 : 5{,}747 = 1{,}33$ m/1000 t Bruttoförderung oder $7{,}65 : 5{,}0 = 1{,}55$ m/1000 t Nettoförderung.

Auf einem neuen Horizont müssen wir jedoch vortreiben:

1. einen Querschlag in NNO-Richtung	1700 m,
2. „ „ „ SSW-Richtung	1700 m,
3. „ „ „ SO-Richtung	1800 m,
4. unerwartete Querschlagsausrichtungen, Aufbrüche usw. zirka	2800 m,
insgesamt	8000 m,

so daß auf die abbauwürdigen Vorräte von 51643000 t auf 100000 t $8000 : 516{,}43 = 15{,}6$ m Querschläge oder auf 1000 t 0,156 m Querschläge gegenüber den derzeit geplanten von 1,33 entfallen, d. i. $1{,}33 : 0{,}156 =$ ein Achtel mehr, da die Fertigstellung der Querschläge zeitlich bevorzugt werden muß. Dies ermöglicht uns einen früheren Beginn der Vorrichtung, da wir von der Grenze her mit dem Abbau beginnen wollen. In der Praxis wird sich hier daher ein Schnellvortrieb bei den Querschlägen empfehlen.

Förderung aus dem Aufschluß:

In jeder Schicht nimmt man eine Lokomotive zu 2 Mann an, d. s. in 3 Schichten 6 Mann.

Die Abbaue

Es wurde festgestellt, daß etwa 25% der Bruttoförderung aus den Abbauen versetzt werden sollen, d. h. $5489 \cdot 0{,}25 = 1372$ t, was bei einer Abbaukapazität von 499 t $1372 : 499 = 2{,}74$ Strebe $\doteq 3$ Strebe bedeutet. Drei Strebe haben also eine Förderkapazität von $3 \cdot 499 = 1497$ t.

Nehmen wir eine Gewinnungsleistung von 8,7 t pro Kopf an und 45% der Gewinnung bei der Versatzarbeit und 30% auf anderen Nebenarbeiten und im Bruchbau, dann braucht

ein Streb ... 499 : 8,7 = 57,4 = 58 Mann,
beim Versatz ... 58 · 0,45 = 26 Mann,
und für Hilfsarbeiten beim Bruchbau ... 58 · 0,3 = 18 Mann.

Die Anzahl der Strebe und deren Belegung:

	Schichten			
	Frühschicht	Nachmittags-schicht	Nachtschicht	Summe
Anzahl der Strebe	6	5	0	11
Mann bei der Gewinnung ..	58 · 6 = 348	58 · 5 = 290	—	638
Neben- und Hilfsarbeiten ..		18 · 5 = 90	18 · 3 = 54	144
Versatz		26 · 1 = 26	26 · 2 = 52	78
Belegschaftszahl	348	406	106	860

Der Kohlentransport aus den Abbauen:

Wir haben in zwei Schichten 11 Abbaue, d. h. in der Frühschicht 6 Abbaue und in der Nachmittagsschicht 5 Abbaue, jeder mit einer Kapazität von 499 t. Bei einem Ladegewicht von 0,93 t pro Wagen benötigen wir für einen Streb 499 : 0,93 = 537 Wagen.

Jeder Zug hat 50 Wagen, auf jeden Abbau entfallen somit 537 : 50 = 10,74 ≐ 11 Züge.

Aufteilung der Förderung:

Frühschicht:

Der 1. Wetterbereich hat	2 Abbaue	=	998 t	1074 Wagen
,, 2. ,, ,,	2 ,,	=	998 t	1074 ,,
,, 3. ,, ,,	2 ,,	=	998 t	1074 ,,
Insgesamt	6 Abbaue	=	2994 t	3222 Wagen

Nachmittagsschicht:

Der 1. Wetterbereich hat	2 Abbaue	=	998 t	1074 Wagen
,, 2. ,, ,,	2 ,,	=	998 t	1074 ,,
,, 3. ,, ,,	1 Abbau	=	499 t	537 ,,
Insgesamt	5 Abbaue	=	2495 t	2685 Wagen

Soll eine fließende Abförderung bei einem Abbau mit 11 Zügen im Laufe von 6 Stunden = 360 Minuten gesichert sein, dann darf ein Zug 360 : 11 = 32 min 43 sek brauchen.

Zeitplan für einen Zug:

Die Länge eines Förderweges in einer Richtung wird mit 1200 + 500 = 1700 m angenommen und die durchschnittliche Fahrgeschwindigkeit mit 4 m/sek, d. s. 1700 : 4 = 425 sek = 7 min 5 sek.

1. Weg zum Abbau	7 min	05 sek
2. Manipulation beim Füllen	9 ,,	00 ,,
3. Weg zurück zum Schacht	7 ,,	05 ,,
4. Manipulation im Füllort	9 ,,	00 ,,
Insgesamt	32 min	10 sek
Für den als kontinuierlich berechneten Transport sind nötig	32 ,,	43 ,,
es bleiben also	0 ,,	33 ,,

pro Fahrt als Reserve.

Falls wir für einen Abbau $1^1/_3$ Lokomotiven rechnen, haben wir in der Frühschicht sechs Abbau mit je $1^1/_3$ Lokomotiven = = 8 Lokomotiven mit je 2 Mann .... 16 Mann

in der Nachmittagsschicht fünf Abbaue mit je $1^1/_3$ Lokomotiven = 7 Lokomotiven mit je 2 Mann .... 14 ,,

insgesamt .... 30 Mann

Der Versatz

Es sind drei Strebe mit einer Kapazität von je 499 t Kohle zu versetzen, d. h. der ausgekohlte Raum eines Abbaues beträgt 370 m³, bei drei Streben somit 1110 m³.

Unter der Annahme einer Vorabsenkung des Hangenden um 20% einschließlich des Holzausbaues muß man 1110 · 0,8 = 888 m³/Tag versetzen; bei einem spezifischen Gewicht des Versatzes von 1,7 t/m³ ist es nötig, pro Tag (24 Stunden) 888 · 1,7 = 1509 t Versatz einzubringen.

Beträgt das Ladegewicht in einem Wagen 1 t, so sind pro Tag 1500 Wagen einzubringen; es müssen in der Nachmittagsschicht ein Abbau, d. s. 500 Wagen, und in der Nachtschicht zwei Abbaue, d. s. 1000 Wagen, versetzt werden.

In einem Streb fällt ein ausgekohlter Raum von 370 m³/Tag an. Der zu versetzende Raum ist 370 · 0,8 = 296 m³. Nehmen wir an, daß dieser Raum in 6 Stunden mit Versatz gefüllt wird, so haben wir eine Stundenkapazität von 296 : 6 = 49,3 m³/h ≐ 50 m³/h, was verläßlich der Leistung einer Blasmaschine entspricht.

Das zur Verfügung stehende Versatzmaterial setzt sich folgendermaßen zusammen:

1. Waschberge	747,11 t	= 439 m³
2. aus dem Streckennachriß	361,00 t	= 213 m³
3. von den Ausrichtungsarbeiten	286,90 t	= 168 m³
	1395,01 t	= 820 m³
für drei Abbaue sind notwendig	1500,00 t	= 880 m³
es fehlen daher	105,00 t	= 68 m³,

die wir z. B. von der Halde (obertags) entnehmen müssen.

Durch den Schacht muß der Versatz entweder durch Fallrohre oder mittels Wagen eingelassen werden.

Waschberge	747,11 t	439 m³
Fremdmaterial	105,00 t	68 m³
	852,11 t	507 m³ = 852 Wagen.

Der Transport des Versatzes in der Grube

Die kontinuierliche Zubringung des Versatzmaterials für die ausgekohlten Räume soll sichergestellt werden. Innerhalb von 6 Stunden müssen 500 t = 500 Wagen Versatz für jeden Abbau zugestellt werden. Hat der Zug 50 Wagen, kommen für jeden Abbau $\frac{500}{50} = 10$ Züge, d. h. ein Zug muß in $6 \cdot 60 : 10 = 36$ Minuten zurück sein.

Der Zeitplan für jeden Zug ist gleich dem bei der Förderung aus dem Abbau. Der Zeitbedarf für einen Zug wurde mit 32 min 10 sek ermittelt, zur Verfügung stehen aber 36 min. Obwohl eine Lokomotive einen Abbau bedienen könnte, rechnen wir wieder mit $1^1/_3$ Lokomotiven.

Bedarf an Schichten beim Transport (Förderung) und bei der Manipulation mit dem Versatz:

	Schicht			Insgesamt
	I	II	III	
1. Die Frühschicht versetzt nicht, es werden Reparaturen an den Fallrohren ausgeführt oder es wird der Bunker gefüllt	2	—	—	2
2. In der Nachmittagsschicht wird ein Abbau versetzt (10 Züge) beim Schacht ... 4 Mann Transport mit $1^1/_3$ Lokomotiven ... 3 Mann	—	7	—	7
3. Die Nachtschicht versetzt vier Abbaue (20 Züge) beim Schacht ... 8 Mann Transport mit $2^2/_3$ Lokomotiven ... 6 Mann	—	—	14	14
	2	7	14	23 Mann

Zusammenfassung des Transportes

	Schicht			Insgesamt
	I	II	III	
1. Für den Aufschluß (Ausrichtung)	2	2	2	6
2. Für die Vorrichtung	6	6	6	18
3. Für die Kohlenförderung aus den Abbauen	16	14	—	30
4. Für den Versatz	2	7	14	23
5. Sonstige (Füllort, Bänder, Holz, Material u. a. m.)	40	40	16	96
Insgesamt	66	69	38	173 Mann

Für Erhaltung, Dammbau, Gesteinstaubstreuung, insgesamt..... 250 Mann

Rekapitulation der Grubenbelegschaft

	Schicht I	Schicht II	Schicht III	Insgesamt		%
1. Aufschluß (Ausrichtung)	30	30	30	90		5,78
2. Vorrichtung	61	61	62	184		11,82
3. Abbaue a) Kohle	348	290	—	638		41,01
b) gelenkter Bruchbau	—	87	53	140	219	14,07
c) Versatz	—	26	53	79		
4. Förderung (Transport)	66	69	38	173		11,26
5. Erhaltung	60	40	150	250		16,06
Insgesamt	565	603	386	1554		100,00

Der notwendige Stand der Grubenbelegschaft

A. Grube: 1. notwendige Schichtzahl 1554

2. notwendiger Mannschaftsstand bei einer 20%igen Absenz $\frac{1554}{0,8}$ 1945

3. nichtverfahrene Schichten 391

B. Obertags: Wir setzen voraus: 12 t netto/Schicht bei einer Absenz von 18% und einer Förderung von 5000 t netto: 1. notwendige Schichten $\frac{5000}{12}$ 417

2. notwendiger Mannschaftsstand $\frac{417}{0,82}$. 509

3. nichtverfahrene Schichten 92

Grubenschichten .... 1554 = 78,87%

Obertagsschichten .... 417 = 21,13%

Zusammen ... 1971 = 100,00%

Mannschaftsstand in der Grube 1945

Obertags 509

Summe ... 2454

Der notwendige Beamtenstand

A. Gruben- und Obertagsbelegschaft .... 2454 Mann, notwendige administrative Kräfte, 1 Beamter auf 80 Mann .... $\frac{2454}{80} = 31$

B. Obertags .... 509 Mann, technische Kräfte obertags, einer auf 17,6 Mann ..... $\frac{509}{17,6} = 29$

C. Grube .... 1945 Mann, notwendige technische Kräfte, einer auf 25 Mann ... $\frac{1945}{25} = 78$

insgesamt Beamte (Angestellte) 138,

d. s. in % $\frac{138}{2454} \cdot 100 = 5,62\%$.

In der Praxis teilen wir die Belegschaft noch nach Qualifikationsklassen der einzelnen Kategorien ein. Aus der ermittelten Zahl ergeben sich dann einige Kennziffern, wie:

Grubenleistung in Bruttotonnen (Rohförderung) je verfahrene Schicht $\frac{5747}{1554} = 3{,}69$ t.

Grubenleistung in Nettotonnen (Reinkohle) je verfahrene Schicht $\frac{5000}{1554} = 3{,}21$ t.

Gesamtleistung[1] in Bruttotonnen (Rohförderung) je verfahrene Schicht $\frac{5747}{1971} = 2{,}91$ t.

Gesamtleistung in Nettotonnen (Reinkohle) je verfahrene Schicht $\frac{5000}{1971} = 2{,}53$ t.

Die durchschnittliche Jahresproduktivität der Belegschaft ist 1500000 t : 2454 = 611,24 t/Kopf. Wenn der Absatz- (Verkaufs-) Preis für eine Tonne Kohle 400 We ist, so ist der Wert der Jahresproduktion eines Beschäftigten 244496 We und der Wert der verkaufsfähigen Jahresförderung 400 · 1,5 Mio We = 600 Mio We.

Wir können noch die Bestimmung weiterer Kennziffern fortsetzen, soweit diese Zahlen von der Zahl der Beschäftigten abhängen (Wasserverbrauch, Lohn usw.), sowie die Zahl der notwendigen Wohnungseinheiten festsetzen usw.

VII. Annähernde Zusammenstellung der Kosten

I. *Für den Aufschluß und die Ausstattung eines Horizontes auf einem Großbetrieb mit kleinerem relativem Kohlenvermögen, Grubentiefe 600 bis 1000 m, einem Förderschacht und sieben Wetterschächten, Horizonthöhe 100 m.*

Erwartete Tagesförderung 4000 bis 4500 t netto bzw. 4700 bis 5300 t brutto oder jährlich 1,2 bis 1,35 Mio t Nettoförderung (verwertbare Förderung) bzw. 1,41 bis 1,59 Mio t Bruttoförderung (Rohförderung). Optimale Ausdehnung 2500 ha (25000000 m²).

Notwendige abbaufähige Vorräte auf 30 Jahre:

1410000 · 30 = 42,3 Mio t = 33,84 Mio m³, eventuell
1590000 · 30 = 47,7 Mio t = 38,16 Mio m³ = reines relatives spezifisches Kohlenvermögen.

a) $\frac{33{,}84}{25} = 1{,}35\%$ Kohlenhältigkeit bei 100 m Horizonthöhe,

b) $\frac{38{,}16}{25} = 1{,}526\%$,, ,, 100 m ,,

Optimale Länge der Querschläge 14200 m (auf einem Horizont).

[1] auch Werksleistung genannt.

Belastung des Grubenfeldes durch die Tagesförderung:

a) $\frac{4700}{2500} = 1{,}88$ t/ha,

b) $\frac{5300}{2500} = 2{,}12$ t/ha.

Belastung der Kohlensubstanz mit Querschlagslängen:

a) $\frac{14\,200}{42{,}3} = 33{,}5$ m/100000 t,

b) $\frac{14\,200}{47{,}71} = 29{,}7$ m/100000 t.

Anmerkung:

Bei einer neuen Grube ist es notwendig, die Horizonthöhe durch die Schachttiefe zu ersetzen, d. s. in diesem Falle bei einem Förderschacht und sechs Wetterschächten z. B. 700 m Teufe, die Querschlagslängen müssen dann doppelt genommen werden, da auch ein Ausziehhorizont geschaffen werden muß.

Weiters würden sich die angeführten Investitionen bei einer neuen Grube noch erhöhen durch:

7 Schächte je 500 m = 3500 m à .... We ......
14200 m Querschläge à .... ,, ...

Maschineninvestitionen

1 Förderturm für eine Turmfördermaschine .... We ......
2 Fördermaschinen à .... ,, ...
Zubehör zu den Fördereinrichtungen: Förderschale, Seilscheiben usw. .... ,, ...
6 Wetterschächte mit je 2 Ventilatoren = 12 Ventilatoren à . ,, ...
Einrichtung für die Fahrung je Schacht .... ,, ...
2 Kompressoren für je 50000 m³/h à .... ,, ...
Wagenumlauf .... ,, ...
Aufbereitung und Wäsche: Maschinen, Wäsche, Verteileranlage .... ,, ...
Schleppbahn und Geleise (zirka 6 km) à .... ,, ...
3 Obertagslokomotiven à .... ,, ...
Werkstätten .... ,, ...
Holzplatz .... ,, ...
Bergehalde und Versatzaufbereitung .... ,, ...
Kohlendepot .... ,, ...
Lampenkammer für 3000 Mann .... ,, ...
Sonstiges .... ,, ...

Insgesamt Maschinen ... We ......

Bauinvestitionen

Verwaltungsgebäude	We	......
Bäder, Lampenstube, Fahrradabstellraum	„	......
Lagerplatz mit Gleisanschluß	„	......
Werkstättengebäude	„	......
Wagenumlauf (mittlerer Größe)	„	......
Gebäude für die Wäsche und Aufbereitung (kleiner Typ)	„	......
Schleppbahn	„	......
Wasserleitung (mit Anschluß an das öffentliche Rohrnetz)	„	......
Pförtnerhaus mit Markenkontrolle, Schichtschreiberkanzlei, Ordination	„	......
Wege, Umzäunung, Wasserverteilung, Kanalisation, Kleinverschleiß	„	......
Säge, Magazin, Tischlerei	„	......
Insgesamt ...	We	......

Grubeninvestitionen

700 m Schachtabteufen à	We	......
400 m Füllort à	„	......
Füllortausstattung	„	......
14200 m Querschläge, einschließlich Blindschächten, à	„	......
Maschinenausstattung für 10 Blindschächte à	„	......
Fülleinrichtungen bei den Blindschächten für 10 · 50 = 500 m	„	......
Pumpenkammern	„	......
Steigrohrleitung, Durchmesser 300 mm, 800 m	„	......
Preßluftleitungen 2 · 14200 = 28400 + 1600 = 30000 m	„	......
14200 · 4 = 56800 m Schienen 115 mm zu 22 kg/m = 1249600 kg	„	......
Installation der Fahrdrahtleitungen 14,2 km à	„	......
10 Fahrdrahtlokomotiven à	„	......
2000 Hunte (1260 l Inhalt) à	„	......
Ausrüstung für 40 Abbaue mit einer Länge von je 125 m, inklusive Bandförderung = 5000 m	„	......
40 Schrämmaschinen à	„	......
40 Lademaschinen à	„	......
40 Vortriebsmaschinen à	„	......
Sonstiges	„	......
Insgesamt ...	We	......

Zusammenfassung:

Maschineninvestitionen	We	......
Bauten	„	......
Grubeninvestitionen	„	......
Zusammen ...	We	......

Bei einer neuen Grube weitere .... We ......

Insgesamt ... We ......

II. *Für den Aufschluß und die Ausstattung eines Horizontes auf einem Großbetrieb mit größerem relativem spezifischem Kohlenvermögen, Grubentiefe 500 bis 600 m, einem Förderschacht und drei Wetterschächten, Horizonthöhe 100 m.*

Erwartete Tagesförderung 7500 t netto, d. s. bei einem Aschengehalt von 24% und Waschen auf 9% 8824 t brutto oder jährlich 2250000 t Nettoförderung (verwertbare Förderung) bzw. 2647200 t Bruttoförderung (Rohförderung). Optimale Ausdehnung 750 ha (7500000 m^2).

Notwendige abbaufähige Vorräte auf 30 Jahre:

$2647200 \cdot 30 = 79{,}416$ Mio t $= 63{,}53$ Mio m^3 = reines relatives spezifisches Kohlenvermögen.

$\frac{63{,}53}{7{,}5} = 8{,}47\%$ Kohlenhältigkeit bei 100 m Horizonthöhe.

Optimale Länge der Querschläge 7500 m.

Belastung des Grubenfeldes durch die Tagesförderung:

$\frac{8824}{750} = 11{,}7$ t/ha.

Belastung der Kohlensubstanz mit Querschlagslängen:

$\frac{7500}{794{,}16} = 9{,}4$ m/100000 t.

Anmerkung:

Bei einer neuen Grube ist es notwendig, die Horizonthöhe durch die Schachttiefe zu ersetzen, d. s. in diesem Falle bei einem Förderschacht und drei Wetterschächten z. B. 500 m Teufe, die Querschlagslängen müssen doppelt gezählt werden, denn es muß ein Ausziehhorizont geschaffen werden.

Die angeführten Investitionen würden sich bei einer neuen Grube noch erhöhen um:

4 Schächte zu 400 m = 1600 m Schächte à .... We ......
7500 Querschläge à .... „ ......

Maschineninvestitionen

1 Förderturm für eine Turmfördermaschine .... We ......
2 Fördermaschinen à .... „ ......
Zubehör zu den Fördermaschinen: Förderschalen, Seilscheiben .... „ ......
3 Wetterschächte mit je 2 Ventilatoren = 6 Ventilatoren ... „ ......
Einrichtung für die Fahrung je Schacht .... „ ......
2 Kompressoren für je 50000 m^3/h .... „ ......
Wagenumlauf .... „ ......
Aufbereitung und Wäsche: Maschinen, Verteileranlage .... „ ......
Schleppbahn und Geleise (8 km) à .... „ ......

4 Obertagslokomotiven à .... We ......
Werkstätten .... ,, ...
Holzplatz .... ,, ...
Bergehalde und Versatzaufbereitung .... ,, ...
Kohlendepot.. ,, ...
Lampenkammer für 3000 Mann....................... ,, ...
Sonstiges .... ,, ...

Insgesamt ... We ......

Bauinvestitionen

Verwaltungsgebäude .... We ......
Bäder, Lampenstube, Fahrradabstellung .... ,, ...
Lagerplatz mit Gleisanschluß.......................... ,, ...
Werkstättengebäude .... ,, ...
Wagenumlauf (großer) .... ,, ...
Gebäude für die Wäsche (großer Typ) .... ,, ...
Schleppbahn .... ,, ...
Wasserleitung (mit Anschluß an das öffentliche Rohrnetz)... ,, ...
Pförtnerhaus mit Markenkontrolle, Schichtschreiberkanzlei,
Ordination .... ,, ...
Wege, Umzäunung, Wasserverteilung, Kanalisation, Kleinverschleiß, Landabsatz.............................. ,, ...
Säge, Magazin, Tischlerei .... ,, ...

Insgesamt ... We ......

Grubeninvestitionen

400 m Schachtabteufen à .... We ......
400 m Füllort à.. ,, ...
Füllortausstattung (groß) .... ,, ...
7500 m Querschläge, einschließlich Blindschächte, à........ ,, ...
Maschinenausstattung für 10 Blindschächte à .... ,, ...
Fülleinrichtungen bei den Blindschächten für $10 \cdot 50 = 500$ m ,, ...
Pumpenkammern .... ,, ...
Steigrohrleitung, Durchmesser 300 mm, 600 m .... ,, ...
Preßluftleitungen $2 \cdot 7500$ m $= 15000 + 1000 = 16000$ m ... ,, ...
$7500 \cdot 4 = 30000$ m Schienen 115 mm zu
22 kg/m $= 660000$ kg .... ,, ...
15 Akkulokomotiven .... ,, ...
3000 Hunte (1600 l Inhalt) à .... ,, ...
Ausrüstung für 25 Abbaue mit einer Länge von je 125 m, inklusive Bandförderung $= 3125$ m.................... ,, ...
30 Schrämmaschinen à.................................... ,, ...

30 Lademaschinen à .... We ......
30 Vortriebsmaschinen à .... „ ......
Sonstiges .... „ ......

Insgesamt ... We ......

Zusammenfassung:

Maschineninvestitionen.................................. We ......
Bauten.. „ ......
Grubeninvestitionen .... „ ......

Zusammen ... We ......

Bei einer neuen Grube weitere .... „ ......

Summe ... We ......

VIII. Arbeitsaufwand

VIII. Arbeitsaufwand bei den Gewinnungsvorgängen in den Gruben (nach Matušek)

Arbeitsoperationen	Arbeitsaufwand in Schichten/1000 t in	
	mittelmächtigen	dünnen
	Flözen	
Auskohlung und Zimmerung	87,5	168,5
Schrämen	2,6	1,3
Berieselung	3,5	—
Schießarbeit	8,5	14,7
Tektonik	6,8	17,9
Gewinnungsarbeit, insgesamt	108,9	202,4
Kratzförderer und Band umlegen[1]	41,0	73,5
Kästen umsetzen	6,5	41,5
Kästen rauben	25,8	2,6
Versatz	7,9	15,8
Nebenarbeiten im Abbau	81,2	133,4
A. Im Abbau insgesamt	190,1	335,8
B. Auf die Gesamtförderung umgerechnet (einschl. Vorrichtungskohle)	172,4	303,6
Bei den Abbauen:		
Transport-Fördermittelbedienung	29,9	6,2
Füllen der Wagen	9,4	18,2
Holztransport	21,0	18,5
Materialtransport	5,1	0,7
Übertrag	65,4	43,6

[1] In dünnen Flözen Schüttelrutschen, in mittelmächtigen Panzerförderer.

(Fortsetzung der Tabelle von Seite 255)

Arbeitsoperationen	Arbeitsaufwand in Schichten/1000 t in mittelmächtigen Flözen	Arbeitsaufwand in Schichten/1000 t in dünnen Flözen
Übertrag	65,4	43,6
Für den Abbau:		
Lokomotivförderung	—	18,6
Lokomotivführer	6,4	15,0
Verschieber	6,5	13,5
Rangierer-Anschläger	8,8	22,5
Maschinisten an den Gesenken	—	7,5
Materialförderung im Schacht	4,8	—
Förderaufsicht	2,7	—
In der Grubenförderung insgesamt	94,6	120,7

Arbeitsaufwand bei den Gewinnungsvorgängen in den Gruben

Arbeitsoperationen	mittelmächtigen Flözen (zusammen)	mittelmächtigen Flözen	dünnen Flözen (zusammen)	dünnen Flözen
Vorrichtung		40,0		108,0
Bedienung		23,8		34
Vorrichtung insgesamt		63,8		142,0
Erhaltungsschlosser im Abbau und in der Vorrichtung		27,0		20,3
Beim Transport: Gurtreparatur (Band-)	22,2	6,9	26,5	3,2
Gurtreinigung ,,		4,6		—
Schienenreparaturen		6,6		12,5
Lokomotivreparaturen		0,5		3,4
Schächte- und Füllortreparaturen		3,6		7,4
Gewältigung von Strecken und Querschlägen	37,4	25,4	26,5	7,8
Reparatur und Richten des Stahlausbaues		1,9		1,2
Rauben des Streckenausbaues und des Geleises		0,8		10,0
Materialausgabe		9,3		7,5
Erhaltung im Abbau und in der Vorrichtung	86,6	27,—	73,3	20,3
Erhaltung der Förderwege		22,2		26,5
Sonstige Streckenerhaltung		37,4		26,5
Die übrigen untertags (Pumpen, Wetterführung)		47,7		74,9

Schichten-Zusammenfassung (Grube auf Gesamtförderung umgerechnet)/1000 t

Produktive Arbeiten im Abbau	172,4		303,6	
Vorrichtung	63,8		142,0	
Förderung	94,6		120,7	
Erhaltung insgesamt	86,6		73,3	
Übrige Arbeiten untertags	47,7	t	74,9	t
Insgesamt untertags	465,1	2,150	714,5	1,400
Werk insgesamt	627,5	1,593	943,6	1,060

Aufwand bei den Arbeitsvorgängen obertags

Arbeitsoperationen	Arbeitsaufwand in Schichten/1000 t in	
	mittelmächtigen	dünnen
	Flözen	
Obertags:		
Lampenwirtschaft	6,5	8,8
Holzplatz	8,8	12,2
Hängebank	25,3	50,2
Halde	8,5	19,7
Kipper	2,5	3,7
Klaubbänder	9,3	14,8
Aufbereitung	13,1	43,5
Technische Kontrolle	2,3	1,7
Schleppbahn	12,1	—
Kleinverschleiß	3,3	—
Werkstätten	47,2	54,1
Kompressoren	6,5	7,6
Waschkauen	3,2	3,7
Schutzmaskenerhaltung	3,1	—
Sonstiges	2,5	—
Kesselhaus	8,2	9,1
Obertags insgesamt	162,4	229,1
Sonstige Arbeiten untertags:		
Gesteins-Staubstreuen	3,1	7,9
Wetterführungsarbeiten	7,8	21,7
Wetterproben	0,8	2,0
Sicherheit	4,7	3,9
Abbauausstattung	14,9	—
Wasserhaltung	0,8	9,8
Technische Kontrolle, Telephonleitung und sonstiges	15,6	29,6
Sonstige Arbeiten insgesamt	47,7	74,9

Aufwand für einige Arbeitsvorgänge in einem Kohlenrevier (1957)

Auf die Förderung entfallen 38% im Abbau, 22% in der Vorrichtung, 40% für alle anderen Transportarbeiten.

Auf einen Abbau entfallen 10,4 Förderschichten, auf ein Vorrichtungsort zirka 4 Förderschichten, auf 1 m in der Vorrichtung zirka 1,5 Förderschichten.

Bei Lokförderung 77,2 Schichten/1000 t und bei Bandförderung 26,4 Schichten/1000 t.

In den Abbauen:

1. Die eigentlichen Gewinnungsarbeiten partizipieren in den Abbauarbeiten mit 80% des Arbeitsaufwandes,

2. das Schrämen mit 2,5% der Abbauarbeiten,

3. die Schießarbeit mit 7,5% der Abbauarbeiten,

4. die Beseitigung der Tektonik mit 9,0% der Abbauarbeiten.

5. Das Umlegen der Zuleitungen im Abbau erfordert 33% des Arbeitsaufwandes für Nebenarbeiten im Abbau.

6. Das Umlegen des Förderers erfordert 50 bis 55% des Arbeitsaufwandes im Abbau von den Nebenarbeiten.

7. Die Belegung der Abbaustrecken erfordert 10 bis 12% des Arbeitsaufwandes im Abbau.

8. Der Versatz erfordert — bei einem Umfang von 34% der Gesamtförderung — zirka 30 Schichten/1000 t.

In der Vorrichtung:

Der eigentliche Streckenvortrieb erfordert 50 bis 70% des Gesamtarbeitsaufwandes in der Vorrichtung. Der Rest entfällt auf Nebenarbeiten.

In der Erhaltung:

Vom Gesamtarbeitsaufwand in der Erhaltung entfallen:

1. auf die Streckenerhaltung 40%,

2. auf die Erhaltung der Förderwege 25 bis 35%,

3. auf die Erhaltung von Abbau und Vorrichtung 30%.

Für sonstige Arbeiten werden etwa 3% des Gesamtschichtenaufwandes der Grube verwendet, davon nur etwa 35% für Sicherheit und Wetterführung.

Obertags verbrauchen die Werkstätten 25 bis 35%, der Holzplatz zirka 6 bis 10%, der Werksplatz samt der Bergehalde 20 bis 24%, die Aufbereitung zirka 4 bis 12% des Gesamtarbeitsaufwandes obertags.

IX. Erläuterungen

Zum besseren Verständnis seien Erläuterungen für einige verwendete Fachausdrücke gegeben:

Das *relative spezifische Kohlenvermögen* ist die Gesamtmächtigkeit der Kohle in Meter, welche innerhalb 100 m im kohleführenden Gebirge anfällt. Diese Mächtigkeit der Kohle wird auch in Prozent ausgedrückt und dann als *Kohlehältigkeit* bezeichnet.

Das *reine relative spezifische Kohlenvermögen* ist die Kohlenmächtigkeit in Meter, die auf 100 m des kohleführenden Gebirges anfällt, abzüglich der verschiedenen Kohlenverluste, wie unbauwürdige Kohlenflöze, an Schacht-, Querschlags- und an andere Schutzpfeiler gebundene Kohle und sonstige blockierte Kohle, z. B. in Störungszonen. In Prozent ausgedrückt, bezeichnet die betreffende Ziffer die reine relative spezifische Kohlenhältigkeit.

Das *relative Kohlenvermögen* ist die gesamte Kohlenmächtigkeit in Meter im kohleführenden Gebirge.

Das *reine relative Kohlenvermögen* ist die gesamte Kohlenmächtigkeit in Meter, nach Abzug der verschiedenen Kohlenverluste, wie ungewinnbare oder unbauwürdige Kohlenbänke (-flöze), Kohle in Schutzpfeilern und Kohle, die aus anderen Gründen nicht gewonnen werden kann. Gelegentlich wird dieses Kohlenvermögen auch als Horizontreichtum oder abbauwürdiges Kohlenvermögen bezeichnet, und zwar $\times$ Fläche in t.

Das relative spezifische Kohlenvermögen, das reine relative spezifische Kohlenvermögen, das relative Kohlenvermögen und das reine relative Kohlenvermögen können auch in t/m^2 ausgedrückt werden, und zwar in bezug auf die gesamte oder auf die nutzbare Ausdehnung des Grubenfeldes.

Die *Arbeitszeit* in der Grube ist in den einzelnen Staaten gesetzlich geregelt. Sie beträgt gewöhnlich 7, $7^1/_2$ oder 8 Stunden, gerechnet von der Einfahrt des ersten bis zur Ausfahrt des letzten Mannes.

Die *reine oder produktive (effektive) Arbeitszeit* ist jene Zeit, die auf dem Arbeitsplatz vor Ort zugebracht wird, einschließlich der Jausenpause.

Die *unproduktive Arbeitszeit* ist die Zeit der Ein- und Ausfahrt und des Anmarschweges zum Arbeitsplatz (vor Ort) und zurück.

Das *unverritzte (jungfräuliche) Feld* ist jener Teil des Grubenfeldes, der bergmännisch noch nicht in Angriff genommen wurde.

Währungseinheit (We): Mit Rücksicht auf einen internationalen Leserkreis wurden die Kosten nicht in Mark, Dollar, Schilling usw. ausgedrückt, sondern es wurde der imaginäre Wert *We* — in Beziehung zum Kohlenpreis in We — gewählt. Zur konkreten Wertangabe wurde einige Male der US-Dollar benutzt.

Literaturverzeichnis

AGOSCHKOW, M. J.: Určování výkonnosti dolů. (Bestimmung der Leistungsfähigkeit der Gruben.) SNTL 1951 — Prag (Tschech. Übersetzung aus dem Russischen).

AJDUKIEWICZ, Z.: Optymalne wielkośći kopalni (Drogi postępu w górnictwie). (Optimale Grubengrößen.) Tom I. (1956) a II. (1957) Warszawa.

ANGERMANN, A.: Die Anwendung der linearen Programmierung im Bergbau. Glückauf 2/1961.

BISCHOFF, H. H.: Produktivität, Löhne und Preise im Steinkohlenbergbau. 1/2 Glückauf 1957.

BENTHAUS, F.: Die optimale Größe von Schachtbaufeldern und Betriebsfeldern (Dissertation auf der Bergakademie Clausthal, 1954).

— Das Berechnen der wirtschaftlichsten Größe von Schachtbaufeldern. Glückauf 92/1956.

BISDORF, W.: Der günstigste Sohlenabstand im Steinkohlenbergbau. Glückauf 2/1961.

BRATKE, M.: Dynamik und Statik der Produktivität der Arbeit im System der betrieblichen Kennziffern. Freiberger Forschungshefte, **A 174** (1960).

ČECHOVIČ, V.: Výpočet a klasifikacia uholných ložísk. (Berechnung und Klassifizierung der Kohlenlagerstätten.) Jahrgang III. Nr. 1 bis 2. Slovenská akademie věd, Bratislava.

CLOOS, E.: Berechnung des günstigen Abstandes der Sohlen- und Abteilungsquerschläge von Bergwerksanlagen unter besonderer Berücksichtigung des Steinkohlenbergbaues. Bergbauarchiv, Band 7, 1957.

CZECHOWICZ, T.: Zależność wielkośći pola kopalnianego od kosztów inwestycyjnych szybu zjazdowego i kosztów czasu straconego na dojście do i z miejsca pracy jako jeden ze vskażników przy obliczeniu wielkośći pola kopalnianego „Drogi postępu w górnictwie" Tom III., Warschau, 1957. (Abhängigkeit der Grubenfeldgröße von den Investitionskosten des Förderschachtes und des Wertes der Zeitverluste für den Weg von und zum Arbeitsort als eine der Kennziffer für die Berechnung der Grubenfeldgröße — Fortschritt im Bergbau, Band III.)

FETTWEIS, G.: Über die Kohlenvorräte im niederrheinisch-westfälischen Steinkohlengebiet, ihren Aufschluß, ihre Ausschöpfung und ihre Nachhaltigkeit. Gekürzte Dissertation des Verfassers, Aachen 1953.

FRITSCHE, G. H. und HERBST-HEISE-FRITSCHE: Bergbaukunde I. und II. Teil, 9. Auflage, Springer-Verlag.

GÓRKA, WL.: Koncentracja wydobyćia jako podstawa do projektowania kopalń. (Konzentration der Gewinnung als Grundlage im Projektieren von Kohlengruben.) Buletyn informacyjny B. P. P. W. (Biuro Projektów Przemysłu Węglowego) Nr. 11, 12/1959, Katowice.

GORODIECKIJ, P. I.: Základy projektování báňských podniků. (Grundlagen des Projektierens von Gruben.) Tschech. Übersetzung aus dem Russischen. SNTL 1952 — Prag.

GRENFELL, D. R.: „Coal“ — 1947 — Victor Gollancz Ltd. London.

HENNINGSEN, U.: Der günstigste Sohlenabstand im Gangerzbergbau. Glückauf 2/1961.

HILLENHINRISCH: Gestaltung und Wirtschaftlichkeit neuer Bergwerksanlagen im Ruhrkohlenbezirk. Glückauf 69/1953.

JIČINSKÝ. J.: Úvod do hornictví. (Einführung in die Bergbaukunde.) Prag: Melantrich 1944. S. 26.

KOEPPEN, H.: Großschachtanlagen. Zur Frage der günstigsten Betriebsgröße. Glückauf 39/40 1952.

— Der günstigste Zuschnitt von Schachtanlagen im Steinkohlenbergbau. Glückauf 92/1956.

KRUPIŃSKI, B.: Zasady projektowania kopalń (polnisch). (Grundlagen des Projektierens von Schachtanlagen I., II. und III. Band.) Część I. — 1957, Wydawnictwo „Śląsk“; Część II. — 1960, Wydawnictwo Górniczo-Hutnicze Katowice; Część III. — 1958, Wydawnictwo Górniczo-Hutnicze Katowice.

— Model i optymalna wielkość kopalń zespołowych w zagłębiu Górnośląskim. (Modell und optimale Größe der Tiefbaugruppenschächte im Oberschl. Becken.) Materyały z prac rady — Międzynarodowy zjazd naukowotechniczny budownictwa kopalń. II. Tom — Warschau — 1958.

LEHMANN: Planmäßige Baufeldgestaltung. Glückauf 1938, S. 893 und 947.

LOCKER. F.: Die Notwendigkeit des beschleunigten Streckenvortriebs und raschen Ausbaues als Folge der Mechanisierung im Streb. CONGRÈS du Centenaire de la Société de l'industrie minérale. PARIS 1955.

MATUŠEK, J.: Vývoj produktivity v OKR a jeho výhled. (Die Entwicklung der Produktivität im Ostr.-Karw. Revier und deren Aussicht.) 1959. (Dissertationsarbeit Mont. Hochschule, Ostrau, nicht veröffentlicht.)

MOUČKA, J.: Inženýrské a báňské stavby. (Ingenieur- und bergbautechnische Bauten.) (Nicht veröffentlicht, 1954.)

MUIR, W. L.: Size and Life of Collieries. Relative To Output and Cost. "Iron & Coal" Vol. CLX — Febr. 10/1950, No. 4274.

RAMMLER/KLOSE: Über Definition und Berechnung von „Effekten“ und „Graden“ in der Kohlenverarbeitung. Freiberger Forschungshefte, A 168 (1960).

ŘÍMAN, A.: Optimální velikosti dolů. (Die optimale Größe der Gruben.) Báňský obzor I/1949 Praha.

— Optimální velikosti kamenouhelných dolů a jejich vztah ku prosperitě. (Die optimale Größe der Steinkohlengruben und deren Beziehung zur Prosperität.) Uhlí a rudy, 1952, Nr. 4, 5, 6 Prag.

— Základy projektování kamenouhelných dolů. (Grundzüge des Projektierens von Steinkohlengruben.) Ostrava 1954. Hochschultexte, 1954, Ostrau.

— Příručka důlního větrání. (Handbuch der Grubenwetterführung.) SNTL 1953 — Prag.

— Základy projektování kamenouhelných dolů. (Grundzüge des Projektierens von Steinkohlengruben.)

— Produktivita, cena uhlí a investice. (Produktivität, Kohlenpreis und Investitionen.) Knižnice Domu techniky OKD č. 19, r. 1957. (Bücherei des Technikerheimes, Nr. 19, Ostrau 1957.)

Říman, A.: Rozbor provozní produktivity. (Analyse der Betriebsproduktivität.) Uhlí č. 6/1956.

— Rozbor provozní produktivity. II. díl. (Analyse der Betriebsproduktivität. II. Teil.) Uhlí 1/1958.

Říman, J.: Význam ukazatele m^2/ha z denní těžby. [Die Bedeutung der Kennziffer m^2/ha aus der Tagesförderung (Verbesserungsvorschlag).] (MPE-1953).

Roellen: Entwicklung zum Verbundwerk im Ruhrkohlenbezirk. Glückauf 1938.

Šádek, Ferd.: Spotřeba energie a hospodárnost při omezeném provozu dolů v nepracovních dnech. (Der Energieverbrauch und die Wirtschaftlichkeit bei eingeschränktem Betrieb der Gruben an arbeitsfreien Tagen.) Nový horník, Jahrgang II., Nr. 3 und 4, tschech.

Salustowicz, A.: Mechanika Górotworu, I. (Gebirgsmechanik.) Katowice 1955.

Schewiakow, J. D.: Osnowy tjeorii projektirovanja ugolnych schacht. (Theoretische Richtlinien für das Projektieren der Gruben.) Ugletechizdat 1950 — Moskva.

Stefaniak, S.: Optymalne wielkośći kopalń. (Optimale Größen von Kohlengruben.) (Eine Studie der polnischen Fachkommission, Katowitz 1947 — polnisch.)

— Wpływ wielkośći kopalni na jej rentowność. (Einfluß der Grubengröße auf ihre Rentabilität.) Przegląd górniczy, 1949.

Sudoplatow-Kuzniecow: Komplexnoje projektirowanje ugolnych rajonow SSSR. (Das komplete Planen der Kohlenreviere in der UdSSR.) (Warschauer Kongreß 1958.) Band V.

— Ugolna promyschlennost SSSR. Statystytscheskij spravotschnik. (Kohlenindustrie der UdSSR. Statistisches Handbuch.) Ugletechizdat 1957, Moskau.

Vidal, V.: Bilan de 10 ans de Travail et de Paix (Revue de l'industrie minérale XII/1956).

Wladimirskij, W. W.: Osnownyje woprosy gornowo djela. (Theoretische Fragen des Grubenbaues.) GONTI 1953, Moskau.

Whetton, J. T., and I. O. Myers: Exploration of Concealed Coal-fields. (Die Erforschung von verdeckten Kohlenfeldern.) Internat. Warschauer Congreß — 1958 — I. Band.

Woropajew, A. F.: Tepelná deprese důlního větrání. (Die thermische Depression der Grubenwetter.) SNTL 1953 — Prag. Tschech. Übersetzung aus dem Russischen.

Zworikin, A. A., D. M. Kiržner, M. B. Kundin: Ekonomika, organisace a plánování uhelného průmyslu. (Ökonomik, Organisation und Planung der Kohlenindustrie in der UdSSR.) SNTL 1955 — Prag. Tschech. Übersetzung aus dem Russischen.

Manzsche Buchdruckerei, Wien IX

Additional material from *Projektierung und Rationalisierung von Kohlenbergwerken*,

ISBN 978-3-7091-7912-3, is available at http://extras.springer.com